■ 普通高等教育"十四五"规划教材
■ 高等院校特色专业建设教材

SHIPIN FENXI SHIYAN JISHU

食品分析实验技术

高海燕　李文浩　主编

化学工业出版社

·北京·

内容提要

本教材参照国家有关法定标准方法，精选了食品分析实验基础、食品物理性质测定、食品营养成分测定、食品功能性成分测定、其他防伪检测、食品添加剂测定、有毒有害污染物质测定、食品前处理新技术等常见实验。

本书可以作为大专院校食品科学与工程、食品质量与安全专业或其他相关专业学生进行有关食品分析实验时的教材。

图书在版编目（CIP）数据

食品分析实验技术/高海燕，李文浩主编. —北京：化学工业出版社，2020.3（2023.6重印）
ISBN 978-7-122-36442-5

Ⅰ.①食…　Ⅱ.①高…　②李…　Ⅲ.①食品分析-高等学校-教材②食品检验-高等学校-教材　Ⅳ.①TS207.3

中国版本图书馆 CIP 数据核字（2020）第 039370 号

责任编辑：彭爱铭　　　　　　　　　　装帧设计：韩　飞
责任校对：王素芹

出版发行：化学工业出版社(北京市东城区青年湖南街 13 号　邮政编码 100011)
印　　装：北京天宇星印刷厂
710mm×1000mm　1/16　印张 15¾　字数 294 千字　2023 年 6 月北京第 1 版第 2 次印刷

购书咨询：010-64518888　　　　　　售后服务：010-64518899
网　　址：http://www.cip.com.cn
凡购买本书，如有缺损质量问题，本社销售中心负责调换。

定　　价：49.00 元　　　　　　　　　　版权所有　违者必究

编写人员名单

主　编　高海燕　河南科技学院
　　　　李文浩　西北农林科技大学
副主编　骆　琳　江苏大学
　　　　周　倩　沈阳农业大学
　　　　张　振　锦州医科大学
　　　　张　雨　北京工商大学
参　编　周浩宇　河南科技学院
　　　　赵岩岩　河南科技学院
　　　　娄文娟　河南科技学院
　　　　李美琳　沈阳农业大学
　　　　周　鑫　沈阳农业大学
　　　　袁鹏翔　浙江海洋大学
　　　　熊治渝　江苏大学
　　　　穆　静　锦州医科大学
　　　　姜忠丽　沈阳师范大学
　　　　葛向珍　西北农林科技大学
　　　　赵秀红　沈阳师范大学
　　　　曾　洁　河南科技学院
　　　　田金河　新乡学院

前　言

　　《食品分析实验技术》是食品科学与工程、食品质量与安全等专业教学中开设的一门重要的实验课。本教材主要包括食品分析试验基础、食品物理性质测定、食品营养成分测定、食品功能性成分测定、其他防伪检测、食品添加剂测定、有毒有害污染物质测定、食品样品前处理新技术等常用实验技术。

　　《食品分析实验技术》课程开设以来，每年都在教学方法和教学内容上进行不断更新和完善，经过各个大学的一线主讲教师不断完善和补充，逐渐形成了系统、科学、先进、与时俱进的鲜明特色。为做到分析方法和实验技能的结合，传统方法和现代仪器分析方法的结合，在参考国内外最新食品分析方法和其他食品分析实验书籍的基础上，结合各个大学的食品分析讲义，我们9所大学相关老师联合编写了本书。考虑到各个学校实验室检测条件和仪器配置情况不同，各个大学可以根据自己的实际情况选择开设实验。

　　本教材由高海燕、李文浩担任主编，骆琳、周倩、张振、张雨担任副主编，其中河南科技学院高海燕、曾洁主要负责第四章实验三、实验五～实验九的编写工作，并负责全书的设计和统稿工作；西北农林科技大学李文浩、葛向珍主要编写第一章第一、三、四、五节和第二章的编写工作；江苏大学骆琳、熊治渝主要负责第三章实验二，第四章实验四，实验八中的方法二，实验十四，第七章的实验二、七、十和第九章的编写工作；锦州医科大学张振和穆静主要负责第一章第二节和第四章实验十三、实验十五的编写工作；沈阳农业大学周倩、李美琳、周鑫主要负责第三章实验一，实验四～实验七，第四章的实验十、十一，第五章的实验四、五和第八章实验一～实验六编写工作；北京工商大学张雨主要负责第七章的实验一，实验三～实验六，实验十编写工作；河南科技学院周浩宇主要负责第四章实验十二，第五章实验三中的方法二～方法四和第六章实验六～实验八，第七章实验八、九，第八章实验七的编写工作；河南科技学院赵岩岩主要负责第八章的实验一～实验五的编写工作；河南科技学院娄文娟主要负责第三章的实验三和第五章实验一、二和实验三中的方法一的编写工作；浙江海洋大学袁鹏翔主要负责第五章的实验四、五的编写工作；沈阳师范大学姜忠丽、赵秀红主要负责

第四章的实验一的编写工作;新乡学院田金河主要负责第四章实验二的编写工作。在编写过程中,得到了化学工业出版社的大力帮助和支持,在此一并表示衷心的感谢。

本书不仅适合作为普通高等院校食品科学与工程、食品质量与安全等专业本科教材,也可作为广大食品相关领域技术人员和高职高专的参考用书。

由于时间仓促和编者水平所限,书中难免有不足之处,欢迎广大读者批评指正。

编　者

2020 年 1 月

目　录

第一章

实验条件

第一节　实验须知

一、食品分析与检验的任务

食品分析与检验工作是食品质量管理过程中的一个重要环节，在原材料质量方面起着保障作用，在生产过程中起着监控作用，在最终产品检验方面起着监督和标示作用。食品分析与检验贯穿于产品研发、生产和销售的全过程。

① 根据制定的技术标准，运用现代科学技术手段和检测手段，对食品生产的原辅料中间品、包装材料及成品进行分析与检验，从而对食品的品质、营养、安全与卫生进行评定，保证食品质量符合食品标准的要求。

② 对食品生产工艺参数、工艺流程进行监控，确定工艺参数、工艺要求，掌握生产情况，以确保食品的质量，从而了解与控制生产工艺过程。

③ 为食品生产企业进行成本核算、制订生产计划提供基本数据。

④ 开发新的食品资源，提高食品质量以及寻找食品的污染来源，使消费者放心获得美味可口、营养丰富和经济卫生的食品。

⑤ 检验机构根据政府质量监督行政部门的要求，对生产企业的产品或上市的商品进行检验，为政府管理部门对食品品质进行宏观监控提供依据。

⑥ 当发生产品质量纠纷时，第三方检验机构根据解决纠纷的有关机构（包括法院、仲裁委员会、质量管理行政部门及民间调节组织等）的委托，对有争议的产品做出仲裁检验，为有关机构解决产品质量纠纷提供技术依据。

⑦ 在进出口贸易中，根据国际标准、国家标准和合同规定，对进出口食品进行检测，保证进出口食品的质量，维护国家出口信誉。

⑧ 当发生食物中毒等食品安全事件时，检验机构对残留食物做出仲裁检验，为事件的调查解决提供技术依据。

二、食品检验人员的基本条件

《加强食品质量安全监督管理工作实施意见》规定："检验人员必须掌握与食品生产加工有关的法律基础知识和食品检验的基本知识和技能。"

食品检验人员包括质检机构从事食品质量检验的检验人员和对检验结果进行审核的审核人员，以及食品生产企业从事出厂检验的检验人员和检验部门负责人。

食品质量检验岗位专业性非常突出，责任也非常重大，不仅要对企业负责，同时还要对消费者负责。从事食品质量检验的人员，应该熟悉食品质量检验基础知识和食品质量技术法规，掌握质量检验基本技能，还要了解食品生产基础知识以及关键工艺基本流程。没有以上的知识基础作支撑，很难胜任食品质量检验工作和保证检验结果的科学性和准确性。

三、食品分析实验准备和须知

（一）实验前的准备

① 教师应提前向学生发放实验教材或讲义，进行预实验，按分组（每组一般不超过 3 人）准备好实验试剂、仪器，写好板书。

② 学生实验前应认真预习，熟悉实验原理、实验内容、操作步骤及注意事项。

（二）实验过程须知

① 应严格遵守《实验室安全规则》。

② 实验开始前一般应由教师讲解实验步骤及注意事项，解答学生的疑问。

③ 实验过程应保持实验室的整洁有序，天平、烘箱、水浴锅、通风橱等公用仪器设备用后及时清理，公用试剂、用品取用后应及时放回原处。

④ 严格遵守实验操作规范，避免失误，减少误差，保证数据的可靠性。

⑤ 使用仪器设备前，应仔细阅读说明，熟悉操作步骤后才动手操作，必要时向老师求助咨询。

⑥ 实验过程应仔细观察、勤于思考，及时记录实验数据及实验现象，灵活运用理论知识解释实验现象和问题。

⑦ 实验中小组成员应分工明确、团结协作、相互理解、互相配合。

⑧ 仪器设备出现损坏的应进行登记，实验过程中出现异常现象或遇到危险应立即报告老师。

⑨ 实验完成后，应清洁实验台面，清洗并清点实验用品，摆放整齐后离开。实验室公共卫生应安排学生轮值。

第二节　实验仪器、设备和药品

一、实验常用仪器

（一）电子天平

1. 原理

电子天平应用现代电子控制技术及电流测量的准确性，从而加快了天平的称量过程与准确性、稳定性。电子天平的规格品种齐全，最大载荷可以大到数吨，小到几毫克，其读数精度从 10g 至 0.1mg。超微量的天平其读数准确度达 1μg，再现性也能达到 1μg。

电子天平的控制方式和电路结构有多种形式，但其称量依据都是电磁力平衡原理。把通电导线放在磁场中时，导线将产生电磁力，力的方向可以用左手定则来判定。当磁场强度不变时，力的大小与流过线圈的电流强度成正比。如果使重物的重力方向向下，电磁力的方向向上，与之相平衡，则通过导线的电流与被称物体的质量成正比。

2. 结构

电子天平的外形及各部件和 MD 系列电子天平结构示意分别见图 1-1 和图 1-2。

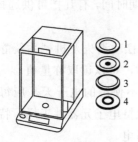

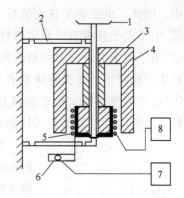

图 1-1　电子天平的外形及各部件
1—秤盘；2—盘托；3—防风环；4—防尘隔板

图 1-2　MD 系列电子天平结构示意
1—秤盘；2—簧片；3—磁钢；4—磁回路体；
5—线圈及线圈架；6—位移传感器；
7—放大器；8—电流控制电路

秤盘通过支架连杆与线圈相连，线圈置于磁场中。秤盘及被称物体的重力通过连杆支架作用于线圈上，方向向下。线圈内有电流通过，产生一个向上作用的电磁力，与秤盘重力方向相反，大小相等。处于平衡状态，位移传感器处于预定的中心位置。当秤盘上的物体质量发生变化时，位移传感器检出位移信号，经调节器和放大器改变线圈的电流，直至位移传感器回到中心位置为止。通过线圈的电流与被称物的质量成正比，可以用数字的形式显示出物体的质量。

3. 电子天平的使用方法

（1）调水平　使用前检查天平是否水平，调整水平。

（2）预热　称量前接通电源预热 30min。

（3）校准　按天平说明书要求的时间预热天平。首次使用天平必须校准天平，将天平从一地移到另一地使用时或在使用一段时间（30 天左右）后，应对天平重新校准。为使称量更为精确，亦可随时对天平进行校准。用内装校准砝码或外部自备有修正值的校准砝码进行。

（4）称量　按下显示屏的开关键，待显示稳定的零点后，将物品放到秤盘上，关上防风门。显示稳定后即可读取称量值。操纵相应的按键可以实现"去皮""增重""减重"等称量功能。

4. 电子天平的使用注意事项

① 电子天平在安装之后，称量之前必不可少的一个环节是"校准"。这是因为电子天平是将被称物的质量产生的重力通过传感器转换成电信号来表示被称物的质量的。称量结果实质上是被称物重力的大小，故与重力加速度有关，称量值随纬度的增高而增加。例如在北京用电子天平称量 100g 的物体，到了广州，如果未对电子天平进行校准，称量值将减少 137.86mg。另外，称量位还随海拔的升高而减小。因此，电子天平在安装后或移动位置后必须进行校准。

② 电子天平开机后需要预热较长一段时间，才能进行正式称量。

③ 电子天平的积分时间也称为测量时间或周期时间，有几挡可供选择，出厂时选择了一般状态，如无特殊要求不必调整。

④ 电子天平的稳定性监测器是用来确定天平摆动消失及机械系统静止程度的器件。当稳定性监测器表示达到要求的稳定性时，可以读取称量值。

⑤ 在较长时间不使用的电子天平应每隔一段时间通电一次，以保持电子元器件干燥，特别是湿度大时更应该经常通电。

（二）阿贝折射仪

1. 阿贝折射仪的原理

当一束单色光从介质 I 进入介质 II（两种介质的密度不同）时，光线在通过界面时改变了方向，这一现象称为光的折射，如图 1-3 所示。

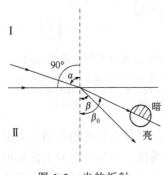

图 1-3　光的折射

光的折射现象遵从折射定律：

$$\frac{\sin\alpha}{\sin\beta} = \frac{n_{II}}{n_{I}} = n_{I,II}$$

式中，α 为入射角，β 为折射角，n_{I}、n_{II} 为交界面两侧两种介质的折射率；$n_{I,II}$ 为介质 II 对介质 I 的相对折射率。

若介质 I 为真空，因规定 $n=1.0000$，故 $n_{I,II}=n_{II}$ 为绝对折射率。但介质 I 通常为空气，空气的绝对折射率为 1.00029，这样得到的各物质的折射率称为常用折射率，也称作对空气的相对折射率。同一物质两种折射率之间的关系为：

绝对折射率=常用折射率×1.00029

根据折射定律，当光线从一种折射率小的介质 I 射入折射率大的介质 II 时（$n_I<n_{II}$），入射角一定大于折射角（$\alpha>\beta$）。当入射角增大时，折射角也增大，当入射角 $\alpha=90°$ 时，折射角为 β_0，我们将此折射角称为临界角。因此，当在两种介质的界面上以不同角度射入光线时（入射角 α 从 $0°\sim90°$），光线经过折射率大的介质后，其折射角 $\beta\leqslant\beta_0$。其结果是大于临界角的部分无光线通过，成为暗区；小于临界角的部分有光线通过，成为亮区。临界角成为明暗分界线的位置，如图 1-3 所示。

因此，当入射角 α 为 $90°$ 时，

$$n_{I} = n_{II}\frac{\sin\beta_0}{\sin\alpha} = n_{II}\cdot\sin\beta_0$$

因此在固定一种介质时，临界折射角 β_0 的大小与被测物质的折射率是简单的函数关系，阿贝折射仪就是根据这个原理而设计的。

2. 阿贝折射仪的结构

阿贝折射仪的光学系统如图 1-4 所示，它的主要部分是由两个折射率为 1.75 的玻璃直角棱镜所构成，上部为测量棱镜，是光学平面镜，下部为辅助棱镜。其斜面是粗糙的毛玻璃，两者之间有 0.1~0.15mm 厚度空隙，用于装待测液体，并使液体展开成一薄层。当从反射镜反射来的入射光进入辅助棱镜至粗糙表面时，产生漫散射，以各种角度透过待测液体，而从各个方向进入测量棱镜而发生折射。其折射角都落在临界角 β_0 之内，因为棱镜的折射率大于待测液体的折射率，因此入射角从 $0°\sim90°$ 的光线都通过测

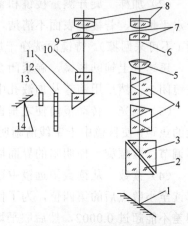

图 1-4 阿贝折射仪光学系统

1—反射镜；2—辅助棱镜；3—测量棱镜；
4—消色散棱镜；5,10—物镜；
6,9—分划板；7,8—目镜；
11—转向棱镜；12—照明度盘；
13—毛玻璃；14—小反光镜

量棱镜发生折射。具有临界角 β_0 的光线从测量棱镜出来反射到目镜上，此时若将目镜十字线调节到适当位置，则会看到目镜上呈半明半暗状态。折射光都应落在临界角 β_0 内，成为亮区，其他部分为暗区，构成了明暗分界线。

因此，只要已知棱镜的折射率 $n_{棱}$，通过测定待测液体的临界角 β_0，就能求得待测液体的折射率 $n_{液}$。实际上测定 β_0 值很不方便，当折射光从棱镜出来进入空气又产生折射，折射角为 β_0'。$n_{液}$ 与 β_0' 之间的关系为：

$$n_{液} = \sin r \sqrt{n_{棱}^2 - \sin^2 \beta_0'} - \cos r \times \sin \beta_0'$$

式中，r 为常数，$n_{棱}$=1.75。测出 β' 即可求出 $n_{液}$。因为在设计折射仪时已将 β_0' 换算成 $n_{液}$ 值，故从折射仪的标尺上可直接读出液体的折射率。

在实际测量折射率时，我们使用的入射光不是单色光，而是使用由多种单色光组成的普通白光，因不同波长的光的折射率不同而产生色散，在目镜中看到一条彩色的光带，而没有清晰的明暗分界线，为此，在阿贝折射仪中安置了一套消色散棱镜（又叫补偿棱镜）。通过调节消色散棱镜，使测量棱镜出来的色散光线消失，明暗分界线清晰，此时测得的液体的折射率相当于用单色光钠光 D 线（589.3nm）所测得的折射率 n_D。

3．阿贝折射仪的使用方法

（1）仪器安装　将阿贝折射仪安放在光亮处，但应避免阳光的直接照射，以免液体试样受热迅速蒸发。用超级恒温槽将恒温水通入棱镜夹套内，检查棱镜上温度计的读数是否符合要求，一般选用（20.0±0.1）℃或（25.0±0.1）℃。

（2）加样　旋开测量棱镜和辅助棱镜的闭合旋钮，使辅助棱镜的磨砂斜面处于水平位置，若棱镜表面不清洁，可滴加少量丙酮，用擦镜纸顺单一方向轻擦镜面（不可来回擦）。待镜面洗净干燥后，用滴管滴加数滴试样于辅助棱镜的毛镜面上，迅速合上辅助棱镜，旋紧闭合旋钮。若液体易挥发，动作要迅速，或先将两棱镜闭合，然后用滴管从加液孔中注入试样，注意切勿将滴管折断在孔内。

（3）调光　转动镜筒使之垂直，调节反射镜使入射光进入棱镜，同时调节目镜的焦距，使目镜中十字线清晰明亮。调节消色散补偿器使目镜中彩色光带消失。再调节读数螺旋，使明暗的界面恰好同十字线交叉处重合。

（4）读数　从读数望远镜中读出刻度盘上的折射率数值。常用的阿贝折射仪可读至小数点后的第四位，为了使读数准确，一般应将试样重复测量三次，每次相差不能超过 0.0002，然后取平均值。

4．阿贝折射仪的使用注意事项

阿贝折射仪是一种精密的光学仪器，使用时应注意以下几点。

① 使用时要注意保护棱镜，清洗时只能用擦镜纸而不能用滤纸等。加试样时不能将滴管口触及镜面。对于酸碱等腐蚀性液体不得使用阿贝折射仪。

② 每次测定时，试样不可加得太多，一般只需加 2～3 滴即可。

③ 要注意保持仪器清洁，保护刻度盘。每次实验完毕，要在镜面上加几滴丙酮，并用擦镜纸擦干。最后用两层擦镜纸夹在两棱镜镜面之间，以免镜面损坏。

④ 读数时，有时在目镜中观察不到清晰的明暗分界线，而是畸形的，这是由于棱镜间未充满液体；若出现弧形光环，则可能是由于光线未经过棱镜而直接照射到聚光透镜上。

⑤ 若待测试样折射率不在 1.3～1.7 范围内，则阿贝折射仪不能测定，也看不到明暗分界线。

5．阿贝折射仪的校正和保养

阿贝折射仪的刻度盘的标尺零点有时会发生移动，须加以校正。校正的方法一般是用已知折射率的标准液体，常用纯水。通过仪器测定纯水的折射率，读取数值，如同该条件下纯水的标准折射率不符，调整刻度盘上的数值，直至相符为止。也可用仪器出厂时配备的折光玻璃来校正，具体方法可按仪器说明书操作。

阿贝折射仪使用完毕后，要注意保养。应清洁仪器，如果光学零件表面有灰尘，可用高级鹿皮或脱脂棉轻擦后，再用洗耳球吹去。如有油污，可用脱脂棉蘸少许汽油轻擦后再用乙醚擦干净。用毕后将仪器放入有干燥剂的箱内，放置于干燥、空气流通的室内，防止仪器受潮。搬动仪器时应避免强烈振动和撞击，防止光学零件损伤而影响精度。

（三）旋光仪

1．旋光现象和旋光度

一般光源发出的光，其光波在垂直于传播方向的一切方向上振动，这种光称为自然光，或称非偏振光；而只在一个方向上有振动的光称为平面偏振光。当一束平面偏振光通过某些物质时，其振动方向会发生改变，此时光的振动面旋转一定的角度，这种现象称为物质的旋光现象，这种物质称为旋光物质。旋光物质使偏振光振动面旋转的角度称为旋光度。尼柯尔（Nicol）棱镜就是利用旋光物质的旋光性而设计的。

2．旋光仪的构造原理和结构

旋光仪的主要元件是两块尼柯尔棱镜。尼柯尔棱镜是由两块方解石直角棱镜沿斜面用加拿大树脂黏合而成，如图 1-5 所示。

当一束单色光照射到尼柯尔棱镜时，分解为两束相互垂直的平面偏振光，一束折射率为 1.658 的寻常光，一束折射率为 1.486 的非寻常光，这两束光线到达加拿大树脂黏合面时，折射率大的寻常光（加拿大树脂的折射率为 1.550）被全反射到底面上的墨色涂层被吸收，而折射率小的非寻常光则通过棱镜，这样就获得了一束单一的平面偏振光。用于产生平面偏振光的棱镜称为起偏镜，如让起偏镜产生的偏振光照射到另一个透射面与起偏镜透射面平行的尼柯尔棱镜，则这束平面偏振光也能通过第二个棱镜，如果第二个棱镜的透射面与起偏镜的透射面垂直，则由起偏镜出来的偏振光完全不能通过第二个棱镜。如果第二个棱镜的透射面与起偏镜的透射面之间的夹角 θ 在 0°～90°之间，则光线部分通过第二个棱镜，此第二个棱镜称为检偏镜。通过调节检偏镜，能使透过的光线强度在最强和零之间变化。如果在起偏镜与检偏镜之间放有旋光性物质，则由于物质的旋光作用，使来自起偏镜的光的偏振面改变了某一角度，只有检偏镜也旋转同样的角度，才能补偿旋光线改变的角度，使透过的光的强度与原来相同。旋光仪就是根据这种原理设计的。如图 1-6 所示。

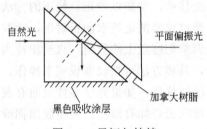

图 1-5　尼柯尔棱镜

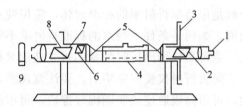

图 1-6　旋光仪构造示意图

1—目镜；2—检偏镜；3—圆形标尺；4—样品管；
5—窗口；6—半暗角器件；7—起偏镜；
8—半暗角调节；9—光源

通过检偏镜用肉眼判断偏振光通过旋光物质前后的强度是否相同是十分困难的，这样会产生较大的误差，为此设计了一种在视野中分出三分视界的装置，原理是：在起偏镜后放置一块狭长的石英片，由起偏镜透过来的偏振光通过石英片时，由于石英片的旋光性，使偏振旋转了一个角度 Φ，通过镜前观察，光的振动方向如图 1-7 所示。

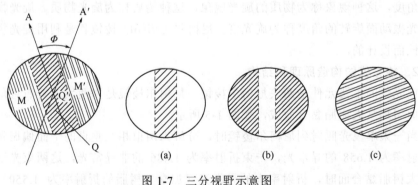

图 1-7　三分视野示意图

A 是通过起偏镜的偏振光的振动方向，A′是又通过石英片旋转一个角度后的振动方向，此两偏振方向的夹角 Φ 称为半暗角（Φ=2°～3°），如果旋转检偏镜使透射光的偏振面与 A′平行时，在视野中将观察到：中间狭长部分较明亮，而两旁较暗，这是由于两旁的偏振光不经过石英片，如图 1-7（b）所示。如果检偏镜的偏振面与起偏镜的偏振面平行（即在 A 的方向时），在视野中将是：中间狭长部分较暗而两旁较亮，如图 1-7（a）所示。当检偏镜的偏振面处于 $\Phi/2$ 时，两旁直接来自起偏镜的光偏振面被检偏镜旋转了 $\Phi/2$，而中间被石英片转过角度 Φ 的偏振面对被检偏镜旋转角度 $\Phi/2$，这样中间和两边的光偏振面都被旋转了 $\Phi/2$，故视野呈微暗状态，且三分视野内的暗度是相同的，如图 1-7（c）所示，将这一位置作为仪器的零点，在每次测定时，调节检偏镜使三分视界的暗度相同，然后读数。

3．影响旋光度的因素

（1）溶剂的影响　旋光物质的旋光度主要取决于物质本身的结构。另外，还与光线透过物质的厚度，测量时所用光的波长和温度有关。如果被测物质是溶液，影响因素还包括物质的浓度，溶剂也有一定的影响。因此旋光物质的旋光度，在不同的条件下，测定结果通常不一样。因此一般用比旋光度作为量度物质旋光能力的标准，其定义式为：

$$[\alpha]_\lambda^t = \frac{10\alpha}{LC}$$

式中，λ 表示光源波长，通常为钠光 D 线；t 为实验温度；α 为旋光度；L 为液层厚度，单位为厘米；C 为被测物质的浓度（以每毫升溶液中含有样品的克数表示）。在测定比旋光度 $[\alpha]_\lambda^t$ 值时，应说明使用什么溶剂，如不说明一般指水为溶剂。

（2）温度的影响　温度升高会使旋光管膨胀而长度加长，从而导致待测液体的密度降低。另外，温度变化还会使待测物质分子间发生缔合或离解，使旋光度发生改变。通常温度对旋光度的影响，可用下式表示：

$$[\alpha]_\lambda^t = [\alpha]_\lambda^{20} + Z(t-20)$$

式中，t 为测定时的温度；Z 为温度系数。

不同物质的温度系数不同，一般在 $-(0.01\sim0.04)℃^{-1}$ 之间。为此在实验测定时必须恒温，旋光管上装有恒温夹套，与超级恒温槽连接。

（3）浓度和旋光管长度对比旋光度的影响　在一定的实验条件下，常将旋光物质的旋光度与浓度视为成正比，因为将比旋光度作为常数。而旋光度和溶液浓度之间并不是严格地呈线性关系，因此严格讲比旋光度并非常数，在精密的测定中比旋光度和浓度间的关系可用下面的三个方程之一表示：

$$[\alpha]_\lambda^t = A + Bq$$

$$[\alpha]_\lambda^t = A + Bq + Cq^2$$

$$[\alpha]_\lambda^t = A + \frac{Bq}{C+q}$$

式中，q 为溶液的浓度；A、B、C 为常数，可以通过不同浓度的几次测量来确定。

旋光度与旋光管的长度成正比。旋光管通常有 10cm、20cm、22cm 三种规格。经常使用的有 10cm 长度的。但对旋光能力较弱或者较稀的溶液，为提高准确度，降低读数的相对误差，需用 20cm 或 22cm 长度的旋光管。

4. 旋光仪的使用方法

首先打开钠光灯，稍等几分钟，待光源稳定后，从目镜中观察视野，如不清楚可调节目镜焦距。

选用合适的样品管并洗净，充满蒸馏水（应无气泡），放入旋光仪的样品管槽中，调节检偏镜的角度使三分视野消失，读出刻度盘上的刻度并将此角度作为旋光仪的零点。

零点确定后，将样品管中蒸馏水换为待测溶液，按同样方法测定，此时刻度盘上的读数与零点时读数之差即为该样品的旋光度。

5. 使用注意事项

① 旋光仪在使用时，需通电预热几分钟，但钠光灯使用时间不宜过长。

② 旋光仪是比较精密的光学仪器，使用时，仪器金属部分切忌沾污酸碱，防止腐蚀。

③ 光学镜片部分不能与硬物接触，以免损坏镜片。不能随便拆卸仪器，以免影响精度。所有镜片，包括测试管两头的护片玻璃都不能用手直接揩拭，应用柔软的绒布或镜头纸揩拭。

④ 测试管应轻拿轻放，小心打碎。

⑤ 只能在同一方向转动度盘手轮时读取始、末示值，决定旋光角，而不能在来回转动度盘手轮时读取示值，以免产生回程误差。

6. 自动指示旋光仪结构及测试原理

目前国内生产的旋光仪，其三分视野检测、检偏镜角度的调整，采用光电检测器。通过电子放大及机械反馈系统自动进行，最后数字显示。该旋光仪具有体积小、灵敏度高、读数方便、减少人为的观察三分视野明暗度相同时产生的误差，对弱旋光性物质同样适应。

WZZ 型自动数字显示旋光仪，其结构原理如图 1-8 所示。该仪器用 20W 钠光灯为光源，并通过可控硅自动触发恒流电源点燃，光线通过聚光镜、小孔光栅和物镜后形成一束平行光，然后经过偏振镜（Ⅰ）后产生平行偏振光，这束偏振光经过有法拉第效应的磁旋线圈时，其振动面产生 50Hz 的一定角度的往复振动，该偏振光线通过偏振镜（Ⅱ）透射到光电倍增管上，产生交变的光电信号。当检偏镜的透光面与偏振光的振动面正交时，即为仪器的光学零点，此时出现平衡指示。而当偏振光通过一定旋光度的测试样品时，偏振光的振动面转过一个角度 α，此时光电信号就能驱动工作频率为 50Hz 的伺服电机，并通过蜗轮、蜗杆带动检偏镜转动 α 角而使仪器回到光学零点，此时读数盘上的示值即为所测物质的旋光度。

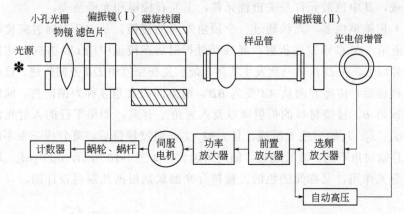

图 1-8　WZZ 型自动数字显示旋光仪结构原理

（四）分光光度计

1. 原理

分光光度计的基本工作原理是基于物质对光的吸收具有选择性。不同的物质都有各自的吸收光带，所以当已色散后的光谱通过某一溶液时，其中某些波长的光线就会被溶液吸收。在一定的波长下，溶液中物质浓度与光能量减弱的程度有一定的比例关系，即符合于朗伯-比耳（Lambent-Beer）定律。

根据朗伯-比耳定律：当入射光波长、溶质、溶剂以及溶液的温度一定时，溶液的光密度和溶液层厚度及溶液的浓度成正比，若液层的厚度一定，则溶液的光密度只与溶液的浓度有关：

$$T = \frac{I}{I_0}, \ E = -\lg T = \lg \frac{1}{T} = \varepsilon cl$$

式中，c 为溶液浓度；E 为某一单色波长下的光密度（又称吸光度）；I_0 为入射光强度；I 为透射光强度；T 为透光率；ε 为摩尔消光系数；l 为液层厚度。

在待测物质的厚度 l 一定时，吸光度与被测物质的浓度成正比，这就是光度法定量分析的依据。

2. 分光光度计的结构

分光光度计种类和型号较多，实验室常用的有 72 型、721 型、752 型等。各种型号的分光光度计的基本结构都相同，由以下五部分组成：①光源（钨灯、卤钨灯、氢弧灯、氖灯、汞灯、氙灯、激光光源）；②单色器（滤光片、棱镜、光栅、全息栅）；③样品吸收池；④检测系统（光电池、光电管、光电信增管）；⑤信号指示系统（检流计、微安表、数字电压表、示波器、微处理机显像管）。

在基本构件中，单色器是仪器关键部件。其作用是将来自光源的混合光分解为单色光，并提供所需波长的光。单色器是由入口与出口狭缝、色散元件和准直镜等组成，其中色散元件是关键性元件，主要有棱镜和光栅两类。

（1）棱镜单色器　光线通过一个顶角为 θ 的棱镜，从 AC 方向射向棱镜，如图 1-9 所示，在 C 点发生折射。光线经过折射后在棱镜中沿 CD 方向到达棱镜的另一个界面上，在 D 点又一次发生折射，最后光在空气中 DB 方向行进。这样光线经过此棱镜后，传播方向从 AA' 变为 BB'，两方向的夹角 δ 称为偏向角。偏向角与棱镜的顶角 θ、棱镜材料的折射率以及入射角 i 有关。如果平行的入射光由波长分别为 λ_1、λ_2、λ_3 的三色光组成，且 $\lambda_1 < \lambda_2 < \lambda_3$，通过棱镜后，就分成三束不同方向的光，且偏向角不同。波长越短，偏向角越大，如图 1-10 所示，$\delta_1 > \delta_2 > \delta_3$，这即为棱镜的分光作用，又称光的色散，棱镜分光器就是根据此原理设计的。

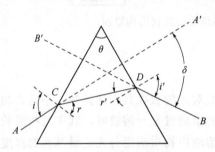 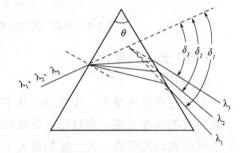

图 1-9　棱镜的折射　　　　图 1-10　不同波长的光在棱镜中的色散

棱镜是分光的主要元件之一，一般是三角柱体。由于其构成材料不同，透光范围也就不同，比如，用玻璃棱镜可得到可见光谱，用石英棱镜可得到可见及紫外光谱，用溴化钾（或氯化钠）棱镜可得到红外光谱等。棱镜单色器示意图如图 1-11 所示。

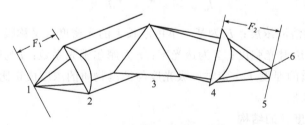

图 1-11　棱镜单色器示意图

1—入射狭缝；2—准直透镜；3—色散元件；4—聚焦透镜；5—焦面；6—出射狭缝

（2）光栅单色器　单色器还可以用光栅作为色散元件，反射光栅是由磨平的金属表面上刻划许多平行的、等距离的槽构成。辐射由每一刻槽反射，反射光束之间的干涉造成色散。

3. 几种类型的分光光度计简介

（1）721 型分光光度计　721 型分光光度计是可见光分光光度计，是 72 型分光光度计的改进型，适用波长范围 368～800nm，主要用作物质定量分析。721 型分光光度计内部结构和光路系统分别见图 1-12、图 1-13。

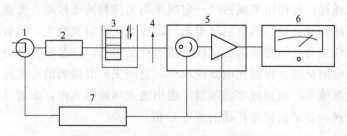

图 1-12　721 型分光光度计内部结构

1—光源；2—单色器；3—比色皿槽；4—光量调节器；
5—光电管暗盒部件；6—微安表；7—稳压电源

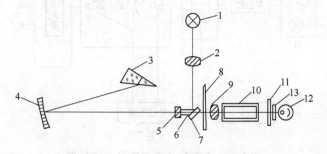

图 1-13　721 型分光光度计光路系统

1—光源灯；2—透镜；3—棱镜；4—准直镜；5,13—保护玻璃；6—狭缝；7—反射镜；
8—光栅；9—聚光透镜；10—比色皿；11—光门；12—光电管

721 型分光光度计的使用方法如下。

① 首先接通电源，打开电源开关，指示灯亮，打开比色皿暗箱盖。预热 20min。

② 旋转波长选择旋钮，选择所需用的单色光波长。旋转灵敏度旋钮，选择所需用的灵敏档。

③ 放入比色皿，先旋转零位旋钮调零，将比色皿暗箱盖合上，推进比色皿拉杆，使参比比色皿处于空白校正位置，使光电管见光，旋转透光率调节旋钮，使微安表指针准确处于 100%。按上述方法连续几次调整零位和 100% 位，即可进行测定工作。

（2）752 型分光光度计　752 型分光光度计为紫外光栅分光光度计，测定波长 200～800nm。

1）结构、原理　752 型分光光度计由光源室、单色器、样品室、光电管暗盒、电子系统及数字显示器等部件组成。仪器的工作原理如图 1-14 所示。仪器内部光路系统如图 1-15 所示。从钨灯或氢灯发出的光经滤色片选择聚光镜聚光后投向单色器进狭缝，此狭缝正好位于聚光镜及单色器内准直镜的焦平面上，因此进入单色器的复合光通过平面反射镜反射及准 直镜变成平行光射向色散光栅。光栅将入射的复合光通过衍射作用形成按照一定顺序均匀排列的连续单色光谱，此时单色光谱重新返回到准直镜，然后通过聚光原理成像在出射狭缝上。出射狭缝选出指定带宽的单色光通过聚光镜落在试样室被测样品中心，样品吸收后透射的光经光门射向光电管阴极面。根据光电效应原理，会产生一股微弱的光电流。此光电流经电流放大器放大，送到数字显示器，测出透光率或吸光度，或通过对数放大器实现对数转换，显示出被测样品的浓度 C 值。

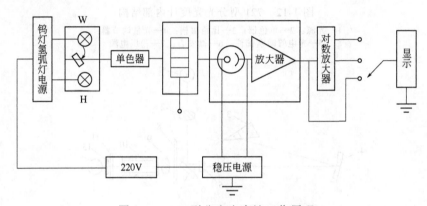

图 1-14　752 型分光光度计工作原理

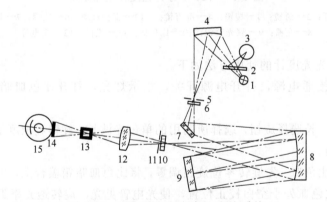

图 1-15　752 型分光光度计光路系统

1—钨灯；2—滤色片；3—氢灯；4—聚光镜；5—入射狭缝；6—保护玻璃；7—反射镜；8—准直镜；
9—光栅；10—保护玻璃；11—出射狭缝；12—聚光镜；13—样品；14—光门；15—光电管

2）使用方法　752 型分光光度计的外部面板如图 1-16 所示。

① 将灵敏度旋钮调到"1"挡（放大倍数最小）。

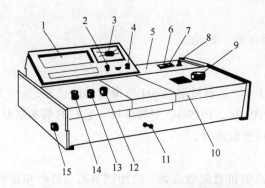

图 1-16　752 型分光光度计外部面板

1—数字显示器；2—吸光度调零旋钮；3—选择开关；4—浓度旋钮；5—光源室；6—电源室；
7—氢灯电源开关；8—氢灯触发按钮；9—波长手轮；10—波长刻度窗；11—试样架拉手；
12—100.0%T 旋钮；13—0%T 旋钮；14—灵敏度旋钮；15—干燥器

② 打开电源开关，钨灯点亮，预热 30min 即可测定。若需用紫外光则打开"氢灯"开关，再按氢灯触发按钮，氢灯点亮，预热 30min 后使用。

③ 将选择开关置于"T"。

④ 打开试样室盖，调节 0% 旋钮，使数字显示为"0.000"。

⑤ 调节波长旋钮，选择所需测的波长。

⑥ 将装有参比溶液和被测溶液的比色皿放入比色皿架中。

⑦ 盖上样品室盖，使光路通过参比溶液比色皿，调节透光率旋钮，使数字显示为 100.0%（T）。如果显示不到 100.0%（T），可适当增加灵敏度的挡数。然后将被测溶液置于光路中，数字显示值即为被测溶液的透光率。

⑧ 若不需测透光率，仪器显示 100.0%（T）后，将选择开关调至"A"，调节吸光度旋钮，使数字显示为"0.000"。再将被测溶液置于光路后，数字显示值即为溶液的吸光度。

⑨ 若将选择开关调至"C"，将已知标定浓度的溶液置于光路，调节浓度旋钮使数字显示为标定值，再将被测溶液置于光路，则可显示出相应的浓度值。

3）注意事项

① 测定波长在 360nm 以上时，可用玻璃比色皿；波长在 360nm 以下时，要用石英比色皿。比色皿外部要用吸水纸吸干，不能用手触摸光面的表面。

② 仪器配套的比色皿不能与其他仪器的比色皿单个调换。如需增补，应经校正后方可使用。

③ 开关样品室盖时，应小心操作，防止损坏光门开关。

④ 不测量时，应使样品室盖处于开启状态，否则会使光电管疲劳，数字显示不稳定。

⑤ 当光线波长调整幅度较大时，需稍等数分钟才能工作。因光电管受光后，

需有一段响应时间。

⑥ 仪器要保持干燥、清洁。

（五）酸度计

酸度计又称 pH 计，是测量溶液 pH 值最常用的仪器之一。实验室常用的酸度计有 PHS-25 型、PHS-2C、PHS-3C 型等多种，它们的基本原理是相同的。下面主要介绍 pHS-3C 型精密酸度计。

1. 原理

仪器由电极、高阻抗直流放大器、功能调节器（斜率和定位）、数字电压表和电源（DC/DC 隔离电源）等组成。pH 指示电极、参比电极、被测试液组成测量电池。指示电极的电位随被测溶液的 pH 值变化而变化，而参比电极的电位不随 pH 值的变化而变化，它们符合能斯特方程中电位 E 与离子活度之间的关系。本仪器采用零电位为 pH7 的玻璃电极或复合电极。仪器设置了稳定的定位调节器和斜率调节器。前者是用来抵消测量电池的起始电位，使仪器的示值与溶液的实际 pH 值相等；而后者通过调节放大器的灵敏度使 pH 值整量化。

各种型号的酸度计都由玻璃电极、饱和甘汞电极和精密电位计三部分组成。玻璃电极作为指示电极，饱和甘汞电极作为参比电极，将二电极分别连接在精密电位计的"－"极和"＋"极上，然后，把电极浸入小烧杯中的待测溶液中，组成原电池（也称工作电池），测量该电池的电动势，即可测得溶液的 pH 值。

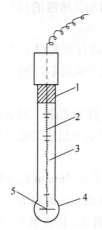

图 1-17　玻璃电极的结构

1—玻璃管；2—铂丝；3—缓冲溶液；
4—玻璃膜；5—Ag-AgCl 内参比电极

（1）玻璃电极　玻璃电极的结构如图 1-17 所示，在测定溶液的 pH 值或酸碱电位滴定时用它作指示电极，它的末端是一个由特殊成分的玻璃经烧结而吹制成的玻璃膜小球泡，膜厚约 0.2mm。泡内装有 H^+ 浓度一定的内部缓冲溶液，溶液中插入 Ag-AgCl 电极作为内参比电极。把玻璃膜在蒸馏水中浸泡 24h 以上，玻璃膜被水化、形成水化层，产生对 H^+ 的灵敏响应。将一个浸泡好的玻璃电极浸入待测溶液中，玻璃膜即处在内部缓冲溶液和外部待测溶液中间，由于不同溶液的 H^+ 活度不同，在玻璃膜两侧之间产生一定的电位差。因为内部缓冲溶液的 H^+ 活度是固定的，所以玻璃电极的电极电位随待测溶液 H^+ 活度的变化而变化。玻璃电极的常见组成如下：

$$Ag\text{-}AgCl(s)|HCl(0.1mol/L)|玻璃|待测溶液$$

玻璃电极的电位 E 可用下式表示：

$$E=E_0+0.0592\times pH$$

式中，E_0 为实验条件下玻璃电极标准电位。

玻璃电极有许多优点，不易被毒化，不受溶液中氧化剂、还原剂及其他活性物质的影响，可在浊性溶液、有色或胶体溶液中使用，少量的溶液即可进行 pH 测定。

但是，玻璃电极也有不足，阻抗太高（$>10^8\Omega$），必须用高阻抗的毫伏计来测量；而且玻璃泡易碎。

使用玻璃电极注意事项：

① 玻璃电极使用前，必须在蒸馏水中浸泡 24h 以上，使电极活化。短时间不用时，应浸泡在蒸馏水中。

② 切不可与硬物接触，因其一旦破裂则完全丧失作用。安装电极时，应使电极的下端稍低于玻璃泡，以防止玻璃泡碰到烧杯底部而破碎。切勿使搅拌子或玻璃棒与球泡相碰。

测量碱性溶液时，应尽快操作，用毕立即用蒸馏水冲洗。

玻璃泡不可沾有油污，如沾上油污，应先浸入酒精中，再放入乙醚中后移入酒精中，最后用蒸馏水冲洗干净。

（2）甘汞电极　常用的单盐桥型饱和甘汞电极由纯汞、甘汞（Hg_2Cl_2）、饱和 KCl 溶液组成，电极的内玻璃管中封接一根铂丝，铂丝插入纯汞中，下面是一层 Hg_2Cl_2 与 Hg 的混合物，如图 1-18 所示。外玻璃管中装有饱和 KCl 溶液，外管的下端是素瓷塞等多孔物质。

当温度一定时，甘汞电极的电极电位决定于电极内饱和 Cl^- 的活度，与溶液 pH 值无关，25℃时饱和甘汞电极的电极电位为 0.2415V。

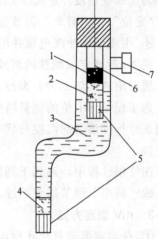

图 1-18　单盐桥型饱和甘汞电极
1—Hg；2—Hg_2Cl_2+Hg；3—KCl 饱和溶液；4—KCl 晶体；5—素瓷塞；6—铂丝；7—橡皮塞

由于 KCl 的溶解度随温度而变化。所以饱和甘汞电极只能在低于 80℃ 的温度下使用。

将玻璃电极和甘汞电极浸入待测溶液，组成原电池，电池组成如下：

Ag | AgCl | 内参比溶液 || 待测溶液 || KCl (饱和) | Hg_2Cl_2 | Hg

该电池的电动势的变化与甘汞电极无关，可用下式表达：

$$E_{MF}=A+0.0592\times pH$$

式中，E_{MF} 为电池的电动势；A 为和实验条件有关的常数，实验条件不变，A 为固定值。

在测定未知溶液 pH 前，先用已知 pH 的标准缓冲溶液校准酸度计，用定位调节器把读数值直接调节到标准缓冲溶液的 pH 值上（即确定本次实验 A 值的过程），然后再测定未知溶液，可直接从酸度计的表盘上读出溶液的 pH 值。

2．测量 pH 时的使用方法

① 在测定溶液 pH 值时，将 pH 电极、参比电极和电源分别插入相应的插座中，将功能开关按钮调节至 pH 位置。

② 仪器接通电源预热 30min（预热时间越长越稳定）后，将所有电极插入 pH6.86 标准缓冲溶液（第一种）中，平衡一段时间（主要考虑电极电位的平衡），待遇读数稳定后，调节定位调节器，使仪器显示 6.86。

③ 用蒸馏水冲洗电极并用吸水纸擦干后，插入 pH4.01 标准缓冲溶液（第二种）中，待读数稳定后，调节斜率调节器，使仪器显示 4.01，仪器就校正完毕。

为了保证精度，建议以上②、③两个标定步骤重复 1～2 次。一旦仪器校正完毕，"定位"和"斜率"调节器不得有任何变动。

④ 用蒸馏水冲洗电极并用吸水纸擦干后，插入样品溶液中进行测量。

说明：若测定偏碱性的溶液时，应用 pH6.86 标准缓冲溶液（第一种）和 pH9.18 标准缓冲溶液（第二种）来校正仪器。

为了保证 pH 值的测量精度，要求每次使用前必须用标准溶液加以校正，注意校正时标准溶液的温度与状态（静止还是流动）和被测液的温度与状态要应尽量一致。

在使用过程中，遇到下列情况时仪器必须重新标定：①换用新电极；②"定位"或"斜率"调节器变动过。

3．mV 测定方法

① 在测定溶液氧化还原电位（ORP）E_h 时，将铂电极和饱和甘汞电极和电源分别插入相应的插座中。

② 将功能开关调节至 mV 位置。

③ 将电极插入被测溶液中，即可进行测定。

4．仪器的维护与注意事项

① 仪器的输入端（包括玻璃电极插座与插头）必须保持干燥清洁。

② 新玻璃 pH 电极或长期干储存的电极，在使用前应在 pH 浸泡液中浸泡 24h 后才能使用。

③ pH 电极在停用时，就将电极的敏感部分浸泡在 pH 浸泡液中。这对改善电极响应迟钝和延长电极寿命是非常有利的。

④ pH 浸泡液的正确配制方法：取 pH4.00 缓冲剂（250mL）包，溶于 250mL 纯水中，再加入 56g 分析纯 KCl，适当加热，搅拌至完全溶解即成。

⑤ 在使用复合电极时，溶液一定要超过电极头部的陶瓷孔，电极头部若沾污

可用医用棉花轻擦。

⑥ 玻璃 pH 电极和甘汞电极在使用时，必须注意内电极与球泡之间及参比电极内陶瓷芯附近是否有气泡存在，如有，必须除去气泡。

⑦ 用标准溶液标定时，首先要保证标准缓冲溶液的精度，否则将引起严重的测量误差。标准溶液可自行配制，但最好用国家推荐的标准缓冲溶液。

⑧ 忌用浓硫酸或铬酸洗液洗涤电极的敏感部分，不可在无水或脱水的液体（如四氯化碳、浓酒精）中浸泡电极，不可在碱性或氟化物的体系、黏土及其他胶体溶液中放置时间过长，以免响应迟钝。

⑨ 常温电极一般在 5～60℃温度范围内使用，如果在低于 5℃或高于 60℃时使用，请分别选用特殊的低温电极或高温电极。

⑩ 工作时环境温度为 5～45℃，相对湿度为小于 85%。

5．缓冲溶液的 pH 值与温度关系的对照表

见表 1-1。

表 1-1　缓冲溶液的 pH 值与温度关系的对照表

温度/℃	邻-苯二甲酸氢钾	混合磷酸盐	四硼酸钠
0	4.003	6.984	9.464
5	3.999	6.951	9.395
10	3.998	6.923	9.332
15	3.999	6.900	9.276
20	4.002	6.881	9.225
25	4.008	6.865	9.180
30	4.015	6.853	9.139
35	4.024	6.844	9.102
40	4.035	6.838	9.068
45	4.047	6.834	9.038
50	4.060	6.833	9.011

二、常用玻璃仪器

（一）滴定管

1．种类

滴定管是准确测量放出液体体积的仪器，按其容积不同分为常量、半微量及微量滴定管；按构造上的不同，又可分为普通滴定管和自动滴定管等。常量滴定管中最常用的是容积为 50mL 的滴定管，这种滴定管上刻有 50 个等分的刻度（单位为 mL）每一等分再分十格（每格 0.1mL），在读数时，两小格间还可估出一个数值（可读至 0.01mL）。此外，还有容积为 100mL 和 25mL 的常量滴定管，分刻度值为 0.1mL。容积 10mL、分刻度值为 0.05mL 的滴定管有时称为半微量滴定管。

在滴定管的下端有一玻璃活塞的称为酸式滴定管；带有尖嘴玻璃管和胶管连接的称为碱式滴定管。图 1-19 所示即为这两种滴定管。碱式滴定管下端的胶管中有一个玻璃珠，用以堵住液流。玻璃珠的直径应稍大于胶管内径，用手指捏挤玻璃珠附近的胶管，在玻璃珠旁形成一条狭窄的小缝，液体就沿着这条小缝流出来。

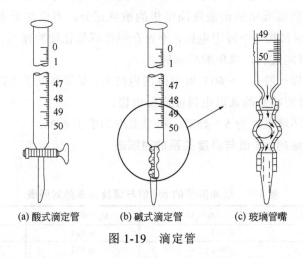

(a) 酸式滴定管　　(b) 碱式滴定管　　(c) 玻璃管嘴

图 1-19　滴定管

酸式滴定管适用于装酸性和中性溶液，不适宜装碱性溶液，因为玻璃活塞易被碱性溶液腐蚀。碱式滴定管适宜于装碱性溶液。与胶管起作用的溶液（如 $KMnO_4$、I_2、$AgNO_3$ 等溶液）不能用碱式滴定管。有些需要避光的溶液，可以采用花色（棕色）滴定管。

滴定管形式是多种多样的，除上述几种以外，还有高位自动装液滴定管、弯形活塞滴定管、二斜孔三通活塞滴定管等，还有带蓝线衬背的滴定管，读数比较方便。

2．滴定管的使用方法

（1）洗涤　选择合适的洗涤剂和洗涤方法。无明显油污、不太脏的滴定管，可直接用自来水冲洗，或用肥皂水或洗衣粉水泡洗，但不可用去污粉刷洗，以免划伤内壁，影响体积的准确测量。有油污的滴定管要用铬酸洗液洗涤。洗涤时将酸式滴定管内的水尽量除去，关闭活塞，倒入 10～15mL 洗液于滴定管中，两手端住滴定管，边转动边向管口倾斜，直至洗液布满全部管壁为止，立起后打开活塞，将洗液放回原瓶中。如果滴定管油垢较严重，需用较多洗液充满滴定管浸泡十几分钟或更长时间，甚至用温热洗液浸泡一段时间。洗液放出后，先用自来水冲洗，再用蒸馏水淋洗 3～4 次，洗净的滴定管其内壁应完全被水均匀地润湿而不挂水珠。

碱式滴定管的洗涤方法与酸式滴定管基本相同，但要注意铬酸洗液不能直接接触胶管，否则胶管变硬损坏。为此，最简单的方法是将胶管连同尖嘴部分一起拔下，滴定管下端套上一个滴瓶塑料帽，然后装入洗液洗涤。也可用另外一种方法洗涤，即将碱式滴定管的尖嘴部分取下，胶管还留在滴定管上，将滴定管倒立于装有洗液的烧杯中，将滴定管上胶管（朝上）连接到抽水泵上，打开抽水泵，轻捏玻璃珠，待洗液徐徐上升至接近胶管处即停止，让洗液浸泡一段时间后放回原瓶中。然后用自来水冲洗，用蒸馏水淋洗 3～4 次备用。

（2）涂凡士林　酸式滴定管洗净后，玻璃活塞处要涂凡士林（起密封和润滑作用）。涂凡士林的方法（图 1-20）是：将管内的水倒掉，平放在台上，抽出活塞，用滤纸将活塞和活塞套内的水吸干，再换滤纸反复擦拭干净。将活塞上均匀地涂上薄薄一层凡士林（涂量不能多），将活塞插入活塞套内，旋转活塞几次直至活塞与活塞套相接触部位呈透明状态，否则，应重新处理。为避免活塞被碰松动脱落，涂凡士林后的滴定管应在活塞末端套上小橡皮圈。碱式滴定管不涂凡士林，只要将洗净的胶管、尖嘴和滴定管主体部分连接好即可。

图 1-20　玻璃活塞涂凡士林的方法

（3）检漏　① 酸式滴定管　关闭活塞，装入蒸馏水至一定刻线，直立滴定管约 2min。仔细观察刻线上的液面是否下降，滴定管下端有无水滴滴下，及活塞隙缝中有无水渗出。然后将活塞转动 180°后等待 2min 再观察，如有漏水现象应重新擦干涂油，直至不漏水为准。

② 碱式滴定管　装蒸馏水至一定刻线，直立滴定管约 2min，仔细观察刻线上的液面是否下降，或滴定管下端尖嘴上有无水滴滴下。如有漏水，则应调换胶管中玻璃珠，选择一个大小合适、比较圆滑的配上再试。玻璃珠太小或不圆滑都可能漏水，太大操作不方便。

（4）装溶液和赶气泡　酸式滴定管在滴定前用操作溶液（滴定液）洗涤三次后，将操作溶液（滴定液）装入滴定管，然后转动活塞使溶液迅速冲下排出下端存留的气泡 [图 1-21（a）]，并调定零点。如溶液不足，可以补充，如液面在 0.00mL 下面不多，也可记下初读数，不必补充溶液再调。

碱式滴定管应按图 1-21（b）所示的方法，将胶管向上弯曲，用力捏挤玻璃珠使溶液从尖嘴喷出，以排除气泡。碱式滴定管的气泡一般是藏在玻璃球附近，必须对光检查胶管内气泡是否完全赶尽，赶尽后再调节液面至 0.00mL 处，或记下初读数。

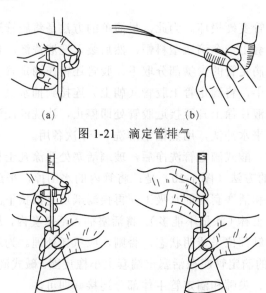

图 1-21　滴定管排气

图 1-22　滴定操作

　　装操作溶液时应从盛操作溶液的瓶内直接将操作溶液倒入滴定管中，尽量不用小烧杯或漏斗等其他容器帮忙，以免浓度改变。

　　（5）滴定　滴定最好在锥形瓶中进行，必要时也可在烧杯中进行。滴定操作是左手进行滴定，右手摇瓶，使用酸式滴定管的操作如图 1-22（a）所示，左手的拇指在管前，食指和中指在管后，手指略微弯曲，轻轻向内扣住活塞。手心空握，以免活塞松动或可能顶出活塞使溶液从活塞隙缝中渗出。滴定时转动活塞，控制溶液流出速度，要求做到以下 3 点：①逐滴放出；②只放出一滴；③使溶液成悬而未滴的状态，即练习加半滴溶液的技术。

　　使用碱式滴定管的操作如图 1-22（b）所示，左手的拇指在前，食指在后，捏住胶管中玻璃珠所在部位稍上处，捏挤胶管使其与玻璃珠之间形成一条缝隙，溶液即可流出。但注意不能捏挤玻璃珠下方的胶管，否则空气进入而形成气泡。

　　滴定前，先记下滴定管液面的初读数，如果是 0.00mL，则可以不记。用小烧杯内壁碰下悬在滴定管尖端的液滴。

　　滴定时，应使滴定管尖嘴部分插入锥形瓶口（或烧杯口）下 1～2cm 处。滴定速度不能太快，以每秒 3～4 滴为宜，切不可成液柱流下。边滴边摇（或用玻棒搅拌烧杯中溶液）。向同一方向作圆周旋转而不应前后振动，因那样会溅出溶液。临近终点时，应 1 滴或半滴地加入，并用洗瓶吹入少量水冲洗锥形瓶内壁，使附着的溶液全部流下，然后摇动锥形瓶，观察终点是否已达到（为便于观察，可在锥形瓶下放一块白瓷板），如终点未到，继续滴定，直至准确到达终点为止。

（6）读数 由于水溶液的附着力和内聚力的作用，滴定管液面是弯月形。无色水溶液的弯月面比较清晰，有色溶液的弯月面程度较差，因此，两种情况的读数方法稍有不同。为了正确读数，应遵守下列规则。

① 注入溶液或放出溶液后，需等待 30s～1min 后才能读数（使附着在内壁上的溶液流下）。

② 滴定管应垂直地夹在滴定台上读数或用两手指拿住滴定管的上端使其垂直后读数。

③ 对于无色溶液或浅色溶液，应读弯月面下缘实线的最低点。为此，读数时视线应与弯月面下缘实线的最低点相切，即视线与弯月面下缘实线的最低点在同一水平面上，如图 1-23（a）所示。对于有色溶液，应使视线与液面两侧的最高点相平，如图 1-23（b）所示。初读和终读应用同一标准。

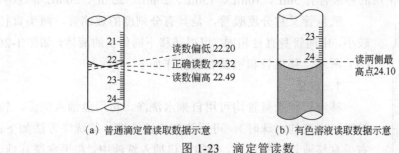

(a) 普通滴定管读取数据示意　　(b) 有色溶液读取数据示意

图 1-23　滴定管读数

④ 有一种蓝线衬背的滴定管，它的读数方法（对无色溶液）与上述不同，无色溶液有两个弯月面相交于滴定管蓝线的某一点，如图 1-24 所示。读数时视线应与此点在同一水平面上，对有色溶液读数方法与上述普通滴定管相同。

⑤ 滴定时，最好每次都从 0.00mL 开始，或从接近零的任一刻度开始，这样可固定在某一段体积范围内滴定，减少测量误差。读数必须准确到 0.01mL。

⑥ 为了协助读数，可采用读数卡，这种方法有利于初学者练习读数，读数卡可用黑纸或涂有黑长方形（约 3cm×1.5cm）的白纸制成。读数时，将读数卡放在滴定管背后，使黑色部分在弯月面下约 1mm 处，此时即可看到弯月面的反射层

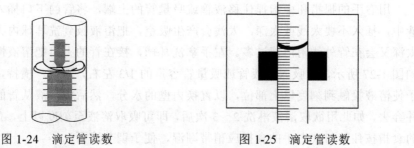
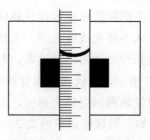

图 1-24　滴定管读数　　　　　　　图 1-25　滴定管读数

成为黑色，如图 1-25 所示，然后读此黑色弯月面下缘的最低点。

（7）注意事项

① 用毕滴定管后，倒去管内剩余溶液，用水洗净，装入蒸馏水至刻度以上，用大试管套在管口上。这样，下次使用前可不必再用洗液清洗。

② 酸式滴定管长期不用时，活塞部分应垫上纸。否则，时间一久，塞子不易打开。碱式滴定管不用时胶管应拔下，蘸些滑石粉保存。

（二）移液管和吸量管（统称吸管）

移液管又称无分度吸管，是中间有一膨大部分（称为球部）的玻璃管，球的上部和下部均为较细窄的管颈，出口缩至很小，以防过快流出溶液而引起误差。管颈上部刻有一环形标线，如图 1-26（a）所示，表示在一定温度（一般为 20℃）下移出的体积。常用的移液管有 5mL、10mL、15mL、20mL、25mL、50mL 等规格。

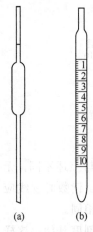

吸量管又称分度吸管，是具有分刻度的玻璃管，两头直径较小，中间管身直径相同，可以转移不同体积的液体，如图 1-26（b）所示。移液管和吸量管的操作如下。

1．洗涤

移液管和吸量管均可用自来水洗涤，再用蒸馏水洗涤。较脏时（内壁挂水珠时），可用铬酸洗液洗净。其洗涤方法如下：右手拿移液管或吸量管，管的下口插入洗液中，左手拿洗耳球，先把球内空气压出，然后把球的尖端接在移液管或吸量管的上口，慢慢松开左手手指，将洗液慢慢吸入管内直至上升到刻度以上部分，等待片刻后，将洗液放回原瓶中。如果需要比较长时间浸泡在洗液中时（一般吸量管需要这样做），应准备一个高型玻璃筒或大量筒，筒底铺些玻璃毛，将吸量管直立于筒中，筒内装满洗液，筒口用玻璃片盖上。浸泡一段时间后，取出吸

图 1-26　移液管和吸量管

量管，沥尽洗液，用自来水冲洗，再用蒸馏水淋洗干净。洗净的标志是内壁不挂水珠。干净的移液管和吸量管应放置在干净的移液管架上。

2．吸取溶液

用右手的拇指和中指捏住移液管或吸量管的上端，将管的下口插入欲取的溶液中，插入不要太浅或太深，太浅会产生吸空，把溶液吸到洗耳球内弄脏溶液，太深又会在管外沾附溶液过多。左手拿洗耳球，接在管的上口把溶液慢慢吸入，如图 1-27 所示，先吸入移液管或吸量管容量的 1/3 左右，取出，横持，并转动管子使溶液接触到刻度以上部位，以置换内壁的水分，然后将溶液从管的下口放出并弃去，如此用欲取溶液淋洗 2～3 次后，即可吸取溶液至刻度以上，立即用右手的食指按住管口（右手的食指应稍带潮湿，便于调节液面）。

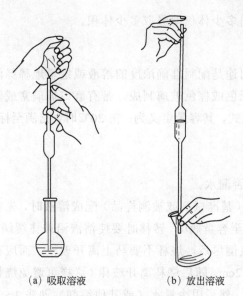

(a) 吸取溶液　　　　　　　　(b) 放出溶液

图 1-27　移液管使用操作

3．调节液面

将移液管或吸量管向上提升离开液面，管的末端仍靠在盛溶液器皿的内壁上，管身保持直立，略为放松食指（有时可微微转动移液管或吸量管），使管内溶液慢慢从下口流出，直至溶液的弯月面底部与标线相切为止，立即用食指压紧管口。将尖端的液滴靠壁去掉，移出移液管或吸量管，插入承接溶液的器皿中。

4．放出溶液

承接溶液的器皿如是锥形瓶，应使锥形瓶倾斜，移液管或吸量管直立，管下端紧靠锥形瓶内壁，放开食指，让溶液沿瓶壁流下，如图 1-27（b）所示。流完后管尖端接触瓶内壁约 15s 后，再将移液管或吸量管移去。残留在管末端的少量溶液，不可用外力强使其流出，因校准移液管或吸量管时已考虑了末端保留溶液的体积。

但有一种吹出式吸量管，管口上刻有"吹"字，使用时必须使管内的溶液全部流出，末端的溶液也需吹出，不允许保留。市场上还有一种标有"快"的吸量管，与吹出式吸量管相似。

另外有一种吸量管的分刻度只刻到距离管口尚差 1~2cm 处，刻度以下溶液不应放出。

5．注意事项

① 移液管与容量瓶常配合使用，因此使用前常作两者的相对体积的校准。

② 为了减少测量误差，吸量管每次都应从最上面刻度为起始点，往下放出所

需体积，而不是放出多少体积就吸取多少体积。

（三）容量瓶

容量瓶的主要用途是配制准确浓度的溶液或定量地稀释溶液。形状是细颈梨形平底玻璃瓶，由无色或棕色玻璃制成，带有磨口玻璃塞或塑料塞，颈下有一标线。容量瓶均为量入式，其容量定义为：在 20℃时，充满至标线所容纳水的体积，以 cm^3 计。

使用方法如下。

① 检查瓶口是否漏水。

② 将固体物质（基准试剂或被测样品）配成溶液时，先在烧杯中将固体物质全部溶解后，再转移至容量瓶中。转移时要使溶液沿玻棒缓缓流入瓶中，如图 1-28 所示。烧杯中的溶液倒尽后，烧杯不要马上离开玻棒，而应在烧杯扶正的同时使杯嘴沿搅棒上提 1～2cm，随后烧杯离开玻棒（这样可避免烧杯与玻棒之间的一滴溶液流到烧杯外面），然后用少量水（或其他溶剂）沏洗 3～4 次，每次都用洗瓶或滴管冲洗杯壁及玻棒，按同样的方法转入瓶中。当溶液达 2/3 容量时，可将容量瓶沿水平方向摆动几周以使溶液初步混合。再加水至标线以下约 1cm 处，等待1min 左右，最后用洗瓶（或滴管）沿壁缓缓加水至标线。盖紧瓶塞，左手捏住瓶颈上端，食指压住瓶塞，右手三指托住瓶底，将容量瓶颠倒 15 次以上，并且在倒置状态时水平摇动几周。

图 1-28 容量瓶的拿法及溶液的转移

③ 对容量瓶材料有腐蚀作用的溶液，尤其是碱性溶液，不可在容量瓶中久储，配好以后应转移到其他容器中存放。

（四）量筒和量杯

量筒和量杯（图 1-29）是容量精度不太高的玻璃量器，用来粗略量取液体体积的仪器。量筒分量出式和量入式两种，量入式有磨口塞子，在基础化学试验中用得不多。量出式用得比较普遍。

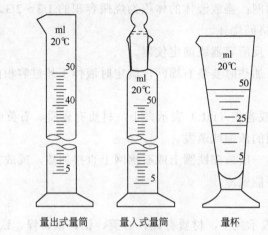

量出式量筒　　　量入式量筒　　　量杯

图 1-29　量筒和量杯

使用方法：无 0 刻度，刻度由下向上，不能加热，不可用作反应容器，读数平视，精确度≥0.1mL。

（五）能加热的仪器

1．试管

普通试管是以管外径（mm）×长度（mm）表示规格，一般有 12mm×150mm、15mm×100mm、20mm×200mm 等规格。离心试管的容积用 mL 表示，一般有 5mL、10mL、15mL 等规格。

（1）用途　少量物质的反应容器；收集少量的气体；少量物质的溶解。

（2）使用方法　普通试管可直接加热，加热时用试管夹夹持；离心试管不能用火直接加热；试管被加热后不能骤冷，以防试管被炸裂；加热时试管内液体不能超过试管体积的 1/3，以防受热时液体溅出；不需加热的反应液体一般不超过试管体积的 1/2。盛放固体盖住试管底部；加热固体时，试管口向下倾斜。

2．烧杯

有容积为 50mL、100mL、150mL、200mL、250mL、400mL、500mL、1000mL、2000mL 等规格。

（1）用途　固体物质的溶解容器；加热液体。

（2）使用方法　加热时要垫石棉网，外壁擦干。所盛反应液体积一般不能超过容积的 2/3，可在垫石棉网的热源上加热。

3．烧瓶

（1）用途　常作为大量物质的反应容器。

（2）使用方法　蒸馏时使用蒸馏烧瓶带温度计；其他实验用平底（圆底）烧

瓶，加热时要垫石棉网；盛放液体的体积为烧瓶容积的 1/3～2/3。

4．锥形瓶 规格同烧杯。

（1）用途 用于反应容器或滴定仪器。

（2）使用方法 加热时要垫石棉网，滴定时液体不超过容积的1/2。

5．蒸发皿

以口径（mm）或容积（mL）表示大小，材质有瓷质、石英或金属等。

（1）用途 溶液的浓缩或蒸发。

（2）使用方法 一般放在铁圈上或石棉网上直接加热，或放在三脚架上直接加热。能耐高温，不能骤冷。

6．坩埚

以容积（mL）表示大小，材质有瓷、石英、铂、银、镍、铁、刚玉等。

（1）用途 用于固体物质的高温灼烧。

（2）使用方法 用坩埚钳夹持一般放在三脚架上。三脚架通常有铂、石英或瓷等材质。瓷坩埚耐碱性差，不适用于碱金属碳酸盐、氢氧化钠等物质灼烧，也不适用于氢氟酸分解。

（六）其他常用仪器

1．温度计

（1）用途 测量物质的温度。

（2）使用方法 水浴时水银球浸在水中；制乙烯时，水银球浸在反应液中；测溶解度时，水银球放在饱和溶液中；石油分馏时，水银球放在支管口处；不容许超过量程。

2．酒精灯

（1）用途 加热仪器。

（2）使用方法 酒精容量不超过容积的 2/3；外焰加热；不能吹灭；不能灯点灯；用后用灯帽盖灭。

3．干燥管

（1）用途 用于干燥气体。

（2）使用方法 气体由大口进小口出；放固体干燥剂，有时用 U 形管代替。

4．冷凝管

（1）用途 将蒸汽冷凝为液体。

（2）使用方法 上口出水，下口入水。使用时应有支撑装置。

5．胶头滴管

（1）用途 用于滴加少量的液体。

（2）使用方法 垂直；离开试管口；不能倒放。

6．漏斗

（1）用途　过滤漏斗，用于不溶物与可溶物的分离或试剂的注入；长颈漏斗，向反应器中注入液体；分液漏斗，分离两种不相溶的液体及滴加液体。

（2）使用方法　过滤漏斗　用于过滤时，注意一贴，两低，三接触。长颈漏斗，用于制取气体时，漏斗下口必须液封，防止气体逸出。分液漏斗，凹槽或小孔的作用，平衡气压。

三、实验药品

（一）试剂的纯度和浓度

1．试剂的纯度

试剂的纯度对分析结果准确度的影响很大，不同的分析工作对试剂纯度的要求也不相同。因此，必须了解试剂的分类标准，以便正确使用试剂。

根据化学试剂中所含杂质的多少，将实验室普遍使用的一般试剂划分为四个等级：优级纯、分析纯、化学纯和生物化学试剂。

表 1-2　化学试剂的级别及主要用途

级别	中文名称	英文标志	标签颜色	主要用途
一级	优级纯	GR	绿	精密分析实验
二级	分析纯	AR	红	一般分析实验
三级	化学纯	CP	蓝	一般化学实验
生物化学试剂	生化试剂、生物染色剂	BR	黄	生物化学实验

高纯试剂和基准试剂的价格要比一般试剂高数倍乃至数十倍。因此，应根据分析工作的具体情况进行选择，不要盲目地追求高纯度。

2．试剂的浓度

混合物中或溶液中某物质的含量通常有以下几种表示方法，可用于试剂的浓度或分析结果的表达。

（1）质量分数　系指溶质的质量于溶液的质量之比，可用符号 ω 表示。如 $\omega_{HCl}=37\%$，表示 100g 溶液中含有 37g 氯化氢。如果分子和分母的质量单位不同，则质量分数应加上单位，如 mg/g、μg/g 等。

（2）体积分数　系指在相同的温度和压力下，溶质的体积与溶液的体积之比，可用符号 φ 表示。如 $\varphi_{CH_3CH_2OH}=80\%$，表示 100mL 溶液中含有 80mL 无水乙醇。

（3）质量浓度　系指溶质的质量与溶液的体积之比，可用符号 ρ 表示。如 $\rho_{NaOH}=10g/L$，指 1L 溶液中含有 10g 氢氧化钠。$\rho_{NaOH}=10g/100mL$，指 100mL 溶液中含有 10g 氢氧化钠。当浓度很稀时，可用 mg/L、μg/L、ng/L 表示。

（4）物质的量浓度　指溶质的物质的量与溶液的体积之比，可用符号 c 表示。如 $c_{H_2SO_4}=1mol/L$，表示 1L 溶液中含有 $1molH_2SO_4$。

（5）比例浓度　系指溶液中各组分的体积比。如正丁醇-氨水-无水乙醇（7：1：2），指 7 体积正丁醇，1 体积氨水和 2 体积无水乙醇混合而成的溶液。

（6）滴定度（g/mL）　系指 1mL 标准溶液相当于被测物的质量，可用 $T_{S/X}$ 表示，S 代表滴定剂（标准溶液）的化学式，X 代表被测物的化学式。如 $T_{HCl/Na_2CO_3}=0.005316g/mL$，表示 1mL 盐酸标准溶液相当于 0.005316g 碳酸钠。

《中华人民共和国计量法》规定，国家采用国际单位制。国家计量局于 1984 年 6 月 9 日颁布了《中华人民共和国法定计量单位使用方法》。因此，食品分析中所用的计量单位均应采用中华人民共和国法定计量单位。分析检测中常用的量及其单位的名称和符号见表 1-3。

表 1-3　分析检测中常用的量及其单位的名称和符号

量的名称	量的符号	单位名称	单位符号	倍数与分数单位
物质的量	n	摩（尔）	mol	mmol 等
质量	m	千克	kg	g、mg、μg 等
体积	V	立方米	m^3	L（dm^3）、mL 等
摩尔质量	M	千克每摩（尔）	kg/mol	g/mol 等
摩尔体积	V_m	立方米每摩（尔）	m^3/mol	L/mol 等
物质的量浓度	C	摩（尔）每立方米	mol/m^3	mol/L 等
质量分数	ω	—	%	—
质量浓度	ρ	千克每立方米	kg/m^3	g/L、g/mL 等
体积分数	φ	—	%	—
滴定度	$T_{S/X}$，T_S	克每毫升	g/mL	—
密度	ρ	千克每立方米	kg/m^3	g/mL、g/m^3
相对原子质量	Ar	—	—	—
相对分子质量	Mr	—	—	—

3．试剂选用的一般原则

① 滴定分析常用的标准溶液，一般应选用分析纯试剂配制，再用基准试剂进行标定。

② 仪器分析实验一般使用优级纯或专用试剂，测定微量或超微量成分时应选用高纯试剂。

③ 某些试剂从主体含量看，优级纯与分析纯相同或很接近，只是杂质含量不同。若所做实验对试剂杂质要求高，应选择优级纯试剂；若只对主体含量要求高，则应选用分析纯试剂。

④ 按规定，试剂的标签上应标明试剂名称、化学式、摩尔质量、级别、技术规格、产品标准号、生产许可证号、生产批号、厂名等，危险品和毒品还应给出

相应的标志。若上述标记不全，应提出质疑。

⑤ 当所购试剂的纯度不能满足实验要求时，应将试剂提纯后再使用。

⑥ 指示剂的纯度往往不太明确，除少数标明"分析纯""试剂四级"外，经常只写明"化学试剂""企业标准"或"部颁暂行标准"等。常用的有机试剂也常等级不明，一般只可作"化学纯"试剂使用，必要时进行提纯。

4．试剂的保管和取用

① 使用前，要认清标签。

② 装盛试剂的试剂瓶都应贴上标签，以免造成差错。

③ 使用标准溶液前，应把试剂充分摇匀。

④ 易腐蚀玻璃的试剂应保存在塑料瓶或涂有石蜡的玻璃瓶中。

⑤ 易氧化的试剂、易风化或潮解的试剂应用石蜡密封瓶口。

⑥ 易受光分解的试剂应用棕色瓶盛装，并保存在暗处。

⑦ 易受热分解的试剂、低沸点的液体和易挥发的试剂，应保存在阴凉处。

⑧ 剧毒试剂如氰化物、三氧化二砷、二氯化汞等，必须特别妥善保管和安全使用。

（二）常用试剂配制与标定

1．标准溶液的配制与标定的一般规定

① 配制及分析中所用的水及稀释液，在没有注明其他要求时，系指其纯度能满足分析要求的蒸馏水或离子交换水。

② 工作中使用的分析天平砝码、滴管、容量瓶及移液管均需较正。

③ 标准溶液规定为 20℃时，标定的浓度为准（否则应进行换算）。

④ 在标准溶液的配制中规定用"标定"和"比较"两种方法测定时，不要略去其中任何一种，而且两种方法测得的浓度值之相对误差不得大于 0.2%，以标定所得数字为准。

⑤ 标定时所用基准试剂应符合要求，含量为 99.95～100.05%，换批号时，应做对照后再使用。

⑥ 配制标准溶液所用药品应符合化学试剂分析纯级。

⑦ 配制 0.02mol/L 或更稀的标准溶液时，应于临用前将浓度较高的标准溶液，用煮沸并冷却的水稀释，必要时重新标定。

⑧ 碘量法的反应温度在 15～20℃之间。

2．盐酸标准溶液配制与标定

（1）配制

0.02mol/L HCl 溶液：量取 1.8mL 浓盐酸，加适量蒸馏水并稀释至 1000mL。

0.1mol/L HCl 溶液：量取 9mL 浓盐酸，加适量蒸馏水并稀释至 1000mL。

0.2mol/L HCl 溶液：量取 18mL 浓盐酸，加适量蒸馏水并稀释至 1000mL。

0.5mol/L HCl 溶液：量取 45mL 浓盐酸，加适量蒸馏水并稀释至 1000mL。

1mol/L HCl 溶液：量取 90mL 浓盐酸，加适量蒸馏水并稀释至 1000mL。

溴甲酚绿-甲基红混合指示剂：量取 30mL 溴甲酚绿的乙醇溶液（2g/L），加入 20mL 甲基红的乙醇溶液（1g/L），混匀。

（2）标定

① 反应原理　$Na_2CO_3 + 2HCl \longrightarrow 2NaCl + CO_2 + H_2O$

为缩小批示剂的变色范围，用溴甲酚绿-甲基红混合指示剂，使颜色变化更加明显，该混合指示剂的碱色为暗绿，它的变色点 pH 值为 5.1，其酸色为暗红色很好判断。

② 仪器：滴定管 50mL，三角烧瓶 250mL 和 135mL，瓷坩埚，称量瓶。

③ 标定过程

基准物处理：取预先在玛瑙乳钵中研细之无水碳酸钠适量，置入洁净的瓷坩埚中，在沙浴上加热，注意使运动坩埚中的无水碳酸钠面低于沙浴面，坩埚用瓷盖半掩之，沙浴中插一支 360℃温度计，温度计的水银球与坩埚底平，开始加热，保持 270～300℃ 1h，加热期间缓缓加以搅拌，防止无水碳酸钠结块，加热完毕后，稍冷，将碳酸钠移入干燥好的称量瓶中，于干燥器中冷却后称量。

称取上述处理后的无水碳酸钠（标定 0.02mol/L 称取 0.02～0.03g；0.1mol/L 称取 0.1～0.12g；0.2mol/L 称取 0.2～0.4g；0.5mol/L 称取 0.5～0.6g；1mol/L 称取 1.0～1.2g；称准至 0.0002g）置于 250mL 锥形瓶中，加入新煮沸冷却后的蒸馏水（0.02mol/L 加 20mL；0.1mol/L 加 20mL；0.2mol/L 加 50mL；0.5mol/L 加 50mL；1mol/L 加 100mL 水）定容，加 10 滴溴甲酚绿-甲基红混合指示剂，用待标定溶液滴定至溶液由绿色转变为紫红色，煮沸 2min，冷却至室温，继续滴定至溶液由绿色变为暗紫色。做三个平行试验，同时做试剂空白。

（3）计算

$$C = \frac{m}{(v_1 - v_2) \times 0.0530}$$

式中　C——盐酸标准滴定溶液的实际浓度，mol/L；

　　　m——基准无水碳酸钠的质量，g；

　　　v_1——样品消耗盐酸标准溶液的体积，mL；

　　　v_2——空白试验消耗盐酸标准溶液的体积，mL；

　0.0530——1/2 Na_2CO_3 的毫摩尔质量，g/mmol。

（4）注意事项

① 在良好保存条件下溶液有效期二个月。

② 如发现溶液产生沉淀或者有霉菌，应进行复查。

3．硫酸标准溶液配制与标定

（1）配制

0.1mol/L 硫酸标准溶液：量取 3mL H_2SO_4 注入 1000mL 蒸馏水中，冷却摇匀。

0.5mol/L 硫酸标准溶液：量取 15mL H_2SO_4 注入 1000mL 蒸馏水中，冷却摇匀。

1mol/L 硫酸标准溶液：量取 30mL H_2SO_4 注入 1000mL 蒸馏水中，冷却摇匀。

（2）标定

① 反应原理　$Na_2CO_3+H_2SO_4 \longrightarrow Na_2SO_4+H_2O+CO_2\uparrow$

混合指示剂变色情况参见 1mol/L 盐酸标准溶液的"标定"项。

② 仪器　滴定管 50mL，锥形瓶 250mL 和 125mL，瓷坩埚，称量瓶。

③ 标定过程　与 0.1mol/L HCl 标定方法相同。

（3）计算

$$C = \frac{m}{(v_1 - v_2) \times 0.0530}$$

式中　C——硫酸标准滴定溶液的实际浓度，mol/L；

　　　m——基准无水碳酸钠的质量，g；

　　　v_1——样品消耗硫酸标准溶液的体积，mL；

　　　v_2——空白试验消耗硫酸标准溶液的体积，mL；

　0.0530——1/2 Na_2CO_3 的毫摩尔质量，g/mmol。

（4）注意事项　在良好保存条件下，溶液有效期二个月。

4．0.1mol/L 草酸标准溶液配制与标定

（1）配制　称取 6.4g 草酸（$H_2C_2O_4 \cdot 2H_2O$），溶于 1000mL 水中，混匀。

（2）标定

① 原理　$KMnO_4+3H_2SO_4+5H_2C_2O_4 \longrightarrow 2MnSO_4+10CO_2+8H_2O$

② 仪器　滴定管 50mL，烧杯 250mL，吸液管 20mL，100℃量程温度计。

③ 标定过程　准确量取 20mL 草酸液加到 250mL 三角瓶中，再加 100mL 含有 8mLH_2SO_4 的水溶液。用 0.02mol/L 高锰酸钾标准溶液滴定近终点时，加热至 70℃，继续滴定至溶液呈粉红色，保持 30s，同时做空白试验。

（3）计算

$$C=(V_1-V_2) \times C_1/V$$

式中　C——草酸标准滴定溶液的实际浓度，mol/L；

　　　C_1——高锰酸钾摩尔浓度，mol/L；

　　　V_1——滴定消耗高锰酸钾的体积，mL；

　　　V——吸取草酸溶液的体积，mL；

　　　V_2——空白试验消耗高锰酸钾的体积，mL。

（4）注意事项

① 反应开始时速度很慢，为了加速反应，须将溶液温度加热至 70℃左右，不可太高，否则将引起 $H_2C_2O_4$ 的分解。

② 溶液有效期一个月。

5．氢氧化钠标准溶液配制与标定

（1）配制

氢氧化钠饱和溶液：称取 120g 氢氧化钠，加入 100mL 蒸馏水，振摇使之溶解成饱和溶液，冷却后置于聚乙烯塑料瓶中，密闭，放置数日，澄清后备用。

1mol/L 氢氧化钠溶液：吸取 56mL 澄清的氢氧化钠饱和溶液，加适量新煮沸的冷蒸馏水至 1000mL，摇匀。

0.1mol/L 氢氧化钠溶液：吸取 5.6mL 澄清氢氧化钠饱和溶液，其余同上步骤。

酚酞指示剂：称取酚酞 1g 溶于适量乙醇中再稀释至 100mL。

（2）标定

① 原理　　$KHC_8H_4O_4 + NaOH \longrightarrow KNaC_8H_4O_4 + H_2O$

　　　　　　酸式酚酞 $\longrightarrow$ 碱式酚酞

　　　　　　HIn　　　　　　　　In$^-$+H$^+$

　　　　　　（无色）　　　　　　（红色）

酚酞是有机弱酸，在酸性溶液中为无色，当碱色离子增加到一定浓度时，溶液即呈红色。

② 仪器　　滴定管 50mL，三角瓶 250mL，125mL。

③ 标定过程

准确称取约 6g 在 105～110℃干燥至恒重的基准邻苯二甲酸氢钾，加 80mL 新煮沸过的冷蒸馏水，使之尽量溶解，加 2 滴酚酞指示剂，用 C_{NaOH}=1mol/L 的氢氧化钠溶液滴定至溶液呈粉红色，0.5min 不褪色。平行试验三次，并作试剂空白。

标定 C_{NaOH}=0.1mol/L 的氢氧化钠溶液时，步骤同上，但基准邻苯二甲酸氢钾的量改为 0.6g。

（3）计算

$$C = \frac{m}{(v_1 - v_2) \times 0.2042}$$

式中　C——氢氧化钠标准滴定溶液的实际浓度，mol/L；

　　　m——基准邻苯二甲酸氢钾的质量，g；

　　　v_1——氢氧化钠标准溶液的用量，mL；

　　　v_2——空白试验中氢氧化钠标准溶液用量，mL；

　　0.2042——$KHC_8H_4O_4$ 的毫摩尔质量，g/mmol。

（4）注意事项

① 为使标定的浓度准确，标定后应用相应浓度盐酸对标。

② 溶液有效期一个月。

6．0.02mol/L 高锰酸钾标准溶液配制与标定

（1）配制　称取 3.3g 化学纯高锰酸钾溶于 1000mL 蒸馏水内，慢慢加热溶解，再煮沸 10～15 分钟，冷却，加塞静置 2 天以上，用垂融漏斗过滤，置于具玻璃塞的棕色瓶中密闭保存，用草酸钠标定。

（2）标定　准确称取约 0.2g 在 110℃干燥至恒重的基准草酸钠于锥形瓶中，加入 250mL 新煮沸过的冷水 50mL 和 10mL 硫酸，搅拌使之溶解。在水浴上加热至 75～80℃。立即用 0.02mol/L 高锰酸钾溶液滴定至溶液呈微红色，30 秒不褪色为终点（测定结束时温度不低于 65℃）。平行试验三次，同时做空白试验。

（3）计算

$$C = \frac{m}{(v_1 - v_2) \times 0.0670}$$

式中　C——高锰酸钾标准滴定溶液的实际浓度，mol/L；

m——基准草酸钠的质量，g；

v_1——实际消耗 $KMnO_4$ 标准滴定溶液的体积，mL；

v_2——空白消耗标准滴定溶液的体积，mL；

0.0670——$Na_2C_2O_4$ 的毫摩尔质量，g/mmol。

（4）注意事项

① 反应必须在酸性介质中进行，但硝酸为强氧化剂，盐酸能被高锰酸钾氧化，都不能使用，只能用没有还原性质的硫酸。

② 滴定时必须慢速度，特别是开始时，必须在滴一滴高锰酸钾滴下褪色后再滴第二滴，几滴以后才能加滴，但也不能呈线状滴，而应呈滴状滴下，直至溶液呈红色在 30s 不消失为终点。超过时间不褪色为滴定过量，超过时间无色也是过量的表示。因为高锰酸钾的终点是不稳定的，它会慢慢分解而使红色消失。

③ 高锰酸钾溶液应保存在棕色瓶中。

7．0.05mol/L 标准碘液

（1）配制　称取 13g 碘及 35g 碘化钾于 500mL 烧杯中，加蒸馏水 100mL（分几次加）及 3 滴盐酸，搅拌后使之溶解，然后移入 1000mL 容量瓶中，稀释至刻度。

（2）标定　用 0.1mol/L 硫代硫酸钠基准液进行标定。用吸管准确吸取 0.1mol/L 硫代硫酸钠 40mL 于 250mL 三角瓶中，用 0.1mol/L 碘溶液滴定至浅黄色，然后加 3mL0.5%淀粉指示剂，继续滴至浅色为终点。

（3）计算

$$M = \frac{M_1 \times V_1}{V}$$

式中　M——碘液的摩尔浓度，mol/L；

　　　M_1——硫代硫酸钠的摩尔浓度，mol/L；

　　　V_1——硫代硫酸钠的体积，mL；

　　　V——碘液的体积，mL。

（4）注意事项

① 反应必须在中性或酸性中进行。

② 碘易挥发，因此滴定须在冷溶液中进行。

③ 淀粉指示剂应在快到终点时加，过早则大量与淀粉生成蓝色物质，这部分碘不易与硫代硫酸钠反应，造成滴定误差。

8．0.1mol/L 硫代硫酸钠标准溶液

（1）配制　称取 26g 硫代硫酸钠和 0.2g 无水碳酸钠，溶于 1000mL 水中，缓和煮沸 10min 后冷却，将溶液保存在棕色具塞瓶中，放置数日后过滤备用。

（2）标定　称取在 120℃烘干至恒重的基准重铬酸钾 0.2g，准确至 0.0001g，置于 500mL 具塞锥形瓶中，溶于 25mL 煮沸并冷却的水中，加碘化钾 2g 和 20%硫酸 20mL。待碘化钾溶解后，于暗处放置 10min，加 250mL 水，用 0.1mol/L 硫代硫酸钠溶液滴定，近终点时，加 0.5%淀粉指示剂 3mL，继续滴定至溶液由蓝色转变成亮蓝绿色。同时做空白实验校正结果

计算：

$$M = \frac{m}{V \times 0.04903}$$

式中　M——硫代硫酸钠溶液的浓度，mol/L；

　　　m——重铬酸钾的质量，g；

　　　V——消耗 $Na_2S_2O_3$ 的体积，mL；

0.04903——与 1.00mL 1mol/L 硫代硫酸钠标准溶液相当的以 g 表示的重铬酸钾的质量。

9．0.1mol/L 硝酸银标准溶液的配制与标定

（1）配制　称取 17.5g 硝酸银，溶于 1000mL 水中，混匀。溶液保存于棕色具塞瓶中。

（2）标定　称取在 500～600℃灼烧至恒重的基准氯化钠 0.2g，准确至 0.0002g，溶于 70mL 水中，加 3%的淀粉液 10mL 和荧光素指示剂 3 滴，在摇动下用 0.1mol/L 硝酸银溶液滴定至粉红色。

（3）计算

$$M = \frac{W}{V \times 0.05845}$$

式中 *M*——硝酸银溶液的浓度，mol/L；

W——氯化钠的质量，g；

V——硝酸银溶液的用量，mL；

0.05845——与 1.00mL 0.1mol/L 硝酸银标准溶液相当的以 g 表示的氯化钠的质量。

10．1%铁氰化钾标准溶液

（1）配制 称取铁氰化钾 3g 溶于 300mL 水中。

（2）标定 称取 50mL 铁氰化钾溶液注入玻璃烧瓶中，加 3g 碘化钾，1.5g 硫酸锌（不含铁），摇匀，以 1%淀粉做指示剂，用 0.1mol/L 硫代硫酸钠溶液滴定至蓝色消失。

（3）计算

校正系数 *K=C×V×*0.329/0.5

式中 *V*——滴定时消耗的 0.1mol/L 硫代硫酸钠溶液的量，mL；

C——硫代硫酸钠的浓度，mol/L；

0.329——与 1.00mL 0.1mol/L 硫代硫酸钠相当的以 g 表示的铁氰化钾的质量。

11．其他常用试剂的配制

（1）1mol/L 氯化钾 溶解 7.46g 氯化钾于足量的水中，加水定容到 100mL。

（2）5mol/L 氯化钠 溶解 29.2g 氯化钠于足量的水中，定容至 100mL。

（3）1mol/L 乙酸铵 将 77.1g 乙酸铵溶解于水中，加水定容至 1L 后，用 0.22μm 孔径的滤膜过滤除菌。

（4）8mol/L 乙酸钾 溶解 78.5g 乙酸钾于足量的水中，加水定容到 100mL。

（5）3mol/L 乙酸钠 溶解 40.8g 的三水乙酸钠于约 90mL 水中，用冰乙酸调溶液的 pH 至 5.2，再加水定容到 100mL。

（6）0.5mol/L EDTA 配制等摩尔的 Na_2EDTA 和 NaOH 溶液（0.5mol/L），混合后形成 EDTA 的三钠盐。或称取 186.1g 的 $Na_2EDTA \cdot 2H_2O$ 和 20g 的 NaOH，并溶于水中，定容至 1L。

（7）1mol/L $MgCl_2$ 溶解 20.3g $MgCl_2 \cdot 6H_2O$ 于足量的水中，定容到 100mL。

（8）100%三氯乙酸（TCA） 在装有 500gTCA 的试剂瓶中加入 100mL 水，用磁力搅拌器搅拌直至完全溶解。稀释液应在临用前配制。

（9）磷酸缓冲液 按照表 1-4 所给定的体积，混合 1mol/L 的磷酸二氢钠和 1mol/L 磷酸氢二钠储液，获得所需 pH 的磷酸缓冲液。配制 1mol/L 的磷酸二氢钠（$NaH_2PO_4 \cdot H_2O$）储液：溶解 138g 于足量水中，使终体积为 1L。1mol/L 磷酸氢二钠（Na_2HPO_4）储液：溶解 142g 于足量水中，使终体积为 1L。

表 1-4 磷酸缓冲液

1mol/L 磷酸二氢钠/mL	1mol/L 磷酸氢二钠/mL	最终 pH 值
877	123	6.0
850	150	6.1
815	185	6.2
775	225	6.3
735	265	6.4
685	315	6.5
625	375	6.6
565	435	6.7
510	490	6.8
450	550	6.9
390	610	7.0
330	670	7.1
280	720	7.2

（10）Tris 缓冲液 将 121g 的 Tris 碱溶解于约 0.9L 水中，再根据所要求的 pH（25℃下）加一定量的浓盐酸（11.6mol/L），用水调整终体积至 1L（表 1-5）。

表 1-5 Tris 缓冲液浓盐酸加入量

浓盐酸的体积/mL	pH
8.6	9.0
14	8.8
21	8.6
28.5	8.4
38	8.2
46	8.0
56	7.8
66	7.6
71.3	7.4
76	7.2

12. 常用指示剂的配制

（1）1%酚酞 溶解酚酞末 1.0g 于 100mL95%乙醇中。

（2）0.1%甲基橙 溶解甲基橙 0.1g 于 100mL 水中。

（3）0.1%甲基红 溶解甲基红 0.1g 于 100mL95%乙醇中。

（4）0.1%溴甲酚绿 溶解溴甲酚绿粉末 0.1g 于 100mL95%乙醇中。

（5）0.05%溴甲酚紫 溶解溴甲酚紫粉末 0.05g 于 100mL95%乙醇中。

（6）0.1%溴百里酚蓝　溶解溴百里酚蓝粉末 0.1g 于 100mL95%乙醇中。

（7）甲基红-溴甲酚绿指示剂　1 份 0.1%的甲基红与 5 份 0.1%溴甲酚绿混合。

（8）1%甲烯蓝　溶解甲烯蓝粉末 1g 于 100mL 水中。

（9）0.1%酚红　溶解酚红粉末 0.1g 于 100mL95%乙醇中。

（10）0.1%百里酚蓝　溶解百里酚兰粉末 0.1g 于 100mL95%乙醇中。

（11）1%淀粉　溶解 1g 可溶性淀粉于 100mL 水中，煮沸（加入 1g 氯化锌可长期保存）。

第三节　实验室安全

一、食品分析实验室安全规则

（一）实验室安全管理

① 实验室应有专人管理，应在显眼位置张贴实验室规章制度、安全守则以及管理人员的联系电话，对可能出现的事故应制订应急处理程序或预案。

② 实验室应做好防盗、防火措施。

③ 进入实验室的教学班次应有记录。

④ 不准在实验室吸烟、进食（感官评定实验除外）。

⑤ 最后离开实验室的人员要检查水、电、门窗等是否关闭，确认安全无误方可离开。

（二）实验室试剂管理

① 试剂应分类、有序存放，取用登记。对字迹不清的标签要及时更换；过期和没有标签的药品不能使用，并要进行妥善处理。

② 存放有高度危险性化学试剂或样品（如腐蚀、易燃、易爆、有毒、生物危险和放射性试剂等）以及易燃液体和气体的位置应远离实验操作区，远离热源和火源，并应当采取其他安保措施，如设置可锁闭的门、冷冻箱，限制人员进入等。有条件的实验室应在使用腐蚀性和危险化学品的位置附近设置洗眼和应急喷淋装置。

③ 受光照易变质的化学试剂应存放在阴凉通风处。

④ 剧毒试剂应专柜存放，双人双锁保管。

⑤ 配制的试剂应贴标签，注明试剂名称、浓度、配制时间及配制人。除有特殊规定外，存放期不应超过 3 个月。

⑥ 实验室废气排放、排污和排水通道应保持通畅。有毒有害的废液、废渣应使用专用的废弃物容器分类收集、存放，并集中处理。

（三）学生实验安全须知

① 学生进入实验室应穿实验服。

② 实验中应保持实验室光线充足、通风良好。

③ 实验前充分预习，了解实验规程及注意事项。

④ 了解试剂的性质，对腐蚀、易燃、易爆、有毒的试剂，取用应特别注意，防止意外发生。接触有毒或有腐蚀性药品应佩戴手套，取用的管、皿及容器应清洗干净。

⑤ 涉及有毒或刺激性气体的实验操作必须在通风橱内进行。

⑥ 进行有危险性的实验时，应检查好防护措施再操作，并在试验中做好监护。

⑦ 使用高温、高压、真空设备应特别小心，严格遵守试验规程。

⑧ 使用玻璃仪器应轻取轻放，防止破裂。

⑨ 注意废液、废渣的分类回收。

⑩ 注意用水、用电安全。

⑪ 发现意外应立即报告老师，及时处理。

⑫ 实验结束后应认真洗手，做好实验室的清洁。离开实验室前应切断水、电、气。

二、食品分析实验守则

我国安全生产的方针是预防为主、安全第一。分析实验室同样应遵守安全为首的规则。从事分析试验的工作者，必须掌握丰富的安全知识，不断保持警惕并提高安全意识，严格遵守实验室各种操作规程和规章制度，并积极采取可靠、有效的预防措施，就可以最大限度地避免安全事故。如果不幸发生意外事故，只要处理及时，措施得当，就可以将各种损害降低到最小。

（一）实验室危险性的种类

1. 火灾爆炸危险性

化验室发生火灾的危险性具有普遍性，这是因为分析化学实验室中经常使用易燃易爆物品、高压气体钢瓶、低温液化气体、减压系统等，如果处理不当，操作失灵，再遇上高温、明火、撞击、容器破裂或没有遵守安全防火要求，往往会酿成火灾爆炸事件，轻则造成人身伤害、仪器设备破损，重则造成人员伤亡、房屋破坏。

2. 有毒气体危险性

在分析试验中常要用到煤气、各种有机溶剂，这些物质不仅易燃易爆而且有毒。在有些实验中由于化学反应还会产生有毒气体，如不注意有引起中毒的可能性。

3. 触电危险性

分析实验离不开电气设备，分析人员应懂得如何防止触电事故或由于使用非防爆电器产生电火花引起的爆炸事故。

4．机械伤害危险性

分析中经常用到玻璃器皿，还会遇到断玻璃管、胶塞打孔、用玻璃管连接胶管等操作。操作者如果疏忽大意或思想不集中，容易造成皮肤与手指创伤，割伤也时有发生。

5．放射性危险

从事放射性物质分析及 X 射线衍射分析的人员，必须认真防护，避免放射性物质伤害人体。

（二）防火与防爆

1．按照不同物质发生的火灾，火灾大体分为四种类型。

（1）A 类火灾 为固体可燃材料的火灾，包括木材、布料、纸张、橡胶以及塑料等。

（2）B 类火灾 为易燃可燃液体、易燃气体和油脂类火灾。

（3）C 类火灾 为带电电气设备火灾。

（4）D 类火灾 为部分可燃金属，如镁、钠、钾及其合金等火灾。

目前常用的灭火器有各种规格的泡沫灭火器、各种规格的干粉灭火器、二氧化碳灭火器和卤代烷（1211）灭火器等。泡沫灭火器一般能扑救 A、B 类火灾，当电器发生火灾，电源被切断后，也可使用泡沫灭火器进行扑救。干粉灭火器和二氧化碳灭火器则用于扑救 B、C 类火灾。可燃金属火灾则可使用扑救 D 类的干粉灭火剂进行扑救。卤代烷（1211）灭火器主用于扑救易燃液体、带电电器设备和精密仪器以及机房的火灾。这种灭火器内装的灭火剂没有腐蚀性，灭火后不留痕迹，效果也较好。一般手提式灭火器内装的药剂的喷射灭火时间在 1min 之内，实际有效灭火时间仅有 10～20s，在实际使用过程中，必须正确掌握使用方法，否则不仅灭不了火，还会贻误灭火时机。

物质起火的三个条件是物质本身的可燃性、氧的供给和燃烧的起始温度。一切可燃物的温度处于着火点以下时，即使供给氧气也不会燃烧。因而控制可燃物的温度是防止起火的关键。

2．化验室常见的易燃易爆物

（1）易燃液体 如苯、甲苯、甲醇、乙醇、石油醚、丙酮等。

（2）燃烧爆炸性固体 如钾、钠等轻金属等。

（3）强氧化剂 如硝酸铵、硝酸钾、高氯酸、过氧化钠、过氧化氢、过氧化二苯甲酰等。

（4）压缩及液化气体 如 H_2、O_2、C_2H_2、液化石油气等。

（5）可燃气体 一些可燃气体与空气或氧气混合，在一定条件下会发生爆炸。

3．起火和起爆的防护措施

根据实验室着火和爆炸的起因，可采取针对性预防措施。

（1）预防加热起火

① 在火焰、电加热器或其他热源附近严禁放置易燃物。

② 加热用的酒精灯、喷灯、电炉等加热器使用完毕后，应立即关闭。

③ 灼热的物品、各种电加热器及其他温度较高的加热器都应置在石棉板上。

④ 倾注或使用易燃物时附近不得有明火。

⑤ 蒸发、蒸馏和回流易燃物时，不许用明火直接加热或用明火加热水浴，应根据沸点高低分别用水浴、沙浴或油浴等加热。

⑥ 在蒸发、蒸馏或加热易燃液体过程中，分析人员绝不能擅自离开。

⑦ 化验室内不宜存放过多的易燃品。

⑧ 不应用磨口塞的玻璃瓶储存爆炸性物质，以免关闭或开启玻璃塞时因摩擦引起爆炸。必须配用软木塞或橡皮塞，并保持清洁。

⑨ 不慎将易燃物倾倒在试验台或地面上时，应做到以下几点。

A．迅速断开附近的电炉、喷灯等加热器。

B．立即用毛巾、抹布将流出的液体吸干。

C．室内立即通风、换气。

D．身上或手上沾有易燃物时，应立即清洗干净，不得靠近火源。

（2）预防化学反应热起火和爆炸

① 分析人员对要进行的实验，需了解其反应和所用化学试剂的特性。对有危险的实验要准备应有的防护措施及发生事故的处理方法。

② 易燃易爆物的实验操作应在通风橱内进行，操作人员应戴橡胶手套、防护眼镜。

③ 在未了解试验反应之前，试剂用量要从最小开始。

④ 及时销毁残存的易燃易爆物。

（3）预防容器内外压力差引起爆炸

① 预防减压装置爆炸，减压容器的内外压力差不超过 1atm（0.1MPa）。

② 预防容器内压力差大引起爆炸的措施如下。

A．低沸点和易分解的物质可保存在厚壁瓶中，放置在阴凉处。

B．所有操作应按操作规程进行。反应太猛烈时，一定要采取适当措施以减缓反应速率。

C．不能将仪器装错导致加热过程中形成密闭系统。

D．对有可能发生爆炸的实验一定要小心谨慎，严加管理，严格遵守操作规程。绝对不允许不了解实验的人员进行操作，并严禁一人在实验室工作。

（4）实验室灭火　灭火原则为移去或隔绝燃料的来源，隔绝空气（氧），降低温度。对不同物质引起的火灾，应采取不同的补救方法。

① 实验室灭火的紧急措施

A．防止火势蔓延，首先切断电源，熄灭所有加热设备，快速移去附近的可燃物，关闭通风装置，减少空气的流通。

B．立即扑灭火焰，设法隔绝空气，使温度下降到可燃物的着火点以下。

C．火势较大时，可用灭火器扑救。

② 实验室灭火注意事项

A．用水灭火注意事项：能与水发生猛烈作用的物质失火时，不能用水灭火，如金属钠、电石、浓硫酸、五氧化二磷、过氧化物。对于这些小面积范围的燃烧可用防火沙覆盖。比水轻、不溶于水的易燃与可燃液体，如石油烃化合物和苯类等芳香族化合物失火燃烧时，禁止用水扑灭。溶于水或稍溶于水的易燃物与可燃液体，如醇类、醚类、酯类、酮类等失火时，如数量不多可用雾状水、化学泡沫、皂化泡沫等灭火。不溶于水、密度大于水的易燃物与可燃液体，如二氧化碳等引起的火，可用水扑灭，因为水能浮在液面上将空气隔绝。禁止使用四氯化碳灭火器。

B．电气设备及电线着火时，首先用四氯化碳灭火剂灭火。电源切断后才能用水扑救。严禁在未切断电源之前用水或泡沫灭火剂扑救。

C．回流加热时，如因冷凝效果不好，易燃蒸汽在冷凝器顶端着火，应先切断加热源，再行扑救。绝对不能用塞子或其他物品堵住冷凝管口。

D．若敞口的器皿中发生燃烧，应尽快切断加热，设法盖住器皿口，隔绝空气，使火熄灭。

E．扑灭产生有毒蒸气的火情时，要特别注意防毒。

③ 灭火器的维护　灭火器要定期检查，并按规定更换药液。使用后应彻底清洗，并更换损坏的零件。使用前需检查喷嘴是否畅通，如有阻塞，应用铁丝通后再使用，以免造成爆炸。灭火器一定要固定放在明显的地方，不得任意移动。

（三）防止烧伤、切割、腐蚀和烫伤

实验室中的烧伤，主要是由于接触到高温物质和腐蚀性化学物质以及由火焰、爆炸、电及放射性物质所引起的。

1. 化学烧伤

化学烧伤是由于操作者的皮肤触及腐蚀性化学剂所致。这些试剂包括：强酸类，特别是氢氟酸及其盐；强碱类，如碱金属的氢化物、浓氨水、氢氧化物等；氧化剂，如浓的过氧化氢、过硫酸盐等；某些单质，如钾、钠等。

化学烧伤的预防措施：取用危险药品及强酸、强碱和氨水时，必须戴橡皮手套和防护眼镜；酸类滴到身上，都应立即用水冲洗；稀释硫酸时必须在烧杯等耐热容器中进行，应在不断搅拌下把浓硫酸加入水中，绝对不能把水加入浓硫酸中！在溶解 NaOH、KOH 等能产生大量热的物质时，也必须在耐热容器中进行。如需将浓硫酸与碱液中和，则必先稀释，后中和。

2．烫伤

烫伤是由操作者身体直接触及高温物品造成的伤害。烫伤严重时，不能用生冷水冲洗或者浸泡伤口，否则会引起肌肤溃烂，加重伤势，大大增加留疤的概率。伤员口渴时，可给少量的热茶水或淡盐水服用，绝不可以在短时间内饮服大量的开水，而导致伤员出现脑水肿。

3．割伤的防护处理

① 安装能发生破裂的玻璃仪器时，要用布片包裹。

② 往玻璃管上套橡皮管时，最好用水或甘油浸湿橡皮管的内口，一手戴线手套慢慢转动玻璃管，不能用力过猛。

③ 容器内装有 0.5L 以上溶液时，应托扶瓶底移取。

（四）常见的化学毒物及中毒预防、急救

在实验室中引起的中毒现象有两种情况：一是急性中毒；二是慢性中毒；如经常接触某些有毒物质的蒸气。

1．有毒气体

（1）一氧化碳（CO）　CO 是无色无臭的气体，毒性很大。CO 进入血液后与血红素的结合力比 O_2 大 200～300 倍，因而很快形成碳氧血红素，使血红素丧失输送氧的能力，导致全身组织尤其是中枢神经系统严重缺氧造成中毒。CO 中毒时，轻度中毒表现为头痛、耳鸣，有时恶心呕吐，全身疲乏无力；中度中毒者除上述症状加剧外，能迅速发生意识障碍，嗜睡，全身显著虚弱无力，不能主动脱离现场；重度中毒时，可迅速陷入昏迷状态，因呼吸停止而死亡。

急救情施：立即将中毒者抬到空气新鲜处，注意保温，勿使受冻；呼吸衰竭者立即进行人工呼吸，并给以氧气，立即送医院抢救。

（2）氯气（Cl_2）　Cl_2 为黄绿色气体，比空气重，一旦泄漏将沿地面扩散。Cl_2 是强氧化剂，溶于水，有窒息臭味。一般工作场所空气中含氯不得超过 0.002mg/L，含量达 3mg/L 时，会使呼吸中枢突然麻痹，肺内引起化学灼伤而迅速死亡。

（3）硫化氢（H_2S）　H_2S 为无色气体，具有腐蛋臭味。H_2S 使中枢神经系统中毒，使延髓中枢麻痹，与呼吸酶中的铁结合使酶活动性减弱。H_2S 浓度低时，会使人头晕、恶心、呕吐等，浓度高或吸入量大时，可使意识突然丧失、昏迷窒息而死亡。

因为 H_2S 有恶臭，一旦闻到其气味应立即离开现场，对中毒严重者及时进行人工呼吸、吸氧，并送医院进行急救。

（4）氮氧化物　氮氧化物主要成分是 NO 和 NO_2。氮氧化物中毒表现为对深部呼吸道的刺激作用，能引起肺炎、支气管炎和肺水肿等。吸入高浓度氮氧化物时，可迅速出现窒息、痉挛而死亡。一旦发生中毒，要立即离开现场，呼吸新鲜空气或吸氧，并送医院急救。

2．酸

H_2SO_4、HNO_3、HCl 这三种酸是实验室最常用的强酸。实验者受到酸蒸气刺激可引起急性炎症。皮肤受到强酸伤害时，应该立即用大量水冲洗，然后用 2%的小苏打水溶液冲洗伤部。

3．碱类

NaOH、KOH 的水溶液有强烈腐蚀性。皮肤受到强碱伤害时，应该迅速用大量水冲洗，然后用 2%稀乙酸或 2%硼酸冲洗患部。

4．氰化物、砷化物、汞和汞盐

（1）氰化物　KCN 和 NaCN 属于剧毒剂，吸入很少量也会造成严重中毒。发现中毒者应立即抬离现场，施以人工呼吸或给予氧气，立即送往医院。

（2）砷化物　As_2O_3、Na_3AsO_3、AsH_3 这些都属于剧毒物，发现中毒时立即送往医院。

（3）汞和汞盐　常用的有 Hg、$HgCl_2$、Hg_2Cl_2，其中 Hg 和 $HgCl_2$ 毒性最大。

5．有机化合物

有机化合物的种类很多，几乎都有毒性。因此在使用时必须对其性质进行详细了解，根据不同情况采取安全防护措施。

（1）脂肪族卤代烃　短期内吸入大量这类蒸气有麻醉作用。它们还刺激黏膜、皮肤以至全身出现中毒症状。这类物质对肾、心脏有较强的毒害作用。

（2）芳香烃　有刺激作用，接触皮肤和黏膜能引起皮炎，高浓度蒸气对中枢神经有麻醉作用。大多数芳香烃对神经系统有毒害作用，有的还会损伤造血系统。急性中毒时应立即进行人工呼吸、吸氧，送往医院治疗。

6．致癌物质

某些物质在一定的条件下诱发癌症，被称为致癌物质。根据物质对动物的诱癌试验和临床观察统计，以下物质有明显的致癌作用：多环芳烃、3,4-苯并芘、1,2-苯并蒽、亚硝酸类、2-萘胺、联苯胺、砷等。所以在使用这些物质时必须穿工作服，戴手套和口罩，避免进入人体。

7．预防中毒措施

为避免中毒，最根本的是一切实验室工作都应遵守规章制度，操作中应注意以下事项。

① 进行有毒物质实验时要在通风橱内进行，并保持室内通风良好。

② 用嗅觉检查样品时，只能拂气入鼻，轻轻嗅闻，绝不能对着瓶口猛吸。

③ 室内有大量毒气存在时，分析人员应立即离开房间，只许佩戴防毒面具的人员进入室内，打开门窗通风换气。

④ 装有煤气管道的实验室，应经常注意检查管道和开关的严密性，避免漏气。

⑤ 有机溶剂的蒸气多属于有毒物质，只要实验允许，应选用毒性较小的溶剂，如石油醚、丙酮、乙醚等。

⑥ 实验过程中如有感到头晕、无力、呼吸困难等症状，即表示有可能中毒，应立即离开实验室，必要时应到医院进行治疗。

⑦ 尽量避免手与有毒试剂直接接触。实验后及进食前，必须用肥皂充分洗手。不要用热水洗涤。严禁在实验室内进食。

（五）安全用电常识

在实验室中经常与电打交道，如果对电器设备的性能不了解，使用不当就会引起触电事故。因此，化工分析人员必须掌握一定的用电常识。

1．电对人的危害

电对人的伤害可分为内伤和外伤两种，这两种伤害有可能单独发生，也有可能同时发生。

（1）电外伤　包括电烧伤、电烙伤和皮肤金属化（熔化金属渗入皮肤）三种，这些都是由于电流热效应和机械效应所造成，通常是局部的，一般危害性不大。

（2）电内伤　电内伤就是指电击，是电流通过人体内部组织引起的。通常所说的触电事故，它能使心脏和神经系统等重要器官、组织受损。

2．安全电流和安全电压

（1）安全电流　通过人体电流的大小对电击的后果起决定作用。一般交流电比直流电危险。通常把 10mA 的交流电流或 50mA 以下的直流电流看作是安全电流。

（2）安全电压　触电后果的关键在电压，因此根据不同环境采用相应的安全电压，使触电时能自主地摆脱电源。安全电压的数值，在国际上还尚未统一规定，国内规定有 6V、12V、24V、36V、42V 五个等级。电气设备的安全电压超过 24V 时，必须采取其他防止直接接触带电体的保护措施。

3．保护线接地

预防触电的可靠方法之一，就是采用保护线接地。其目的就是在电气设备漏电时，使其对地电压降到安全电压（24V 以下）范围内。实验室所用的在 1kV 以上的仪器必须采取保护线接地。

4．使用电动力时的注意事项

① 先检查设备的电源开关，电机和机械设备各部分是否安置妥当，使用的电源电压是否为安全电压。

② 打开电源之前必认真思考，确认无误时方可送电。

③ 认真阅读电气设备的使用说明书及操作注意事项，并严格遵守。

④ 实验室内不得有裸露的电线头，不要用电线直接插入电源接通电灯、仪器等，以免产生电火花引起爆炸和火灾等事故。

⑤ 临时停电时，要关闭一切电气设备的电源开关，待恢复供电时再重新启动。仪器用完后要及时关掉电源，方可离去。

⑥ 动力设备发生过热（超过最高允许温度）现象，应立即停止运转，进行检修。

⑦ 实验室所有的电气设备不得私自拆卸及随便进行修理。

⑧ 离开实验室前认真检查所有电气设备的电源开关，确认完全关闭后方可离开。

5．触电的急救

遇到触电事故时，必须保持冷静，立即拉闸断电，或用木棍将电源线拨离触电者。千万不要用手在脚底无绝缘体的情况下去拉触电者。如触电者在高处要防止切断电源后把人摔伤。脱离电源后，检查伤员呼吸和心跳情况，若停止呼吸，应立即进行人工呼吸。应该注意，对触电严重者，必须在急救后再送往医院做全面检查，以免延误抢救。

第四节　原始记录及检验报告单的编制

原始记录是指在实验室进行科学研究过程中，应用实验、观察、调查或资料分析等方法，根据实际情况直接记录或统计形成的各种数据、文字、图片、照片、声像等原始资料，是进行科学实验过程中对所获得的原始资料的直接记录，可作为不同时期深入进行该课题研究的基础资料。原始记录应该能反映分析检验中最真实、最原始的情况。

一、检验原始记录的书写规范要求

① 检验记录必须用统一格式、带有页码编号的专用检验记录本记录，并应保持完整。

② 检验记录应用字规范，须用蓝色或黑色字迹的钢笔或签字笔书写。不得使用铅笔或其他易褪色的书写工具书写。检验记录应使用规范的专业术语，计量单位采用国际标准计量单位，有效数字的取舍应符合实验要求；常用的外文缩写（包

括实验试剂的外文缩写）应符合规范，首次出现时必须用中文加以注释；属外文译文的应注明其外文全名称。

③ 检验记录不得随意删除、修改或增减数据。如必须修改，须在修改处画一斜线，不可完全涂黑，保证修改前记录能够辨认，并应由修改人签字或盖章，注明修改时间。

④ 计算机、自动记录仪器打印的图表和数据资料等应按照顺序粘贴在记录纸的相应位置上，并在相应处注明实验日期和时间；不宜粘贴的，可另行整理装订成册并加以编号，同时在记录本相应处注明，以便查对；底片、磁盘文件、声像资料记录应装在统一制作的资料袋内或储存在统一的存储设备里，编号后另行保存。

⑤ 检验记录必须做到及时、真实、准确、完整，防止漏记和随意涂改。严禁伪造和编造数据。

⑥ 检验记录应妥善保存，避免水浸、墨污、卷边，保持整洁、完好、无破损、不丢失。

⑦ 对环境条件敏感的实验，应记录当天的天气情况和实验的微气候（如光照、通风、洁净度、温度及湿度等）。

⑧ 检验过程中应详细记录实验过程中的具体操作，观察到的现象，异常现象的处理，产生异常现象的可能原因及影响因素的分析等。

⑨ 检验记录中应记录所有参加实验的人员；每次实验结束后，应由记录人签名，另一人复核，科室负责人或者上一级主管复核。

⑩ 原始实验记录本必须按归档要求整理归档，实验者个人不得带走。

⑪ 各种原始资料应仔细保存，以容易查找。

表 1-6 和 1-7 分别列举了容量法原始记录和分光光度法原始记录。

表 1-6 容量法原始记录

样品名称		编号	
检验项目		检验方法依据	
仪器名称	编号	型号规格	仪器检定有效期
标准溶液名称		标定日期	
平行测定次数	1	2	3
取样量 $W(\ )$			
标准溶液的浓度 $c/(\text{mol/L})$			
滴定管末读数 V_2/mL			

续表

滴定管初读数 V_1/mL			
空白值 V_0/mL			
实际消耗量 V/mL			
计算公式			
实际结果			
平均值			

表 1-7 分光光度法原始记录

样品名称		编号	
检验项目		检验方法依据	
仪器名称	编号	型号规格	仪器检定有效期
工作曲线名称			
		标准浓度	吸光度 A
序号 0			
1			
2			
3			
4			
5			
6			
取量样 $W($ $)$		吸取体积 $V($ $)$	
平行次数	样品吸光度值 A	对应浓度 $c($ $)$	稀释倍数
1			
2			
空白值			
计算公式			
平均值			
实测结果			

二、检测报告的编制

检测报告应准确、清晰、明确和客观地报告每一项或每一系列的检测结果，并符合检测方法中规定的要求。

1．检测报告的内容

检测报告的内容应由检测室负责人根据承检产品/项目标准的要求设计，其内容应包括以下部分。

① 检测报告的标题。

② 实验室的名称与地址，进行检测的地点（如果与实验室的地址不同）。

③ 检测报告的唯一编号标识和每页数及总页数，以确保可以识别该页是属于检测报告的一部分，以及表明检测报告结束的清晰标识。

④ 客户的名称和地址。

⑤ 所用方法的标识。

⑥ 检测物品的描述、状态和明确的标识。

⑦ 对结果的有效性和应用至关重要的检测物品的接收日期和进行检测的日期。

⑧ 如与结果的有效性和应用相关时，实验室所用的抽样计划和程序的说明。

⑨ 检测的结果带有测量单位。

⑩ 检测报告批准人的姓名、职务、签字或等同的标识。

⑪ 相关之处，结果仅与被检物品有关的声明。

⑫ 当有分包项时，则应清晰地标明分包方出具的数据。

2．解释检测结果时应包括的内容

当需要对检测结果解释时，对含抽样结果在内的检测报告，还应包括下列内容。

① 抽样日期。

② 抽取的物质、材料或产品的清晰标识（包括制造者的名称、产品的型号和相应的系列号）。

③ 抽样的地点，包括任何简图、草图或照片。

④ 所用抽样计划和程序的说明。

⑤ 抽样过程中可能影响检测结果解释的环境条件的详细信息。

⑥ 与抽样方法或程序有关的标准或规范，以及对这些规范的偏离、增添或删减。

第五节　基础实验练习

一、分析天平的衡量练习

（一）目的和要求

① 熟悉天平的结构，学会正确使用半自动或全自动电光分析天平。

② 掌握差减称量法的操作及注意事项。

③ 培养准确、简明地记录实验原始数据的习惯，不得涂改数据，不得将数据记录在实验报告以外的地方。

（二）仪器和试剂

（1）仪器　电光分析天平、瓷坩埚、称量瓶。

（2）试剂　固体试样。

（三）实验内容

（1）直接称量法　取一只洁净、干燥的瓷坩埚，按"直接法"的称量方法和步骤，称取瓷坩埚的准确质量为优，记录有关数据。

（2）差减称量法　取一个装有固体试样的称量瓶，按"差减法"的称量方法和步骤，称取 0.4～0.5g 的试样于坩埚内。

（3）称量结果的误差　称量装有 0.4～0.5g 样品的坩埚质量，与前面所称样品质量与空坩埚质量进行比较，即可得称量误差。平行称量 2～3 次，并记录有关数据（表 1-8）。

表 1-8　数据记录和处理

称量编号	I	II
瓷坩埚质量 m_0/g		
(称量瓶+样品质量)m_1/g		
倾出样品后称量瓶的质量 m_1'/g		
(瓷坩埚质量+样品质量) m_0'/g		
样品质量 A　$m_A=(m_1-m_1')$/g		
样品质量 B　$m_B=(m_0'-m_0)$/g		
称量误差　(m_A-m_B)/g		

二、滴定分析操作练习

（一）目的和要求

① 了解并掌握滴定管、锥形瓶等滴定分析常用仪器的洗涤方法和使用方法。

② 反复练习酸碱滴定的基本操作，做到能利用指示剂正确地判断滴定终点。

（二）原理

一定浓度的 HCl 溶液和 NaOH 溶液相互滴定至终点时，所消耗的体积之比 V_{HCl}/V_{NaOH} 应是一定的。0.1mol/L HCl 溶液和 0.1mol/L NaOH 溶液相互滴定时，化学计量点的 pH 为 7.00，pH 突跃范围为 4.30～9.70。可选用甲基橙、甲基红、酚酞作指示剂。本实验采用甲基橙作指示剂，用 0.1mol/L HCl 溶液滴定 0.1mol/L NaOH 溶液，滴定终点颜色由黄色突变为橙色。通过反复练习此滴定操作，其所消耗的体积之比应基本不变，由此可以检验滴定操作技术和判断滴定终点。

（三）仪器和试剂

1. 仪器

酸式滴定管（50mL）、碱式滴定管（50mL）、烧杯（250mL）、锥形瓶（250mL）、量筒、洗瓶、滴定管架、试剂瓶、台秤。

2．试剂

氢氧化钠（固体，AR）、浓盐酸（密度1.19g/mL，AR）、酚酞指示剂（0.2%，乙醇溶液）、甲基橙指示剂（0.1%）。

（四）实验步骤

1．酸碱溶液的配制

（1）0.1mol/L HCl 溶液的配制　用10mL量筒量取浓盐酸约4.5mL，倒入500mL试剂瓶中，加蒸馏水稀释至500mL，盖上玻璃塞，摇匀。

（2）0.1mol/L NaOH 溶液的配制　在台秤上称取约2g氢氧化钠固体，置于250mL烧杯中，加入蒸馏水使之溶解后，倒入带橡皮塞的500mL试剂瓶中，加蒸馏水稀释至500mL，用橡皮塞塞好瓶口，充分摇匀。

2．酸、碱溶液的相互滴定

（1）0.1mol/L HCl 滴定 0.1mol/L NaOH　按滴定分析基本操作的要求，对所用仪器进行洗涤装液、赶气泡，调节操作溶液的液面在"0"刻度附近（最好在"0"刻度上）。

由碱式滴定管中缓慢放出0.1mol/L NaOH溶液25mL左右至洁净的锥形瓶中，加入1～2滴甲基橙指示剂，用0.1mol/L HCl溶液滴定。滴定开始时速度以每秒3～4滴为宜，边滴边观察溶液颜色的变化，接近终点时，速度要减慢，再一滴一滴地加，直到加入一滴或半滴，使溶液由黄色变成橙色，即为滴定终点。如滴定过量，溶液颜色为红色，此时可在锥形瓶中滴入少量NaOH溶液，溶液由红色变成黄色，再由酸式滴定管中滴加少量HCl溶液，使溶液由黄色变成橙色，如此反复练习滴定操作和观察终点，读准所用的HCl和NaOH溶液的毫升数，并求出滴定时两溶液的体积比 V_{HCl}/V_{NaOH}。平行滴定2～3次。

（2）0.1mol/L NaOH 滴定 0.1mol/L HCl。由酸式滴定管放出0.1mol/L HCl溶液25mL左右于一只250mL锥形瓶中，加入1～2滴酚酞指示剂，用0.1mol/L NaOH溶液滴定至微红，30s不褪色即为终点。记下消耗的NaOH溶液的毫升数。平行滴定2～3次。

（五）数据记录和处理

① 以甲基橙为指示剂 0.1mol/L HCl 滴定 0.1mol/L NaOH，按表1-9记录数据和处理结果。

表1-9　0.1mol/L HCl滴定0.1mol/L NaOH（甲基橙指示剂）的数据记录和结果处理

项目　　　　　　　测定次数	I	II
NaOH 终读数/mL		
NaOH 初读数/mL		
V_{NaOH}/mL		

续表

测定次数 项目	Ⅰ	Ⅱ
HCl 终读数/mL		
HCl 初读数/mL		
V_{HCl}/mL		
V_{HCl}/V_{NaOH}		
平均值 V_{HCl}/V_{NaOH}		
相对相差 D_r		

② 以酚酞为指示剂 0.1mol/L NaOH 溶液滴定 0.1mol/L HCl。按上述方法自己设计表格处理和记录数据。

三、酸碱溶液的标定

（一）目的和要求

① 练习酸碱滴定的基本操作。

② 掌握酸碱溶液的标定方法。

（二）原理

酸碱滴定法最常用的标准溶液是 HCl 和 NaOH 溶液。由于浓盐酸易挥发，氢氧化钠易吸收空气中的水分和 CO_2，故必须用间接法配制其标准溶液。即先配制近似所需浓度的溶液，然后用基准物质标定或用标准酸碱溶液比较滴定，从而确定其准确浓度。无水碳酸钠和硼砂等常用作标定酸的基准物质。标定反应如下：

$$Na_2CO_3+2HCl=H_2O+2NaCl+CO_2$$

当反应达化学计量点时，溶液 pH 为 3.9，pH 突跃范围为 3.5～5.0，可用甲基橙或甲基红作指示剂。

用硼砂（$Na_2B_4O_7 \cdot 10H_2O$）标定酸时，反应如下：

$$Na_2B_4O_7+2HCl+5H_2O=4H_3BO_3+2NaCl$$

计量点时，反应产物为 H_3BO_3 和 NaCl，溶液的 pH 为 5.1，可用甲基红作指示剂。

邻苯二甲酸氢钾和草酸等常用作标定碱溶液的基准物质。标定反应如下：

$$KHC_8H_4O_4+NaOH=KNaC_8H_4O_4+H_2O$$

计量点时溶液呈微碱性（pH 约 9.1），可用酚酞作指示剂。

草酸是二元弱酸,用 NaOH 滴定时,草酸分子中的两个 H^+ 一次被 NaOH 滴定,反应如下：

$$2NaOH+H_2C_2O_4=Na_2C_2O_4+2H_2O$$

计量点时，溶液略偏碱性（pH 约 8.4），pH 突跃范围为 7.7～10.0，可选用酚酞作指示剂。

（三）仪器和试剂

1. 仪器

台秤（0.01g）、分析天平（0.0001g）、称量瓶、烧杯、量筒（10mL、100mL）、酸式滴定管（50mL）、碱式滴定管（50mL）、锥形瓶（250mL）、洗瓶、玻璃棒、移液管（25mL）、容量瓶（250mL）、洗耳球。

2. 试剂

邻苯二甲酸氢钾（AR）、硼砂（AR）、酚酞（0.2%）、甲基橙（0.2%）、HCl 溶液（0.1mol/L）、NaOH 溶液（0.1mol/L）。

（四）操作方法

以 0.1mol/LHCl 溶液的标定为例，方法如下。

1. 用硼砂标定

准确称取（减量法）分析纯的硼砂两份（或准确称取分析纯的硼砂 3.8～4.8g，用蒸馏水溶解后定容至 250mL，摇匀，每份准确吸取 25.00mL 硼砂溶液，平行做两份，每份为 0.38～0.48g，分别置于 250mL 锥形瓶中，标上标号，加 20～30mL 蒸馏水，慢慢摇动使其溶解。加入 2～3 滴 0.2%甲基橙指示剂，用 HCl 溶液滴定至由黄色变为橙色，即为终点。两次滴定的相对相差不大于 0.2%即可，记下每次滴定时所消耗盐酸的体积，根据 HCl 的体积及基准物质硼砂的质量，就可计算出盐酸溶液的浓度，取结果的平均值作为 HCl 的准确浓度。

2. 用无水 Na_2CO_3 标定

用 0.1mg 的分析天平准确称取 0.10～0.12g 基准试剂无水 Na_2CO_3 两份（或准确称取 1.0～1.2g 无水 Na_2CO_3，溶解后，在容量瓶中配制成 250mL 溶液，用移液管吸取 25.00mL 两份，分别置于两个 250mL 的锥形瓶中），分别置于两个 250mL 的锥形瓶中，标上标号，用 20～30mL 水溶解后，加入 1～2 滴 0.2%甲基橙指示剂，分别用 HCl 滴定至溶液由黄色变为橙色，即为终点，记录每次滴定时消耗 HCl 的体积。根据基准物 Na_2CO_3 的质量，计算 HCl 标准溶液的浓度。

3. 用草酸标定

用称量瓶准确称取 0.12～0.19g 基准试剂草酸（$H_2C_2O_4 \cdot 2H_2O$）两份（或准确称取 1.2～1.9g 草酸，溶解后，在容量瓶中配制成 250mL 溶液，用移液管吸取 25.00mL 两份，分别置于两个 250mL 的锥形瓶中），分别置于 250mL 锥形瓶中，标上标号，加 20～30mL 水溶解后，再加 2～3 滴 0.2%酚酞指示剂，分别用 NaOH 溶液滴定至溶液由无色变为粉红色半分钟不褪色，即为终点，两次滴定的相对相差不大于 0.2%即可。记下每次滴定时消耗 NaOH 的体积。根据基准物质草酸的质量，计算 NaOH 溶液的准确浓度。

（五）数据处理及计算

根据测量数据计算 HCl 和 NaOH 的准确浓度及各结果的偏差。

第二章

食品分析实验基础

第一节　样品的采集与制备

一、样品的采集

从原料或产品的总体（通常指大量的分析对象）中抽取有代表性的一部分作为分析样品的过程，称为样品的采集，简称采样。

采样是分析中最基础的工作。除了要求具有代表性外，采样应满足分析的精度要求。由于食品材料的均匀性差，食品分析中采样和制样带来的误差往往大于后续测定带来的误差。因此，应严格地按照采样和制样的各项要求，认真完成采样和制样工作。

1. 采样的原则

采样是食品分析检验的第一步工作，它关系到食品分析的最后结果是否能够准确地反映它所代表的整批食品的性状，这项工作的进行必须非常慎重。

为保证食品分析检测结果的准确与结论的正确，在采样时要坚持下面几个原则：

（1）采样应具有代表性　采集的样品必须具有充分的代表性，能代表全部检验对象，代表食品整体，否则，无论检测工作做得如何认真、精确都是毫无意义的，甚至会得出错误的结论。

（2）采样应具有准确性　采样过程中要保持原有的理化指标，防止成分逸散或带入杂质，否则将会影响检测结果和结论的正确性。

（3）采样应具有真实性　采集样品必须由采集人亲自到实地进行该项工作。

2. 采样的一般步骤

要从一大批被测对象中采取能代表整批物品质量的样品，必须遵从一定的采样程序和原则。采样的步骤如下。

（1）获得检样　由整批待检食品的各个部分抽取的少量样品称为检样。

（2）得到原始样品　把多份检样混合在一起，构成能代表该批食品的原始样品。

（3）获得平均样品　将原始样品经过处理，按一定的方法和程序抽取一部分作为最后的检测材料，称平均样品。

（4）平分样品三份　将平均样品分为三份，即检验样品、复检样品和保留样品。

① 检验样品　由平均样品中分出，用于全部项目检验用的样品。

② 复检样品　对检验结果有争议或分歧时，可根据具体情况进行复检，故必须有复检样品。

③ 保留样品　对某些样品，需封存保留一段时间，以备再次验证。

（5）填写采样记录　包括采样的单位、地址、日期、样品批号、采样条件、采样时的包装情况、采样的数量、要求检验的项目及采样人等。

3．采样的方法

采样一般分为随机抽样和代表性取样。

随机抽样是随机从物料总体的各个部分抽取部分样品。操作时，可用多点取样法，即从被检食品的不同部位、不同区域、不同深度，上、下、左、右、前、后多个地方采取样品，使所有的物料的各个部分都有机会被抽到。

代表性取样是用系统抽样法采集能代表物料各部分组成和质量的样品，即已经了解样品随空间（位置）和时间而变化的规律，按此规律进行取样，以便采集的样品能代表其相应部分的组成和质量。如分层采样、依生产程序流动定时采样、按批次或件数采样、定期抽取货架上陈列的食品采样等。

随机抽样可以避免人为因素的影响，但在某些情况下，如难以混匀的食品（如果蔬、面点等），仅用随机抽样是不够的，必须结合代表性取样，从有代表性的各个部分分别取样才能保证样品的代表性，从而保证检测结果的正确性。因此通常采用随机抽样与代表性取样相结合的取样方法。具体采样方法视样品不同而异。

（1）散粒状样品（如粮食、粉状食品）　粮食、砂糖、奶粉等均匀固体物料，应按不同批号分别进行采样，对同一批号的产品，采样点数可由以下采样公式决定，即

$$S = \sqrt{\frac{N}{2}}$$

式中，N 为检测对象的数目（件、袋、桶等）；S 为采样点数。

然后从样品堆放的不同部位，按照采样点数确定具体采样袋（件、桶、包）数，用双套回转取样管，插入每一袋子的上、中、下三个部位，分别采取部分样

品混合在一起。若为散堆状的散料样品，先划分若干等体积层，然后在每层的四角及中心点，也分为上、中、下三个部位，用双套回转取样管插入采样，将取得的检样混合在一起得到原始样品。混合后得到的原始样品，按四分法对角取样，缩减至样品不少于所有检测项目所需样品总和的 2 倍，即得到平均样品。

四分法是将散粒状样品由原始样品制成平均样品的方法。将原始样品充分混合均匀后，堆集在一张干净平整的纸上，或一块洁净的玻璃板上，用洁净的玻璃棒充分搅拌均匀后堆成一圆锥形，将锥顶压平成一圆台，使圆台厚度约为 3cm，划"+"字等分成 4 份，取对角 2 份，其余弃去；将剩下 2 份按上法再行混合，四分取其二，重复操作至剩余为所需样品量为止。

（2）液体及半固体样品（如植物油、鲜乳、饮料等）　对桶（罐、缸）装样品，先按采样公式确定采取的桶数，再启开包装，用虹吸法分上、中、下三层各采取少部分检样，然后混合分取、缩减所需数量的平均样品。若是大桶或池（散）装样品，可在桶（或池）的四角及中点分上、中、下三层进行采样，充分混匀后，分取缩减至所需要的量。

（3）不均匀的固体样品（如肉、鱼、果蔬等）　此类食品本身各部位成分极不均匀，个体及成熟差异大，更应注意样品的代表性。一般从被检物有代表性的部位分别采样，混匀后缩减至所需数量。个体较小的鱼类样品可随机取多个样品，混匀后缩减至所需数量。

（4）小包装食品（罐头、瓶装饮料、奶粉等）　根据批号或班次连同包装一起分批取样。如小包装外还有大包装，可按取样公式抽取一定量的大包装，再从中抽取小包装，混匀后分取至所需的量。

4．采样的数量

采样数量能反映该食品的营养成分和卫生质量，并满足检验项目对样品量的需要，送检样品应为可食部分食品，约为检验需要量的 4 倍。通常为一套三份，每份不少于 0.5～1kg，供检验、复验和仲裁使用。同一批号的完整小包装食品，250g 以上的包装不得少 6 个，250g 以下的包装不得少于 10 个。

5．采样注意事项

① 采样应注意抽检样品的生产日期、批号、现场卫生状况、包装和包装容器状况等。

② 小包装食品送检时应保持原包装的完整，并附上原包装上的一切商标及说明，以供参考。

③ 盛样容器不得含有待测物质及干扰物质，一切采样工具都应清洁、干燥、无异味。在检验之前应防止一切有害物质或干扰物质带入样品。供细菌检验用的样品，应严格遵守无菌操作规程。

④ 采样后应迅速送检验室检验，尽量避免样品在检验前发生变化，使其保

持原来的理化状态。检验前不应发生污染、变质、成分逸散、水分变化及酶的影响等。

⑤ 要认真填写采样记录，包括采样单位、地址、日期、样品批号、采样条件、包装情况、采样数量、现场卫生状况、运输储藏条件、外观、检验项目及采样人员等。

二、样品的制备

食品的种类繁多，许多食品各个部位的组成都有差异。为了保证分析结果的正确性，在检验之前，必须对分析的样品加以适当的制备。样品的制备是指对采取的样品进行分取、粉碎及混匀等过程，目的是保证样品的均匀性，在检测时取任何部分都能代表全部样品的成分。

样品的制备一般是将不可食部分先去除，再根据样品的不同状态采用不同的制备方法制备过程中，应注意防止易挥发性成分的逸散和避免样品组成成分及理化性质发生变化。样品制备的方法因样品的状态不同而异。

① 液体、浆体或悬浮液体一般是将样品充分混匀搅拌。常用的搅拌工具有玻璃棒、电动搅拌器以及液体采样器等。

② 互不相溶的液体如油与水的混合物，分离后分别采取样品。

③ 固体样品应先粉碎或切分、捣碎、研磨或用其他方法研细、捣匀。常用工具有绞肉机、磨粉机、研钵、高速组织捣碎机等。

④ 水果罐头在捣碎前须清除果核，肉、鱼类罐头应预先清除骨头、调味料（葱、八角、辣椒等）后再捣碎，常用高速组织捣碎机等。

三、样品的保存

采取的样品，为了防止其水分或挥发性成分散失以及其他待测成分含量的变化（如光解、高温分解、发酵等），应在短时间内进行分析，如果不能立即分析，则应妥善保存。保存的原则是干燥、低温、避光、密封。

制备好的样品应放在密封洁净的容器内，置于阴暗处保存；易腐败变质的样品应保存在 $0\sim5℃$ 的冰箱里，保存时间也不宜过长；有些成分，如胡萝卜素、维生素 B_2 容易发生光解，以这些成分作为分析项目的样品必须在避光条件下保存；特殊情况下，样品中可加入适量的不影响分析结果的防腐剂，或将样品置于冷冻干燥器内进行升华干燥来保存。此外，样品保存环境要清洁干燥；存放的样品要按日期、批号、编号摆放，以便查找。

四、食品微生物检验样品的采集

食品微生物检验是对食品中是否存在微生物及其种类和数量的验证。

1. 食品微生物检验样品采集的原则

① 根据检验目的、食品特点、批量、检验方法、微生物的危害程度等确定采样方案。

② 所采样品应具有代表性。

③ 采样必须符合无菌操作的要求，防止一切外来污染。

④ 在保存和运送过程中应保证样品中微生物的状态不发生变化。采集的非冷冻食品一般在 0～5℃冷藏。不能冷藏的食品尽快检验，一般在 36h 内进行检验。

⑤ 采样标签应完整、清楚。每件样品的标签须标记清楚，尽可能提供详尽的资料。

2. 食品微生物检验的取样方案

目前国内外使用的取样方案多种多样，如一批产品采若干个样后混合在一起检验，按百分比抽样；按食品的危害程度不同抽样；按数理统计的方法决定抽样个数等。不管采取何种方案，对抽样代表性的要求是一致的。最好对整批产品的单位包装进行编号，实行随机抽样。

（1）我国的采样方案　依据 GB 4789.1—2016《食品安全国家标准　食品微生物学检验　总则》，采样方案分为二级和三级采样方案。

二级采样方案设有 n、c 和 m 值，三级采样方案设有 n、c、m 和 M 值。其中，n 表示同一批次产品应采集的样品件数；c 表示最大可允许的其相应微生物指标超出 m 值的样品数；m 表示微生物指标可接受水平的限量值；M 表示微生物指标的最高安全限量值。

① 按照二级采样方案设定的指标，在 n 个样品中，允许有 $\leqslant c$ 个样品其相应微生物指标检验值大于 m 值。

② 按照三级采样方案设定的指标，在 n 个样品中，允许全部样品中相应微生物指标检验值小于或等于 m 值；允许有 $\leqslant c$ 个样品其相应微生物指标检验值在 m 值和 M 值之间；不允许有样品相应微生物指标检验值大于 M 值。

例如：$n=5$，$c=2$，$m=100$ CFU/g（CFU 为菌落形成单位），$M=1000$CFU/g，含义是从一批产品中采集 5 个样品，若 5 个样品的相应微生物指标检验结果均小于或等于 m 值（$\leqslant 100$CFU/g），则这种情况是允许的。

若 $\leqslant 2$ 个样品的相应微生物指标结果（X）位于 m 值和 M 值之间（10CFU/g$\leqslant$$X\leqslant 1000$CFU/g），则这种情况也是允许的。

若有 3 个及以上样品的相应微生物指标检验结果位于 m 值和 M 值之间，则这种情况是不允许的；若有任一样品的相应微生物指标检验结果大于 M 值（>1000CFU/g），则这种情况也是不允许的。

（2）ICMSF 的取样方案　国际食品微生物标准委员会（简称 ICMSF）的取样方案是依事先给食品进行的危害程度划分来确定的，将所有食品分成三类危害：

Ⅰ类危害　危害度增加——老人和婴幼儿食品及在食用前可能会增加危害的食品；

Ⅱ类危害　危害度未变——立即食用的食品，在食用前危害基本不变；

Ⅲ类危害　危害度降低——食用前经加热处理，危害减小的食品。

另外，将检验指标对食品卫生的重要程度分成一般、中等和严重三档，根据以上危害度分类，又将取样方案分成二级法和三级法。在中等或严重危害的情况下使用二级抽样方案，对健康危害低的则建议使用三级抽样方案。

二级法只设有 n、c 及 m 值，三级法则有 n、c、m 及 M 值。

（3）美国 FDA 的取样方案　美国食品药品监督管理局（FDA）的取样方案与 ICMSF 的取样方案基本一致，所不同的是严重指标菌所取的 15 个、30 个、60 个样可以分别混合，混合的样品量最大不超过 375g。也就是说所取的样品每个为 100g，从中取出 25g，然后将 15 个 25g 混合成一个 375g 样品，混匀后再取 25g 作为试样检验，剩余样品妥善保存备用。

3. 食品微生物检验的采样方法

微生物样品种类可分为大样、中样、小样三种。大样系指一整批，中样是从样品各部分取得的混合样品，小样系指检测用的样品。微生物采样必须遵循无菌操作原则。预先准备好的消毒采样工具和容器必须在采样时方可打开；采样时最好两人操作，一人负责取样，另一人协助打开采样瓶、包装和封口；尽量从未开封的包装内取样。

采样前，操作人员先用 75%酒精棉球消毒手，再用 75%酒精棉球将采样开口处周围抹擦消毒，然后将容器打开。

按照上述采样方案，采取最小包装的食品就采取完整包装，按无菌操作进行。

不同类型的食品应采用不同的工具和方法。

（1）液体食品　充分混匀，用无菌操作开启包装，用 100mL 无菌注射器抽取注入无菌盛样容器。

（2）半固体食品　用无菌操作拆开包装，用无菌勺子从几个部位挖取样品，放入无菌盛样容器。

（3）固体样品　大块整体食品应用无菌刀具和镊子从不同部位割取，割取时应兼顾表面与深部，注意样品的代表性，小块大包装食品应从不同部位的小块上切取样品，放入无菌盛样容器。

（4）冷冻食品　大包装小块冷冻食品按小块个体采取，大块冷冻食品可以用无菌刀从不同部位削取样品或用无菌小手锯从冻块上锯取样品，也可以用无菌钻头钻取碎屑状样品，放入盛样容器。（3）和（4）所述食品取样还应注意检验目的，若需检验食品污染情况，可取表层样品；若需检验其品质情况，应取深部样品。

（5）生产工序监测样品

① 车间用水自来水样从车间各水龙头上采取冷却水；汤料等从车间容器不同部位用 100mL 无菌注射器抽取。

② 车间台面、用具及加工人员手的卫生监测用 5cm³ 孔无菌采样板及 5 支无菌棉签擦拭 25cm² 面积（若所采表面干燥，则用无菌稀释液湿润棉签后擦拭，若表面有水，则用干棉签擦拭），擦拭后立即将棉签头用无菌剪刀剪入盛样容器。

③ 车间空气采样用直接沉降法，将 5 个直径为 90mm 的普通营养琼脂平板分别置于车间的四角和中部，打开平皿盖 5min，然后盖盖送检。

五、样品的前处理

食品的成分复杂，既含有大分子的有机化合物，如蛋白质、糖、脂肪、维生素及因污染引入的有机农药等，也含有各种无机元素，如钾、钠、钙、铁等。这些组分往往以复杂的结合态或络合态形式存在。当用某种化学方法或物理方法对其中某种组分的含量进行测定时，其他组分的存在常给测定带来干扰。因此，为了保证分析工作的顺利进行，得到准确的分析结果，必须在测定前排除干扰组分。此外，有些被测组分在食品中含量极低，如污染物、农药、黄曲霉毒素等，要准确测出它们的含量，必须在测定前对样品进行浓缩，以上这些操作过程统称为样品预处理。它是食品分析过程中的一个重要环节，直接关系着检验的成败。

样品预处理的方法有很多，可根据食品的种类、特点以及被测组分的存在形式和物化性质不同采取不同的方法。总的原则是消除干扰因素，完整保留被测组分。常用的方法有以下六种。

1. 有机物破坏法

有机物破坏法主要用于食品中无机盐或金属离子的测定。

食品中的无机盐或金属离子，常与蛋白质等有机物结合，成为难溶、难离解的有机金属化合物。欲测定其中金属离子或无机盐的含量，则需在测定前破坏有机结合体，释放出被测组分。通常可采用高温或高温加强氧化条件，使有机物质分解，呈气态逸散，而被测组分残留下来。根据具体操作条件不同，又可分为干法灰化、湿法消化和微波消解三大类。

（1）干法灰化 将样品置于坩埚中加热，先小火炭化，然后经 500～600℃灼烧灰化后，水分及挥发性物质以气态逸出，有机物中的碳、氢、氧、氮等元素与有机物本身所含的氧及空气中的氧气生成 CO_2、H_2O 和氮的氧化物而散失，直至残灰为白色或浅灰色为止，所得残渣即为无机成分，可供测定用。常见的灼烧装置是灰化炉，又称高温马弗炉。

此法的优点在于有机物分解彻底，操作简单，无需工作者经常看管。另外，此法基本不加或加入很少的试剂，所以空白值低。但此法所需时间较长，因温度过高易造成某些易挥发元素的损失，坩埚对被测组分有吸留作用，致使测定结果和回收率降低。

对于难以灰化的样品，为了缩短灰化时间，促进灰化完全，可以加入灰化助剂，灰化助剂主要有两类：一类是乙醇、硝酸、碳酸铵、过氧化氢等，这类物质在灼烧后完全消失，不增加残灰的质量，可起到加速灰化的作用；另一类是氧化镁、碳酸盐、硝酸盐等，它们与灰分混杂在一起，使炭粒不被覆盖，使燃烧完全，此法应同时做空白试验。

（2）湿法消化　向样品中加入强氧化剂，并加热煮沸，使样品中的有机物质完全分解氧化呈气态逸出，待测成分转化为无机物状态存在于消化液中，供测试用。常用的强氧化剂有浓硝酸、浓硫酸、高氯酸、高锰酸钾、过氧化氢等。实际工作中，一般使用混合的氧化剂，如浓硫酸浓硝酸、高氯酸硝酸硫酸、高氯酸浓硫酸等。

湿法消化的特点是有机物分解速度快，所需时间短；由于加热温度较干法低，故可减少金属挥发逸散的损失，容器吸留也少。但在消化过程中，常产生大量有害气体，因此操作过程需在通风橱内进行；消化初期，易产生大量泡沫外溢，故需操作人员随时照管。此外，试剂用量较大，空白值偏高。

（3）微波消解　微波消解基本原理与湿法消化相同，区别在于微波消解是将样品置于密封的聚四氟乙烯消解管中，用微波进行加热，完成有机质分解工作。

与湿法消化相比，微波消解具有使用试剂少，耗时短的特点，但是需要使用价格较高并且消解样品容量偏小的微波消解仪。由于微波消解时样品处于封闭状态，一旦剧烈反应，容易产生爆炸，所以不太适宜处理高挥发性的物质，必要时需要进行加热预消解。

2．溶剂提取法

利用样品各组分在某一溶剂中溶解度的差异，将各组分完全或部分地分离的方法，称为溶剂提取法。此法常用于维生素、重金属、农药及黄曲霉毒素的测定。溶剂提取法又分为浸提法、溶剂萃取法。

（1）浸提法　用适当的溶剂将固体样品中的某种待测成分浸提出来的方法，又称液-固萃取法。

① 提取剂的选择　一般来说，提取效果符合相似相溶的原则，故应根据被提取物的极性强弱选择提取剂。对极性较弱的成分（如有机氯农药）可用极性小的溶剂（如正己烷、石油醚）提取；对极性强的成分（如黄曲霉毒素 B_2）可用极性大的溶剂（如甲醇与水的混合溶液）提取。溶剂沸点宜在 $45\sim80℃$ 之间，沸点太低易挥发；沸点太高则不易浓缩，且对热稳定性差的被提取成分也不利。此外，溶剂要稳定，不与样品发生作用。

② 提取方法

A．振荡浸渍法　将样品切碎，放在合适的溶剂系统中浸渍、振荡一定时间，即可从样品中提取出被测成分。此法简便易行，但回收率较低。

B．捣碎法　将切碎的样品放入捣碎机中加溶剂捣碎一定时间，使被捣成分提取出来。此法回收率较高，但干扰杂质溶出较多。

C．索氏提取法　将一定量样品放入索氏提取器中，加入溶剂加热回流一定时间，将被测成分提取出来。此法溶剂用量少，提取完全，回收率高。但操作较麻烦，且需专用的索氏提取器。

（2）溶剂萃取法　利用某组分在两种互不相溶的溶剂中分配系数的不同，使其从一种溶剂转移到另一种溶剂中，而与其他组分分离的方法，叫溶剂萃取法。此法操作迅速，分离效果好，应用广泛。但萃取试剂通常易燃，易挥发，且有毒性。

① 萃取溶剂的选择　萃取用溶剂应与原溶剂不互溶，对被测组分有最大溶解度，而对杂质有最小溶解度，即被测组分在萃取溶剂中有最大的分配系数，而杂质只有最小的分配系数。经萃取后，被测组分进入萃取溶剂中，不同的组分仍留在原溶剂中的杂质分离开。此外，还应考虑两种溶剂分层的难易以及是否会产生泡沫等问题。

② 萃取方法　萃取通常在分液漏斗中进行，一般需经 4～5 次萃取，才能达到完全分离的目的。当用较水轻的溶剂，从水溶液中提取分配系数小，或振荡后易乳化的物质时，采用连续液体萃取器较分液漏斗效果更好。

3．蒸馏法

蒸馏法是利用被测物质中各组分挥发性的差异来进行分离的方法。可用于除去干扰组分，也可用于被测组分蒸馏逸出，收集馏出液进行分析，此法具有分离和净化双重效果。

根据样品中待测组分性质不同，可采取常压蒸馏、减压蒸馏、水蒸气蒸馏等方式。

对于沸点不高或者加热不发生分解的物质，可采用常压蒸馏。当常压蒸馏容易使蒸馏物质分解，或其沸点太高时，可以采用减压蒸馏。

某些物质沸点较高，直接加热蒸馏时，因受热不均易引起局部炭化；还有些被测成分，当加热到沸点时可能发生分解。这些成分的提取，可用水蒸气蒸馏法。水蒸气蒸馏是用水蒸气来加热混合液体，使具有一定挥发度的被测组分与水蒸气分压成比例地自溶液中一起蒸馏出来。

4．色层分离法

色层分离法又称色谱分离法，是一种在载体上进行物质分离的一系列方法的总称。根据分离原理的不同，可分为吸附色谱分离、分配色谱分离和离子交换色谱分离等。此类分离方法分离效果好，近几年来在食品分析中应用越来越广泛。

（1）吸附色谱分离　利用聚酰胺、硅胶、硅藻土、氧化铝等吸附剂，经活化处理后，其所具有的适当的吸附能力对被测成分或干扰组分可进行选择性吸附，从而进行分离的方法称吸附色谱分离，例如，聚酰胺对色素有强大的吸附力，而其他组分则难于被其吸附。在测定食品中的色素含量时，常用聚酰胺吸附色素，经过滤、洗涤，再用适当溶剂解吸，可以得到较纯净的色素溶液，供测试用。

（2）分配色谱分离　此法是以分配作用为主的色谱分离法，是根据不同物质在两相间的分配比不同所进行的分离。两相中的一相是流动的（称流动相），另一相是固定的（称固定相）。被分离的组分在流动相沿着固定相移动的过程中，由于不同物质在两相中具有不同的分配比，当溶剂渗透在固定相中并向上渗透时，这些物质在两相中的分配作用反复进行，从而达到分离的目的。例如，多糖类样品的纸色谱，样品经酸水解处理，中和后制成试液，点样于滤纸上，用苯酚–1%氨水饱和溶液展开，苯胺-邻苯二酸显色剂显色，于105℃加热数分钟，则可见到被分离开的戊醛糖（红棕色）、己醛糖（棕褐色）、己酮糖（淡棕色）、双糖类（黄棕色）的色斑。

（3）离子交换色谱分离　离子交换分离法是利用离子交换剂与溶液中的离子之间所发生的交换反应来进行分离的方法，分为阳离子交换和阴离子交换两种。交换作用可用下列反应式表示。

阳离子交换：$R\text{-}H + M^+X^- = R\text{-}M + HX$

阴离子交换：$R\text{-}OH + M^+X^- = R\text{-}X + MOH$

式中，R代表离子交换剂的母体；MX代表溶液中被交换的物质。

当将被测离子溶液与离子交换剂一起混合振荡，或将样液缓缓通过用离子交换剂做成的离子交换柱时，被测离子或干扰离子即与离子交换剂上的 H^+ 或 OH^- 发生交换。被测离子或干扰离子留在离子交换剂上，被交换出的 H^+ 或 OH^- 以及不发生交换反应的其他物质留在溶液内，从而达到分离的目的。在食品分析中，可应用离子交换分离法制备无氟水、无铅水。离子交换分离法还常用于分离较为复杂的样品。

5. 化学分离法

（1）磺化法和皂化法　磺化法和皂化法是除去油脂的一种方法，常用于农药分析中样品的净化。

A. 硫酸磺化法　本法是用浓硫酸处理样品提取液，有效地除去脂肪、色素等干扰杂质，其原理是浓硫酸能使脂肪磺化，并与脂肪和色素中的不饱和键起加成作用，形成可溶于硫酸和水的强极性化合物，不再被弱极性的有机溶剂所溶解，从而达到分离净化的目的。

此法简单、快速，净化效果好，但用于农药分析时，仅限于在强酸介质中稳定的农药（如有机氯农药中的六六六、DDT）提取液的净化，其回收率在 80% 以上。

B．皂化法　本法是用热碱溶液处理样品提取液，以除去脂肪等干扰杂质。其原理是利用 KOH 乙醇溶液将脂肪等杂质皂化除去，以达到净化目的。此法仅适用于对碱稳定的农药提取液的净化。

（2）沉淀分离法　沉淀分离法是利用沉淀反应进行分离的方法。在试样中加入适当的沉淀剂，使被测组分沉淀下来，或将干扰组分沉淀下来，经过过滤或离心将沉淀与母液分开，从而达到分离目的。例如：测定冷饮中糖精钠含量时，可在试剂中加入碱性硫酸铜，将蛋白质等干扰杂质沉淀下来，而糖精钠仍留在试液中，经过滤除去沉淀后，取滤液进行分析。

（3）掩蔽法　此法是利用掩蔽剂与样液中干扰成分作用使干扰成分转变为不干扰测定状态，即被掩蔽起来。运用这种方法可以不经过分离干扰成分的操作而消除其干扰作用，简化分析步骤，因而在食品分析中应用十分广泛，常用于金属元素的测定。如双硫腙比色法测定铅时，在测定条件（pH=9）下，Cu^{2+}、Cd^{2+} 等离子对测定有干扰，可加入氰化钾和柠檬酸铵掩蔽，消除它们的干扰。

6．浓缩法

从食品样品中萃取的分析物，如果其浓度在定量限之上，在色谱分析时无干扰，则可直接进行测定；当样品中被测化合物的浓度较低时，通常需要在净化和测定前将萃取液浓缩。浓缩过程中应注意将溶剂蒸发至近干即可，否则由于溶剂蒸干会导致分析物损失，实验室常用的浓缩方法如下。

（1）常压浓缩法　此法主要用于待测组分为非挥发性的样品净化液的浓缩，通常采用蒸发皿直接挥发；若要回收溶剂，则可用一般蒸馏装置或旋转蒸发器。该法简便、快速，是常用的方法。

（2）减压浓缩法　此法主要用于待测组分为热不稳定性或易挥发的样品净化液的浓缩。通常采用 KD 浓缩器。浓缩时，水浴加热并抽气减压。此法浓缩温度低、速度快、被测组分损失少，特别适用于农药残留量分析中样品净化液的浓缩（AOAC 即用此法浓缩样品净化液）。

第二节　数据分析与处理方法

一、食品分析数据的特征数

1．总体与样本

根据研究目的确定的研究对象的全体称为总体，其中的一个独立的研究单位称为个体，依据一定方法由总体抽取的部分个体组成的集合称为样本。例如，研究某企业生产的一批罐头产品的单听质量，该批所有罐头产品单听质量的全体就构成本研究的总体；从该总体抽取 100 听罐头测其单听质量，这 100 听罐头单听质量即为一个样本，这个样本包含有 100 个个体。含有有限个个体的总体称为有限总体。包含有无限多个个体的总体叫无限总体。例如，在统计理论研究中服从正态分布的总体、服从 t 分布的总体包含一切实数，属于无限总体。在实际研究中还有一类总体称为假想总体。

统计分析通常是通过样本来了解总体。这是因为有的总体是无限的、假想的，即使是有限的但包含的个体数目相当多，要获得全部观测值须花费大量人力、物力和时间；或者观测值的获得带有破坏性，如苹果硬度的测定，不允许对每一个果实进行测定。研究的目的是要了解总体，然而能观测到的却是样本，通过样本来推断总体是统计分析的基本特点。

2. 准确性与精确性

准确性也叫准确度，指在调查或试验中某一试验指标或性状的观测值与其真值接近的程度。设某一试验指标或性状的真值为 μ，观测值为 x，若 x 与 μ 相差的绝对值小，则观测值 x 准确性高；反之则低。

精确性也叫精确度（精度），指调查或试验中同一试验指标或性状的重复观测值彼此接近的程度。若观测值彼此接近，即任意二个观测值 x_i、x_j 相差的绝对值小，则观测值精确性高；反之则低。

3. 随机误差与系统误差

在食品科学试验中，试验指标除受试验因素影响外，还受到许多其他非试验因素的干扰，从而产生误差。试验中出现的误差分为两类：随机误差与系统误差。

随机误差也叫抽样误差，这是由于许多无法控制的内在和外在的偶然因素所造成，如原料作物的生长条件、生长势的差异，食品加工过程中机械设备运转状态的偶然变化等。这些因素尽管在试验中力求一致但不可能绝对一致。随机误差带有偶然性质，在试验中即使十分小心也难以消除，但可以通过试验控制尽量降低，并经对试验数据的统计分析估计之。随机误差影响试验的精确性。统计上的试验误差指随机误差，这种误差愈小，试验的精确性愈高。

系统误差也叫片面误差，这是由于供试对象的品种、成熟度、病程等不同，食品配料种类、品质、数量等相差较大，仪器不准、标准试剂未经校正，药品批次不同、药品用量以及种类不符合试验的要求等引起。试验中的系统误差是无法估计的，所以应当通过试验设计彻底消除之。观测、记载、抄录、计算中的错误等也将所引起误差，这种误差实质上是错误。系统误差影响试验的准确性。一般说来，只要试验工作做得精细，系统误差容易克服，且随机误差较小，因而准确性高，精确性也高。

二、数据分析技术

1. 校准

分析化学中经常采用经典的校准方法，也称为标准系列方法或外标方法。分析了一系列包含已知浓度的所讨论物质的样品，并将得到的响应与浓度作图，以获得校准曲线。曲线通常是线性的，遵循方程式：

$$y=mc+b$$

式中，y 是响应值；c 是分析物浓度；m 是斜率（灵敏度）；b 是截距，对应于空白值。

分析包含未知 c 的样品时，将响应代入方程式以获得浓度。最常使用线性回归图和直线线性图，但有时会使用二次回归、对数图等。例如，使用氮分析仪，该分析仪用含有 9.56%氮的乙二胺四乙酸（EDTA）标准校准。EDTA 本身由仪器制造商根据美国国家标准技术研究所（NIST）的碳氢氮标准进行了校准，从而建立了可追溯性。该仪器针对响应区域绘制 EDTA 权重，并计算固定和回归的线性、二次和三次校准曲线。选择具有可接受相关系数（0.999 或更高）的最简单曲线作为校准曲线。

（1）单点校准　当响应曲线始终为零或分析上无关紧要的线性曲线时，可以使用单个参考点标准进行校准。理想情况下，从原点到校准点之间存在线性关系。单点校准节省了时间和精力。截取值必须报告。

（2）逆校准　上述的经典校准在 c 中没有误差，但是现在的样品准备可能比仪器测量的精度要低。使用 $c=my+b$，然后与经典校准进行比较。如果结果不匹配，则应怀疑样品制备中的错误。反向校准比经典校准可提供更可靠的预测，无论校准和测试数据集的大小如何，这都是正确的。

（3）标准加法　标准添加方法也称为加法，或简称为加标。将已知量的待分析成分（尖峰）添加到样品中，以产生较大的仪器响应。例如，分析样品以获得估计的结果，添加少量浓缩的分析物（等于假定在样品中的量），然后再次分析样品以查看响应是否翻倍。假设浓度和响应之间存在线性变化。如果怀疑有干扰物质，该方法特别有用，因为引入尖峰后其响应不会改变。当可以获得空白样品基质（无分析物）时，也可以使用标准添加方法。

（4）内标　内标是与分析物相似（但不相同）并添加到样品中的物质。然后将对内标和分析物的响应比率与校准曲线进行比较。对两者的工具反应必须是可区分的。当科学家在准备样品或将样品引入仪器时怀疑分析物丢失时，通常使用内标。质谱中常见的内标是目标组分的氘代形式，虽然它们的响应不同，但是在测量之前可能发生的损失应相同。当分析物的稳定性不足以通过其他方式进行校准时，内标也很有用，尽管可能会发生副反应或其他后果。

2．基本标准

（1）专一性　无论选择哪种技术将浓度与响应联系起来，要使结果有效，必须考虑几个因素。这些包括选择性、范围、准确度、精密度、检测限和定量限。方法的选择性在于它在存在其他样品成分的情况下测量样品基质中分析物的能力。例如，在色谱法中，选择性是指相系统将溶质保留至明显不同程度的能力，从而导致分析物峰与其他峰完全分离。通常不建议使用"特异性"一词，因为它表示除分析物外，没有任何其他因素有助于结果

（2）准确性　方法的可靠性取决于其准确性和精度。测量值和真实值之差以误差表示。一致的错误（例如由试剂制备不当引起的错误）可能会产生相似但不相同数量的重复结果。这种类型的错误称为偏差。

从狭义上讲，可以通过定义的数量和对离散对象进行计数来获得某些已知的唯一真实值。通过与参考标准（例如由 NIST 提供的标准）进行比较，或与已知可靠的另一种方法进行比较，可以获得所有其他测量结果。

（3）精确度　精度是相同数量的重复测量中的散射量，用偏差表示。测量、采样和校准误差都会导致精度降低和不确定性增加。内部精度是通过可重复性标准偏差测量的，该标准偏差反映的是同一操作人员在同一实验室，同一设备，短时间内使用同一方法在同一材料上获得的测试材料的结果。外部精度通过可再现性标准偏差测量，并指示不同操作人员在不同实验室，不同设备上使用相同方法在测试材料上获得的结果。

（4）探测范围　仪器噪声由电子的热运动（约翰逊·奈奎斯特噪声）、电流的随机波动（散粒噪声）、环境因素和其他来源引起的外来信号和有害信号组成。检测极限或最小可检测值是产生可被检测到高于仪器噪声的信号的最低分析物浓度。通常，要获得可报告的结果，至少需要 3dB 的信噪比（S/N）。

（5）定量极限　定量极限也称为最小定量值，是可以准确、精确地测量的最低分析物水平。如果未通过实验确定，通常将其设置为导致 S/N=10 的分析物浓度。

（6）范围　范围是保留精度且浓度与响应之间的关系恒定的浓度范围。这通常意味着校准曲线在浓度上下限之间是线性的。超出范围的任何结果将无效。校准范围的下限通常是定量极限。

三、数据分析方法

食品分析方法主要有感官分析法、物理分析法、化学分析法、生物学分析法及仪器分析法。感官分析法是通过视觉、味觉、嗅觉和触觉对食品进行鉴定的方法。物理分析法是指对产品的物理性质的分析，包括相对密度法、折光法、旋光法、食品物性分析法等。化学分析法是建立在食品中某些化合物的特征化学反应

基础上的，有重量法和容量法两大类。生物学分析法是利用生化反应进行物质定性定量分析，常用的有酶联免疫分析和速测试纸等。仪器分析法是近年来最常用的方法之一，依据化合物的光学、电化学等物理性质或者物理化学性质对食品组分进行定量分析，一般分为光学分析、电化学分析和色谱分析法等。

通过上述食品分析方法对样品进行测定，尤其是使用先进的仪器分析技术进行分析测定后，会获得一系列实验数据，这时就需要对数据进行分析和处理。近几年来，在食品研发与分析领域，越来越广泛地采用统计学的方法来分析和处理各种实验数据。通过计算机软件或者特定的计算方法突出了仪器分析结果的特征性，以及得到感官分析与仪器分析结果的相关性。

对食品分析中常用的数据分析方法简介如下。

1. 平均数

平均数是指在一组数据中所有数据之和再除以数据的个数。平均数是表示一组数据集中趋势的量数，它是反映数据集中趋势的一项指标。解答平均数应用题的关键在于确定"总数量"以及和总数量对应的总份数。在统计工作中，平均数（均值）和标准差是描述数据资料集中趋势和离散程度的两个最重要的测度值。有算术平均数、几何平均数、均方根平均值、调和平均数、加权平均值等，其中以算术平均值最为常见。

2. 方差分析

方差分析又称"变异数分析"或"F 检验"，是 R.A.Fisher 发明的，用于两个及两个以上样本均数差别的显著性检验。由于各种因素的影响，研究所得的数据呈现波动状。造成波动的原因可分成两类，一是不可控的随机因素，二是研究中施加的对结果形成影响的可控因素。方差分析是从观测变量的方差入手，研究诸多控制变量中哪些变量是对观测变量有显著影响的变量。

3. 主成分分析

主成分分析是将多个变量通过线性变换以选出较少个数重要变量的一种多元统计分析方法。主成分分析，是考察多个变量间相关性一种多元统计方法，研究如何通过少数几个主成分来揭示多个变量间的内部结构，即从原始变量中导出少数几个主成分，使它们尽可能多地保留原始变量的信息，且彼此间互不相关。通常数学上的处理就是将原来 P 个指标作线性组合，作为新的综合指标。在实际课题中，为了全面分析问题，往往提出很多与此有关的变量（或因素），因为每个变量都在不同程度上反映这个课题的某些信息。

4. 偏最小二乘回归法

偏最小二乘回归法是一种新型的多元统计数据分析方法，它主要研究多因变量对多自变量的回归建模，特别当各变量内部高度线性相关时，用偏最小二乘回归法更有效。另外，偏最小二乘回归较好地解决了样本个数少于变量个数等问题。偏最小二乘回归法是 XLSTAT 软件的一个分析方法，可对感官分析和仪器检测挥发性香气成分结果进行相关性分析。

5. 热图

热图是把数据转化成颜色的一种画图的方法，可以用 R 软件绘制。目前常见热图包括点击热图、注意力热图、分析热图、对比热图、分享热图、浮层热图和历史热图等。

四、数据的表现形式

食品分析的结果常用统计表与统计图来展示，统计表示用表格形式来表示数量关系，使数据条理化、系统化，便于理解、分析和比较。统计图是用几何图形来表示数量关系对象的特征、内部构成、相互关系等形象直观地表示出来，便于分析比较。

1. 统计表

（1）统计表的结构和要求

① 标题　标题要简明扼要、准确地说明表的内容，有时须注明时间、地点，列于表的上方。

② 标目　标目分横标目和纵标目两项。横标目列在表的左侧，用以表示被说明事项的主要标志；纵标目列在表的上端，说明横标目各统计指标内容，并注明计算单位。

③ 数字　一律用阿拉伯数字，数字以小数点对齐，小数位数一致，无数字的用"—"表示，数字是"0"的，则填写"0"。

④ 线条　表的上下两条边线略粗，纵、横标目间及合计可用细线分开，表的左右边线应略去，表的左上角一般不用斜线。现在多用所谓"三线表"，即表中不绘纵线。

（2）统计表的种类

统计表可根据纵、横标目是否有分组分为简单表和复合表两类。

① 简单表　由一组横标目和一组纵标目组成，纵、横标目均未分组的统计表称为简单表。此类表适于简单资料的统计。

② 复合表　纵、横标目两者至少其中之一被分为两组或两组以上的统计表为复合表。此类表适合于复杂资料的统计。

2. 统计图

统计图是用图形将统计资料形象化，利用线条的高低、面积的大小及点的分布来表示数量的变化，形象直观，一目了然。

常用的统计图有长条图、圆图、线图、直方图和折线图等。图形的选择取决于资料的种类或性质。一般情况下，连续性资料采用直方图和折线图，间断性和分类资料常用长条图或圆图，线图常用来表示动态变化情况。绘制统计图的基本要求如下。

① 标题应简明扼要，列于图的下方。

② 纵、横两轴应有刻度，注明单位。

③ 横轴由左至右，纵轴由下而上，数值由小到大，图形横纵比例约 7∶5。

④ 图中需用不同颜色或线条代表不同事物时，应有图例说明。

五、数据处理软件

计算机软件在食品分析数据处理中的应用非常广泛，常用的数据处理软件介绍如下。

1. Excel

Microsoft Excel 是微软公司的办公软件 Microsoft office 的组件之一，可以进行各种数据的处理和统计分析。食品分析实验中的标准曲线、误差、偏差、方差、精密度、准确度、回收率、灵敏度和检测限等指标均可以通过该软件而获得。前述数据分析方法中提到的"XLSTAT"就是 Excel 的一个数据分析与统计插件。Excel 在食品分析中应用广泛、使用简单，但该软件在绘图的精度方面有待提高。

2. Origin

Origin 是一款专业的制图软件与数据分析软件，由 Origin Lab 公司制作发布，能够满足一般用户的制图需求，如完成线图、散点图、点线图、直方图、饼图，还能完成雷达图、三维图等。而且还能支持高级用户的数据分析与函数拟合。这款软件特别适用于食品分析中不规则或高精度图的制作。

3. SPSS

SPSS（Statistical Product and Service Solutions），即统计产品与服务解决方案软件，为 IBM 公司推出的一系列用于统计学分析运算、数据挖掘、预测分析和决策支持任务的软件产品及相关服务的总称。其在食品分析中的应用主要是在统计分析和图表分析方面，功能包括均值比较、一般线性模型、相关分析、回归分析、多重响应等。SPSS 的难度不在于其软件的应用，而是方法的选择，如何选择合适实验设计用的 SPSS 是需要考量的。

4. SAS

SAS（Statistical Analysis System）是一个模块化、集成化的大型统计分析应用软件系统。在食品分析里的应用与 SPSS 相似。值得一提的是 SAS/GHAPH，可将数据及其包含着的深层信息以多种图形生动地呈现出来，如直方图、散点相关图、曲线图、三维曲面图等，在食品分析中有着较好的应用。

5. MATLAB

MATLAB 是美国 Math Works 公司出品的商业数学软件，用于算法开发、数据可视化、数据分析以及数值计算的高级技术计算语言和交互式环境，主要包括 MATLAB 和 Simulink 两大部分。MATLAB 在食品分析中的应用不广泛，只用于特定的分析中，一般用于食品物性或生物学研究图像输出处理。

6. 单一功能软件

单一功能的软件简便快捷，适用于某项食品分析实验的结果分析。方差计算器软件是用 VC6 编写的一个用于计算方差的程序，输入数据后，平均数、标准差和方差都能很快计算出来。统计计算软件用于计算标准偏差、相对平均偏差及相对标准偏差，在软件上方的方框中输入数据，数据之间用空格隔开即可，软件的操作非常简单方便。

思考题

1. 食品分析数据中的特征数有哪些？
2. 造成随机误差与系统误差的原因有哪些，实验过程中应该怎么避免？
3. 食品分析的数据处理常用什么软件，特点分别是什么？
4. 统计表的结构和要求分别是什么？

第三章

食品物理性质的测定

实验一 密度的测定

方法一 密度瓶法

1．目的和要求

① 理解密度测定基本的原理。

② 掌握密度瓶法测定液态食品相对密度的操作方法。

2．原理

密度是指物质在一定温度下单位体积的质量，用符号 ρ 表示，单位为 g/cm^3 或 g/mL。物质的体积和密度随温度变化，可用符号 ρ_t 表示某物质在温度 t 时的密度。

相对密度是指某一温度下单位体积物质的质量与同体积相同温度下水的质量之比，以符号 d 表示。在温度不同的情况下，可表示为 $d_{t_1}^{t_2}$，其中 t_1 表示物质的温度，t_2 表示水的温度。

液态食品相对密度的分析方法有密度瓶法、密度计法和密度天平法。较为常用的为密度瓶法和密度计法，密度瓶法相对准确，但耗时较长，密度计法简单快捷，应用较为广泛。密度瓶具有一定的容积，在一定温度下，用同一密度瓶分别称量等体积的样品溶液和蒸馏水的质量，两者之比即为该样品溶液的相对密度。密度瓶是测定液体相对密度的专用精密仪器，是容积固定的玻璃称量瓶。密度瓶的种类和规格有多种.常用的有带毛细管的普通密度瓶和带温度计的精密密度瓶，分别如图 3-1 和图 3-2 所示。规格有 20mL、25mL、50mL 和 100mL 四种，常用的为 25mL 和 50mL 两种。

3．仪器和试剂

（1）仪器　密度瓶、水浴锅、分析天平。

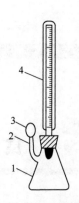

图 3-1　带毛细管的普通密度瓶　　　图 3-2　带温度计的精密密度瓶

1—密度瓶；2—支管标线；3—侧管帽；
4—附温度计的瓶盖

（2）试剂　蒸馏水、乙醇、乙醚。

4．操作方法

① 把密度瓶用自来水洗净，再依次用乙醇、乙醚洗涤，烘干并冷却后，用分析天平称重得 m_0。

② 将密度瓶装满试样后，置于 20℃水浴中 0.5h，使得内容物的温度达到 20℃，用滤纸条吸去支管标线上的样液，盖上侧管帽后取出。用滤纸把密度瓶外擦干，置天平室内 0.5h 后称量得 m_2。

③ 将试样倾出，洗净密度瓶，装入煮沸 0.5h 并冷却到 20℃以下的蒸馏水，按照上法操作。测出同体积 20℃蒸馏水的质量 m_1。

5．计算

$$d_{20}^{20} = \frac{m_2 - m_0}{m_1 - m_0}$$

$$d_{20}^{4} = d_{20}^{20} \times 0.99823$$

式中　d_{20}^{20}——试样在 20℃，水温在 20℃时的相对密度；

　　　m_0——密度瓶质量，g；

　　　m_1——密度瓶和蒸馏水的质量，g；

　　　m_2——密度瓶和试样的质量，g；

　　　d_{20}^{4}——试样在 20℃，水温在 4℃时的相对密度；

　　　0.99823——20℃时蒸馏水的密度，g/mL。

6．说明

① 本法适合用于测定各种液体食品的相对密度，包括挥发性样品，特别适合于样品量较少的情况，结果准确，但操作较繁琐。

② 测定较黏稠样液时，宜使用具有毛细管的密度瓶。

③ 水和样品必须装满密度瓶，瓶内不得有气泡。

④ 拿取已达恒温的密度瓶时，不得用手直接接触密度瓶球部，以免液体受热流出。应戴隔热手套取拿瓶颈或用工具夹取。

⑤ 水浴中的水必须清洁无油污，防止瓶外壁被污染。

⑥ 天平室温不得高于 20℃，否则液体会膨胀流出。

方法二　密度计法

1. 原理

密度计是根据阿基米德原理制成的。浸在液体中的物体受到向上的浮力，浮力的大小等于其排开液体的质量。密度计的质量是一定的，液体的种类不同，浓度不同，密度计上浮和下沉的程度不同。密度计的种类很多，但结构和形式基本相同，都是由玻璃外壳制成。它由三部分构成，头部呈球形或圆锥形，内部灌有铅珠、水银或其他重金属，使其能直立于溶液中，中部是胖肚空腔，内有空气，故能浮起。尾部为细长管，内附有刻度标记，其刻度是利用各种不同密度的液体标度，所以从密度计的刻度就可以直接读取相对密度的数值或某种溶质的百分含量。食品工业中常用的密度计按照其标度方法的不同，可以分为普通密度计、锤度计、乳稠计、波美计等。

普通密度计是直接以 20℃时的密度为刻度的，通常由几支刻度范围不同的密度计组成一套。刻度值小于 1 的（0.700～1.000）称为轻表，用于测量比水轻的液体；刻度值大于 1（1.000～2.000）的称为重表，用于测定比水重的液体。

锤度计是专用于测定糖液浓度的密度计，是以蔗糖溶液中蔗糖的质量分数为刻度的，表示为°Bx。其标度的方法是以 20℃为标准，在蒸馏水中为 0°Bx，在 1%纯蔗糖溶液中为 1°Bx，在 2%纯蔗糖溶液中为 2°Bx，以此类推。锤度计的刻度范围有多种，常用的有 0～6°Bx、5～11°Bx、10～16°Bx、15～21°Bx 和 20～26°Bx 等。

若实测温度不是标准温度 20℃，则应当进行温度校正。当测定温度高于 20℃时，因糖液体积膨胀导致相对密度减少，即锤度降低，故应加上《观测锤度温度改正表》中相应的温度校正值（附录一），反之则应减去相应的温度校正值。例如：

在 17℃时观测锤度为 22.00°Bx，查表得知校正值为 0.18，则在标准温度 20℃时锤度为 22.00-0.18=21.82°Bx。

乳稠计是专用于测定牛乳相对密度的密度计，测量的相对密度的范围为 1.015～1.045。刻度是将相对密度值减去 1.000 后再乘以 1000，以度来表示，符号为（°），其刻度范围为 15°～45°。乳稠计按其标度方法不同分为两种：一种是按照 20°/4°标定的，另一种是按 15°标定的。两者的关系是，后者读数是前者读数加 2，即

$$d_{15}^{15} = d_{20}^{4} + 0.002$$

使用乳稠计时，若测定温度不是标准温度 20℃，应当将读数校正为标准温度下的读数。对于 20°/4°乳稠计，在 10～25℃ 范围内，温度每升高 1℃，乳稠计读数平均下降 1°，即相当于相对密度值平均减少 0.0002。故当乳温高于标准温度 20℃时，每高 1℃ 应在得出的乳稠计读数上加 0.2°；乳温低于标准温度 20℃时，每低 1℃ 应在得出的乳稠计读数上减去 0.2°。

波美计是以波美度（以符号°Bé 表示）来表示液体浓度大小。常用波美计的刻度方法是以 20℃ 为标准温度，在蒸馏水中为 0°Bé；在 15%NaCl 溶液中为 15°Bé，在纯硫酸（相对密度 1.8427）中为 66°Bé；其余刻度等分。波美计分为轻表和重表两种，分别用于测定相对密度小于 1 和相对密度大于 1 的液体。由测出的波美度可以计算出溶液的相对密度，公式为：

$$轻表°Bé=145-\frac{145}{d_{20}^{20}} \qquad 或 \quad d_{20}^{20} = \frac{145}{145+°Bé}$$

$$重表°Bé=145-\frac{145}{d_{20}^{20}} \qquad 或 \quad d_{20}^{20} = \frac{145}{145-°Bé}$$

2. 仪器

普通密度计、锤度计、乳稠计、波美计等。

3. 操作方法

① 先用少量样液润洗适当容量的量筒内壁，沿量筒内壁缓慢注入样液，避免产生泡沫。

② 将密度计洗净并用滤纸拭干，缓慢垂直插入样液中，勿碰及容器四周及底部，待其稳定悬浮于样液后，再将其稍微按下，使其自然上升至静止、无气泡冒出时，从水平位置观察与液面相交处的刻度，读出标示刻度，同时用温度计测量样液温度。

4. 计算

根据密度计的类型进行读数或选择相应的计算公式。

5. 说明

① 本法操作简便迅速，但准确性较差，需要样液多，不适用于极易挥发的样品。

② 测定前应根据样品大概的密度范围选择量程合适的密度计。

③ 向量筒注入样液时应缓慢，防止产生气泡影响准确读数。

④ 测量时量筒需置于水平桌面，不使密度计触及量筒壁及底部。

⑤ 读数时视线保持水平，以密度计与液体形成的弯月面下缘为准。若样液温度不是标准温度，应进行校正。

方法三　密度天平法

1. 原理

在 20℃时，分别测定玻锤在水及试样中的浮力，由于玻锤所排开水的体积与排开的试样的体积相同，根据玻锤在水中和试样中的浮力可计算试样的密度，试样密度与水密度比值为试样的相对密度。常用的仪器为韦氏相对密度天平，其结构如图 3-3 所示。

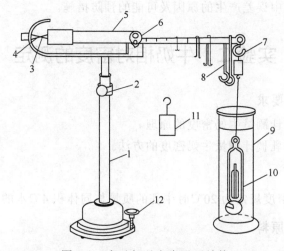

图 3-3　韦氏相对密度天平结构

1—支架；2—升降调节旋钮；3,4—指针；5—横梁；6—刀口；7—挂钩；8—游码；
9—玻璃圆筒；10—玻锤；11—砝码；12—调零旋钮

2. 仪器

韦氏相对密度天平。

3. 操作方法

① 测定时将支架置于平面桌上，横梁架于刀口处，挂钩处挂上砝码，调节升降旋钮至适宜高度，旋转调零旋钮，使两指针吻合。

② 取下砝码，挂上玻锤，将玻璃圆筒内加水至 4/5 处，使玻锤沉于玻璃圆筒内，调节水温至 20℃时试放 4 种游码，主横梁上两指针吻合，读数为 P_1。

③ 将玻锤取出擦干，加试样于干净圆筒中，使玻锤浸入至以前相同的浓度，保持试样温度在 20℃，试放 4 种游码，直至横梁上两指针吻合，记录读数为 P_2。

4. 计算

$$d_{20}^{20} = \frac{P_2}{P_1}$$

式中　d_{20}^{20}——试样的相对密度；

P_1——玻锤浸入水中时游码的读数，g；

P_2——玻锤浸入试样中时游码的读数，g。

5．说明

玻锤放入圆桶内时，勿碰及圆筒四周及底部。

6．思考题

① 密度瓶法测定相对密度时，为什么要使试样的温度达到20℃？

② 本次实验中误差产生的原因及可能的预防措施。

实验二　牛奶相对密度的测定

一、目的和要求

① 了解乳稠计测量牛奶密度的原理。

② 掌握使用乳稠计测量牛奶密度的方法。

二、原理

牛乳的相对密度规定为20℃时牛乳的质量与同体积4℃水的质量之比。

三、仪器及原料

1．仪器

乳稠计、温度计、量筒等。

2．原料

牛奶。

四、操作方法

① 取混匀并调节温度为10～25℃的试样，小心倒入容积为100mL的量筒当中并加满到刻度，勿使发生泡沫并测量试样温度。小心将乳稠计沉入试样中到相当刻度30°处，然后让其自然浮动，但不能与筒内壁接触。静置2～3min，眼睛对准筒内牛乳液面的高度，读出乳稠计数值，同时测定样品的温度。

② 根据试样的温度和乳稠计读数，查表3-1换算成20℃时的读数。

表 3-1　乳稠计读数换算表

鲜乳温度/℃　乳稠计读数/°	10	11	12	13	14	15	16	17	18	19	20	21	22	23	24	25
25	23.3	23.5	23.6	23.7	23.9	24.0	24.2	24.4	24.6	24.8	25.0	25.2	25.4	25.5	25.8	26.0
25.5	23.7	23.9	24.0	24.2	24.4	24.5	24.7	24.9	25.1	25.3	25.5	25.7	25.9	26.1	26.3	26.5
26	24.2	24.4	24.5	24.7	24.9	25.0	25.2	25.4	25.6	25.8	26.0	26.2	26.4	26.6	26.8	27.0

续表

鲜乳温度/℃ 乳稠计读数/°	10	11	12	13	14	15	16	17	18	19	20	21	22	23	24	25
26.5	24.6	24.8	24.9	25.1	25.3	25.4	25.6	25.8	26.0	26.3	26.5	26.7	26.9	27.1	27.3	27.5
27	25.1	25.3	25.4	25.6	25.7	25.9	26.1	26.3	26.5	26.8	27.0	27.2	27.5	27.7	27.9	28.1
27.5	25.5	25.7	25.8	26.1	26.1	26.3	26.6	26.8	27.0	27.3	27.5	27.7	28.0	28.2	28.4	28.6
28	26.0	26.1	26.3	26.5	26.6	26.8	27.0	27.3	27.5	27.8	28.0	28.2	28.5	28.7	29.0	29.2
28.5	26.4	26.6	26.8	27.0	27.1	27.3	27.5	27.8	28.0	28.3	28.5	28.7	29.0	29.2	29.5	29.7
29	26.9	27.1	27.3	27.5	27.6	27.8	28.0	28.3	28.5	28.8	29.0	29.2	29.5	29.7	30.0	30.2
29.5	27.4	27.6	27.8	28.0	28.1	28.3	28.5	28.9	29.0	29.3	29.5	29.7	30.0	30.2	30.5	30.7
30	27.9	28.1	28.3	28.5	28.6	28.8	29.0	29.3	29.5	29.8	30.0	30.2	30.5	30.7	31.0	31.2
30.5	28.3	28.5	28.7	28.9	29.1	29.3	29.5	29.8	30.0	30.3	30.5	30.7	31.0	31.2	31.5	31.7
31	28.8	29.0	29.2	29.4	29.6	29.8	30.1	30.3	30.5	30.8	31.0	31.2	31.5	31.7	32.0	32.2
31.5	29.3	29.5	29.7	29.9	30.1	30.2	30.5	30.7	31.0	31.3	31.5	31.7	32.0	32.2	32.5	32.7
32	29.8	30.0	30.2	30.4	30.6	30.7	31.0	31.2	31.5	31.8	32.0	32.3	32.5	32.8	33.0	33.3
32.5	30.2	30.4	30.6	30.8	31.1	31.3	31.5	31.7	32.0	32.3	32.3	32.8	33.0	33.3	33.5	33.7
33	30.7	30.8	31.1	31.3	31.5	31.7	32.0	32.2	32.5	32.8	33.0	33.3	33.5	33.8	34.1	34.3
34	31.7	31.9	32.1	32.3	32.5	32.7	33.0	33.2	33.5	33.8	34.0	34.3	34.4	34.8	35.1	35.3
35	32.6	32.8	33.1	33.3	33.5	33.7	34.0	34.2	34.5	34.7	35.0	35.3	35.5	35.8	36.1	36.3
36	33.5	33.8	34.0	34.3	34.5	34.7	34.9	35.2	35.6	35.7	36.0	36.2	36.5	36.7	37.0	37.3

五、计算

相对密度（d_{20}^4）与乳稠计刻度关系式：

$$X = (d_{20}^4 - 1.000) \times 1000$$

式中　X——乳稠计读数；

d_{20}^4——试样的相对密度。

当试样温度在 20℃时，读数代入上述公式，相对密度即可算出；测量时不在 20℃时，要查表将乳稠计读数转换为温度为 20℃时的读数，再按上述公式计算。

六、说明

① 将乳样小心倒入量筒中，勿使气泡产生。

② 将密度计放入量筒中时，不要使密度计的重锤与筒壁相碰撞。

③ 读数时应以密度计与液体形成的弯月面的下缘为准。

④ 若测定温度不是 20℃时，应将读数校正为 20℃时的读数。

实验三　旋转流变性的测定

一、实验目的

① 了解流变仪的使用原理。

② 掌握流体食品流变性的检测步骤。

二、实验原理

对于一个特定的转子，在流体中转动而产生的扭转力一定的情况下，流体的实际黏度与转子的转速成反比，而剪切应力与转子的形状和大小均有关系。对于一个黏度已知的液体，弹簧的扭转角会随着转子转动的速度和转子几何尺寸的增加而增加，所以在测定低黏度液体时，使用大体积的转子和高转速组合，相反，测定高黏度的液体时，则用细小转子和低转速组合。

本实验拟对不同浓度稳定剂羧甲基纤维素钠（CMC-Na）溶液与添加 CMC-Na 的酸乳进行流变性的检测，从而获得两者的流变性特征与联系。

三、材料和试剂

1. 材料

添加了 CMC-Na 作为稳定剂的酸乳。

2. 试剂

CMC-Na 溶液：把羧甲基纤维素钠加入蒸馏水里煮沸溶解配制成 0.2%、0.4%、0.6%、0.8%、1.0%、1.2%的羧甲基纤维素钠溶液。

四、仪器和设备

流变仪。

五、测定步骤

1. 仪器准备

本实验选用博立飞 DV-Ⅲ+流变仪，包括转子校正、转子信息、程序设置与使用、结果与绘图四个部分，首先拆卸转子，对仪器进行校正，仪器正常后，对流体做初步的判断，选择正确的转子。转子或即将设置的转速使扭矩在 10%～100%范围。

2. 样品检测

将选择的转子浸入样品中至转子杆上的凹槽刻痕处。如果是碟形转子，注意要以一个角度倾斜地浸入样品中，以避免因产生气泡而影响测试结果。用"SELECT SPINDLE"键和数字键输入转子编号。按数字键和 ENTER 键输入转速。测量开始，等读数稳定下来，可以记录扭矩、黏度值、剪切应力或剪切率。如需更换转子或样品，要按"MOTOR ON/OFF/ESCAPE"键使电机关闭。注意在10℃变化范围内，测定 CMC-Na 溶液与不同酸乳在各种转速下的黏度-温度关系，绘制曲线。测量完毕取下转子，然后清洗干净，放回装转子的盒中。

六、说明及注意事项

1. 操作要点

将转子旋拧连接到流变仪的连接头上，注意它是左手螺旋线方向。在连接转子时要注意保护黏度计的连接头，并用一只手轻轻提起它。转子的螺帽和流变仪的螺纹连接头要保持光滑和清洁，以避免转子转动不正常。可以通过转子螺帽上的数字识别转子的型号。

2. 影响液态食品黏度的因素

（1）温度的影响　一般情况下，液体的黏度是温度的函数。温度每上升1℃，黏度减小5%～10%。对于非牛顿流体，黏度和转速有关。测定各种转速下的黏度-温度关系，就会得到倾角不同的平行线。

（2）分散相的影响　分散相的浓度，颗粒的布朗运动，以及颗粒的大小、分布和形状都会影响黏度。

（3）分散介质的影响　对乳浊液黏度影响最大的是分散介质本身的黏度。与分散介质黏度有关的影响因素主要是其本身的流变性质、化学组分、极性、粒子间流动的影响。

（4）乳化剂的影响　为了调整液态食品的流动性、形态与口感，往往对分散介质添加稳定剂。稳定剂可以使牛顿流体变成非牛顿流体。

3. 数值显示

流变仪所显示的数值会因所选择的的计算单位（CGS 或 SI）而异。

（1）黏度　可以显示 cP 或 mPa·s 值。

（2）扭矩　以最大弹簧扭矩的百分比表示。

（3）剪切应力　单位为 dyne/cm² 或 Pa。

（4）剪切率　1/s。

实验四　质构特性的测定

一、目的和要求

① 掌握食品质构的概念。

② 掌握质构仪测定食品质构特性的基本原理。

③ 了解质构仪测定食品质构特性的方法。

④ 了解常见食品质构的测定。

二、原理

食品的质构是用力学的、触觉的，可能的话包括视觉的、听觉的方法能够感知的食品流变学特性的综合感觉，是食品除色、香、味外的一种重要性质，是决定食品档次的最重要的指标之一，在某种程度上可以反映出食品的感官质量。食品的质构性质是一个合成性质，它与食品的固有性质如硬度、黏度和弹性等有关。这些固有性质是可以用流变学、力学手段测量出来的。测定食品力学性质的实用仪器有很多，如手持硬度计、嫩度计、剪切测试仪、压缩仪等，这些仪器测试功能较为单一，只能测定一种或几种流变特性。质构仪（物性测试仪）可使用统一的测试方法对样品的物性进行数据化的表述，是量化和精确的测量仪器。仪器设计通过多种探头的选择，对食物的质构性能进行测试。目前已广泛应用于药品、食品和化妆品等领域。

质构仪的测试是围绕着距离、时间、作用力三者进行的，通过对这三者关系的处理、研究获得实验对象的质构性质测试结果。其基本结构一般是由一个能对样品产生变形作用的机械装置，一个用于盛装样品的容器和一个对力、时间和变形率进行记录的记录系统组成，可以完成压缩、穿刺、剪切、拉伸和弯曲等一系列的实验动作。质构仪主要包括主机、操控台、备用探头和附件以及与质构仪相配套的专用分析软件。主机与电脑相连，主机上的机械臂可以随着凹槽上下移动，机械臂前端装有力量感应元，可以准确测量到探头的受力情况。与力量感应元和探头相对应的是主机的底座，底座内安装有完成测试动作的动力传动和控制装置。探头和底座有多种形状和大小，分别适用于各种样品。

全质构测试（Texture Profile Analysis，TPA），又称二次咀嚼实验，是近年来发展起来的一种新型测试方法，主要通过对试样进行两次压缩的机械过程来模拟人口腔的咀嚼运动，利用力学测试方法来模拟食品质地的感官评价。该方法克服了传统检测法的一些缺点，并且评价参数的设定也更为客观。因此，它是判断食品质地变化的有效方法，主要是通过探头的二次下压全面地反映水果的硬度、脆性、黏性、弹性、凝聚性、回复性、咀嚼性、胶黏性。

TPA 测试时探头的运动轨迹如下：探头从起始位置开始，先以某一速率（Pre-test Speed）压向测试样品，接触到样品的表面后再以测试速率（Test Speed）对样品压缩一定的距离，而后返回到压缩的触发点（Trigger），停留一段时间后继续向下压缩同样的距离，而后以测后速率（Post Test Speed）返回探头测试前的位置。TPA 测试的质构参数和样品的外形尺寸、压缩探头与样品尺寸的比值、压缩的程度、变形速率、压缩次数、两次压缩之间停留的时间间隔以及试验的重复次数都有关系。因此，所有的 TPA 测试结果里都必须注明测试条件。典型的 TPA 测试质构图谱见图 3-4。用 TPA 质构分析方法对样品进行分析时，并不是对每个参数特性都要进行分析，要根据测试条件的设定、质构图谱的表现形式以及样品自身的特性和分析者的实际需求来进行选定。质构特性参数的定义及解释如下。

（1）硬度（Hardness） 第一次压缩过程中到达最大下压程度时的力，多数食品的硬度值出现在最大变形处，有些食品压缩到最大变形处并不出现应力峰。

（2）脆性（Fracturability） 压缩过程中并不一定都产生破裂，在第一次压缩过程中若是产生破裂现象，曲线中出现一个明显的峰，该峰值就定义为脆性。在 TPA 质构图谱中的第一次压缩曲线中若是出现两个峰，则第一个峰定义为脆性，第二个定义为硬度，若是只有一个峰值，则判断样品只有硬度，无脆性值。

（3）黏性（Adhesiveness） 第一次压缩曲线达到零点到第二次压缩曲线开始之间的曲线的负面积（图中的面积 3），反映的是探头由于测试样品的黏着作用所消耗的功。

（4）凝聚性（Cohesiveness） 表示测试样品经过第一次压缩变形后所表现出来的对第二次压缩的相对抵抗能力，在曲线上表现为两次压缩所做功之比（面积2/面积 1）。

（5）弹性（Springiness） 样品经过第一次压缩以后能够再恢复的程度。两次压缩测试之间的间隔时间对弹性的测定很重要，间隔时间越长，恢复的高度越大。弹性是用第二次压缩中所检测到的样品恢复高度（长度 2）和第一次的压缩变形量（长度 1）之比值来表示。

（6）胶黏性（Gumminess） 只用于描述半固态测试样品的黏性特性，数值上用硬度和凝聚性的乘积来表示。

（7）咀嚼性（Chewiness） 只用于描述固态测试样品，数值上用胶黏性和弹性的乘积表示。

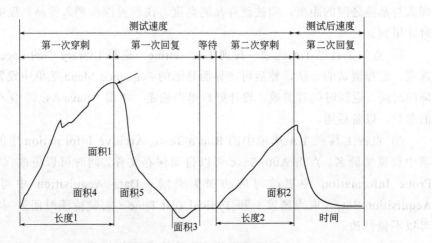

图 3-4 TPA 测试质构图谱

（8）回复性（Resilience） 表示样品在第一次压缩过程中回弹的能力，是第一次压缩循环过程中返回样品所释放的弹性能与压缩时探头的耗能之比。在曲线上用面积 5 和面积 4 的比值来表示。

三、仪器

质构仪（以英国 Stable Micro Systems 公司 TA.XT Plus 为例）

四、操作方法

① 开启电脑和质构仪电源开关。

② 点击 Texture Exponent，进入程序。

③ 选择语言栏，可以选择中文（汉化）模式。

④ 仪器读取程序后进入"程序导读"窗口，在 content 的子目录里找到 food，点击后选择相关的实验方法。例如，选择 fruit&veg，点击进入界面后选择所要使用的方法，单击 loading project，载入实验方法，然后关闭窗口。

⑤ 仪器校正一般一个月至少校正一次，但是当搬动过仪器或者仪器在使用过程中超载后再次使用时需矫正。

力量校正：点击工具栏 T.A.选项，找到 Calibrate 中的 Calibrate Force，选择 User，单击"下一步"，Calibrate Weight 为 1000g，将 1000g 的砝码置于托盘上，自动校正。校正之后，找到 Calibrate 中的 Check Force，Measured Force 的示数在 1.0g 范围内波动均为正常，然后将 1000g 的砝码再次置于托盘上，Measured Force 的示数在 999.0～1001.0g 范围内波动均为正常。

高度校正：点击工具栏 T.A.选项，找到 Calibrate 中的 Calibrate Height，Return Distance（mm）一般选择 10，Return Speed（mm/s）一般选择 10，Contact Force（g）一般选择 5。需要注意的是，高度校正一般用于测定被测样品与探头接触后，探头与基座之间的距离，即被测样品的高度。在设置探头刺入样品高度的百分数时才用到。

⑥ 点击工具栏 T.A.选项，找到 T.A. setting，选择 Library 中的 Special Tests 选项，选择测试的方法，然后可在界面显示的 Sequence Menu 菜单中设置探头升降的时间、返回时间等参数。设计好后单击确定。单击"Save As…"保存设置好的参数，以备后用。

⑦ 点击工具栏 T.A.选项中的 Run a Test，Archive Information 中的 file 选项中设置实验名，点击 Auto Save 可以自动保存文件，同时可以更改保存路径。Probe Information 中更改对应的探头类别。Data Acquisition 中可以修改 Acquisition Rate（取点密度）和 Typical Test Time（实验持续时间），其余参数可以不做修改。

⑧ 点击"Run a Test"进行实验，实验结束后点击"Run Macro"，生成相应

数据，导入 Excel 表格中备用。

⑨ 关闭电脑及质构仪的电源开关。

五、说明

① 质构仪的操作应严格按照操作说明书进行，不同类型质构仪操作有一定区别。

② 使用前先查阅相关资料，正确选择所需探头。

③ 质构仪载物台已经固定，请勿随意移动。

④ 使用时勿将身体和衣物放在探头下，否则会因挤压力过大而受损。

⑤ 样品置于玻璃或塑料容器时，应正确设置参数，防止容器破碎。

⑥ 测试易碎样品时，请做好自我防护措施。

⑦ 为防止基座受损，请勿将测试压力大于 $150N/mm^2$。

六、思考题

① 测定食品的质构特性时，不同类型的食品需要选择哪种类型的探头？

② 请结合典型的 TPA 图谱说明 TPA 实验各参数的意义。

实验五　色泽的测定

方法一　目测法

1. 目的和要求

① 学习色泽测定的几种方法。

② 掌握色差计的使用方法。

③ 了解不同种类食品的色泽测定方法。

2. 原理

颜色、风味和质地是食品感官检验的三个重要方面，其中颜色是对食品品质评价的第一印象，它直接影响人们对食品品质优劣、新鲜程度的判断。确切地说颜色不是像熔点或颗粒大小之类的物理属性，而是人脑通过眼睛对来自物体的光的特性的解释。食品的测色技术分为两大类，一种是目测方法，另一种则是仪器测定法。

目测方法主要分为标准色卡对照法和标准液比较法等。

标准色卡对照法是将待测物颜色与标准色卡进行比较判断食品颜色的方法。国际上出版的标准色卡，一般都是根据色彩图制定的。常见的有孟塞尔色图、522 匀色空间色卡、麦里与鲍尔色典和日本的标准色卡等。用标准色卡与试样比较颜色时，光线非常重要。一般要求采用国际照明协会所规定的标准光源。光线的照射角度也要求为 45°。在比较时，色卡与试样的观察面积不同，也影响判断正确性，所以要求对试样进行一定的遮挡。如无合适的标准光源，可利用晴天上午 10 时到下午 14 时的自然光，但要避免在阳光直接照射下比较。一些有光泽的食品表面或凹凸不平的食品，如果酱、辣酱之类，比较起来也是较为困难的。目测法常用于谷物、淀粉、水果、蔬菜等规格等级的测定。

标准液测定法主要用来比较液体食品的颜色。标准液多用化学药品溶液制成。例如橘子汁颜色管理中，采用重铬酸钾溶液作标准色液。在国外，酱油、果汁等液体食品颜色也要求标准化质量管理，除目测法外，在比较标准液时，也可以使用比色计，比色计的使用可以大大提高比较的准确性。

3. 操作方法

将试样在标准光源下与标准色卡或者标准液进行对比，判断试样的颜色，记载试样颜色的种类、深浅程度以及着色面积百分比等。

4. 说明

目测法操作简便，但会受人为主观因素、情绪、视觉疲劳以及周围环境的干扰。

方法二 仪器测定法

1. 原理

（1）光电比色计法 光电比色计法实际上是以光电管代替目测以减少误差的一种仪器测定方法。这种仪器由彩色滤光片、透过光接受光电管和与光电管连接的检流计组成。由于溶液颜色的深浅与浓度之间的关系可以用朗伯-比尔定律来描述，因此该仪器主要用来测定液体试样色的浓度，常以无色标准液为基准。

（2）分光光度计法 这种仪器主要用来测定各种波长光线的透过率。其原理是由用棱镜或衍射光栅把白光滤成一定波长的单色光。然后测定这种单色光透过液体试样时被吸收的情况。测得的光谱吸收曲线可以取得以下信息：①了解液体中吸收特定波长的化合物成分；②测定液体浓度；③作为颜色的一种尺度，测定某种成色物质的含量，如叶绿素含量。

（3）光电反射光度计法 光电反射光度计亦称色彩色差计。色彩色差计目前种类很多，有测定大面积的，也有测定小面积的；有测定带光泽表面的，也有测透明液体颜色的。但从结构原理上主要有两种类型：一种为直接刺激值测定法，一种为光谱光度分析法。直接刺激值测定法是利用人眼睛对颜色判断的三变数原理，即眼睛中三种感官细胞对色光的三刺激值决定了人对颜色的印象。1931 年国际照明协会（CIE）制定了一种假想的标准观察者，利用三个经过过滤的敏感器使之具有与人眼相同的 x、y 和 z 灵敏度来测量样品表面的反射光，从而直接测量

三刺激值 X、Y、Z。光谱光度分析法利用复合敏感器来测量物体在每个波长或每一个窄波长范围内的光谱反射比，一般装配有 40 个以上的传感器，这样可以对试样反射的光进行更精细的分光处理，对这些精细的光信号通过积分演算处理，得到三刺激值。由于三刺激色彩色差计通常使用标准光源 C 和 D65，这两种光源均相当于日光并有十分相近的光谱能量分布，因此不能测量条件等色现象，而光谱光度分析仪则具有多种光谱能量分布特性，有测量色的能力，可测量条件等色现象。

2．**仪器**

光电比色计、分光光度计、色差计。

3．**操作方法**

（1）光电比色计法 仪器接通电源进行预热后，选择合适的滤色片并记录滤色片号码，将其插入仪器的滤色片座内。将两个比色皿插入仪器上活动的比色皿座内并盖上比色皿盖以遮去杂光。然后转动零点调零旋钮进行检流计调零。将空白对照比色皿推入光路，调整旋钮进行校正，使检流计指示透光率为"100"。将待测液比色皿推入光路，读取待测液的吸光度和透光率并记录。

（2）分光光度计法 分光光度计的测色操作过程已实现自动化。仪器开启预热后，利用装有空白溶液的比色皿对仪器进行调零，然后将装有液体试样的比色皿放入光路，根据仪器说明书对样品光谱吸收曲线进行测定，获得样品的颜色和浓度等相关信息。

（3）光电反射光度计法 该方法待测试样可以是块状食品，也可以是粉末状食品。块状食品需表面平整干燥，粉末状食品需用恒压粉体压样器，将待测粉体试样压制成粉体试样板。色彩色差计的种类较多，使用过程中要按照仪器的使用说明书来进行操作。通常在取下镜头保护盖并打开电源后，要对仪器进行校准，然后将镜头对准试样待测部位进行测试。结果可以采用 CIE 1964 和 1931 标准色度系统的三刺激值和色品坐标表示，也可以用 CIE 1976 L^*、a^*、b^*色度空间或主波长（补色波长）和兴奋纯度表示。测试结束后盖好镜头保护盖，并关闭电源。

4．**说明**

① 液体食品或有透明感的食品，当光照射时，不仅有反射光，还有一部分为透射光。因此，仪器的测定值与眼睛的判断有一定差异。

② 固体食品的颜色往往不均匀，而眼睛的观察往往总是整体印象。在用仪器测定时，总是局限于被测点的较小面积，所以要注意仪器测定值与目测颜色印象的差异。

③ 测定颜色的方法不同或使用的仪器不同，都可能造成颜色值的差异。

④ 对于糊状食品，测定时尽量使食品中各成分混合均匀，这样眼睛观察值和仪器测定值就比较一致，如果蔬酱、汤汁、调味汁类食品，可在不使其变质的前提下进行适当的均质处理。

⑤ 颗粒食品可通过破碎或过筛的方法处理，使颗粒大小一致，这样可减少测定值的偏差。测定粉末食品时，需把测定表面压平。

⑥ 测定透明果汁类液体颜色时，应使试样面积大于光照射面积。

⑦ 测定透过光时，可采用过滤或离心分离的方式将试样中的悬浮颗粒除去。

5. 思考题

① 液体食品颜色的测定可以采用哪几种方法？

② 测定颜色时影响测定结果的因素有哪些？

实验六 酒精度的测定

方法一 密度瓶法

1. 目的和要求

① 掌握不同方法测定酒精度的原理。

② 学习不同种类酒酒精度测定的适用方法。

③ 掌握不同方法测定酒精度的操作方法。

2. 原理

酒精度是酒类所必要测定的参数之一，一般以容量来计算。它表示酒中含乙醇的体积百分比，通常是以 20℃时的体积表示的，比如 50 度的酒，表示在 100mL 的酒中，含有乙醇 50mL，故在酒精浓度后，会加上"vol"以示以重量计算之区分。在 GB 5009.225—2016 中规定了酒精、蒸馏酒、发酵酒和配制酒中酒精度的测定方法，包括密度瓶法、酒精计法、气相色谱法和数字密度计法。不同的方法适用于不同种类酒的酒精度测定。

密度瓶法的原理是以蒸馏法去除样品中的不挥发性物质，用密度瓶测出试样（酒精水溶液）20℃时的密度，查询 GB 5009.225—2016 中《酒精水溶液密度与酒精度（乙醇含量）对照表》，求得在 20℃时乙醇含量的体积分数，即为酒精度。密度瓶法适用于蒸馏酒、发酵酒和配制酒中酒精度的测定。

3. 仪器和试剂

（1）仪器 分析天平、全玻璃蒸馏器、水浴锅、附温度计密度瓶。

（2）试剂 乙醇、乙醚。

4. 操作方法

（1）蒸馏酒、发酵酒和配制酒样品的制备 样品的蒸馏：用洁净、干燥的

100mL 容量瓶，准确量取样品（液温 20℃）100mL 于 500mL 蒸馏瓶中，用 50mL 水分三次冲洗容量瓶，洗液并入 500mL 蒸馏瓶中，加几颗沸石（或玻璃珠），连接蛇形冷凝管，以取样用的原容量瓶作接收器（外加冰浴），开启冷却水（冷却水温度宜低于15℃），缓慢加热蒸馏，收集馏出液。当接近刻度时，取下容量瓶，盖塞，于 20℃ 水浴中保温 30min，再补加水至刻度，混匀，备用。

对于啤酒和起泡葡萄酒样品的制备，首先要将样品中的二氧化碳去除，两种方法具体如下。

第一种方法是将恒温至 15～20℃ 的酒样约 300mL 倒入 1000mL 锥形瓶中，加橡皮塞，在恒温室内，轻轻摇动，开塞放气（开始有"砰砰"声），盖塞。反复操作，直至无气体逸出为止。用单层中速干滤纸过滤（漏斗上面盖表面玻璃）。

第二种方法是采用超声波或磁力搅拌法除气，将恒温至 15～20℃ 的酒样约 300mL 移入带排气塞的瓶中，置于超声波水槽中（或搅拌器上），超声（或搅拌）一定时间后，用单层中速干滤纸过滤（漏斗上面盖表面玻璃）。

将去除二氧化碳的试样收集于具塞锥形瓶中，温度保持在 15～20℃，密封保存，限制在 2h 内使用。去除二氧化碳后的样品蒸馏方法同上。

（2）试样溶液的测定　将密度瓶洗净并干燥，带温度计和侧管帽称量。重复干燥和称重，直至恒重（m）。取下带温度计的瓶塞，将煮沸冷却至 15℃ 的水注满已恒重的密度瓶中，插上带温度计的瓶塞（瓶中不得有气泡），立即浸入 20.0℃±0.1℃ 的恒温水浴中，待内容物温度达 20℃ 并保持 20min 不变后，用滤纸快速吸去溢出侧管的液体，使侧管的液面和侧管管口齐平，立即盖好侧管帽，取出密度瓶，用滤纸擦干瓶外壁上的水液，立即称量（m_1）。

将水倒出，先用无水乙醇，再用乙醚冲洗密度瓶，吹干（或于烘箱中烘干），用试样馏出液反复冲洗密度瓶 3～5 次，然后装满，按照 m_1 称量的操作，称量（m_2）。

5. 计算

样品在 20℃ 的密度（ρ）和空气浮力校正值（A）分别按照下式计算：

$$\rho = \rho_0 \times \frac{m_2 - m + A}{m_1 - m + A}$$

$$A = \rho_u \times \frac{m_1 - m}{997.0}$$

式中　ρ——样品在 20℃ 时的密度，g/L；

ρ_0——20℃ 时蒸馏水的密度，998.20g/L；

m——密度瓶的质量，g；

m_1——20℃时密度瓶和水的质量，g；

m_2——20℃时密度瓶和试样的质量，g；

ρ_u——干燥空气在 20℃、101325Pa 时的密度；

997.0——在 20℃时蒸馏水与干燥空气密度值之差，g/L。

根据试样的密度 ρ，查询 GB5009.225—2016 中《酒精水溶液密度与酒精度（乙醇含量）对照表》，求得酒精度，以体积分数"%vol"表示。

以重复性条件下获得的两次独立测定结果的算术平均值表示，结果保留至小数点后一位。

6. 说明

啤酒样品在重复性条件下获得的两次独立测定结果的绝对差值不得超过0.1%vol；其他样品在重复性条件下获得的两次独立测定结果的绝对差值不得超过0.5%vol。

方法二　酒精计法

1. 原理

以蒸馏法去除样品中的不挥发性物质，用酒精计测得酒精体积分数值，查询GB5009.225—2016 中《酒精水溶液密度与酒精度（乙醇含量）对照表》，求得在20℃时乙醇含量的体积分数，即为酒精度。酒精计法适用于酒精、蒸馏酒、发酵酒和配制酒（除啤酒外）中酒精度的测定。

2. 仪器和试剂

（1）仪器　精密酒精计、全玻璃蒸馏器。

（2）试剂　乙醇、乙醚。

3. 操作方法

（1）样品的制备　同方法一。

对于酒精，用一洁净、干燥的 100mL 容量瓶，准确量取样品 100mL，备用。

对于发酵酒（不包括啤酒）和配制酒样品的制备，用洁净、干燥的 200mL 容量瓶，准确量取 200mL（具体取样量应按酒精计的要求增减）样品（液温 20℃）于 500mL 或 1000mL 蒸馏瓶中，样品的制备方法同方法一。

（2）试样溶液的测定　将试样液注入洁净、干燥的量筒中，静置数分钟，待酒中气泡消失后，放入洁净、晾干的酒精计，再轻轻按一下，不应接触量筒壁，同时插入温度计，平衡约 5min，水平观测，读取与弯月面相切处的刻度示值，同时记录温度。

4. 计算

根据测得的酒精计示值和温度，查询 GB 5009.225—2016 中《酒精水溶液密度与酒精度（乙醇含量）对照表》，得到 20℃时样品的酒精度，以体积分数

"%vol" 表示。

5. 说明

在重复性条件下获得的两次独立测定结果的绝对差值不得超过 0.5%vol。

方法三 气相色谱法

1. 原理

试样进入气相色谱仪中的色谱柱时，由于在气固两相中吸附系数不同，而使乙醇与其他组分得以分离，利用氢火焰离子化检测器进行检测，与标样对照，根据保留时间定性，利用内标法定量。气相色谱法适用于葡萄酒、果酒和啤酒中酒精度的测定。

2. 仪器和试剂

（1）仪器　气相色谱仪（配有氢火焰离子化检测器）、气相色谱柱。

（2）试剂　乙醇、正丁醇、4-甲基-2-戊醇。

3. 操作方法

（1）样品的制备

① 对于啤酒样品，参照方法一密度瓶法进行样品的制备，将去除二氧化碳后的样品置于 10mL 容量瓶中，加入 0.5mL 内标正丁醇，混匀，备用。

② 对于葡萄酒样品，参照方法一密度瓶法进行样品的制备，取葡萄酒蒸馏液准确稀释 4 倍（或根据酒精度适当稀释），然后吸取 10.0mL 稀释后的样品于 10mL 容量瓶中，加入 0.2mL 内标 4-甲基-2-戊醇，混匀，备用。

（2）标准溶液的配制　乙醇标准系列工作液：取 5 个 100mL 容量瓶，分别吸入 2.00mL、3.00mL、4.00mL、5.00mL、7.00mL 乙醇，用水定容至刻度，混匀，该溶液用于标准曲线的绘制。

（3）仪器参考条件

① 柱温　200℃。

② 气化室和检测器　240℃。

③ 载气（高纯氮）流量　40mL/min。

④ 氢气流量　40mL/min。

⑤ 空气流量　500mL/min。

⑥ 进样量　1.0μL。

（4）标准曲线的制作　分别吸取不同浓度的乙醇标准系列工作液各 10.0mL于 5 个 10mL 容量瓶中，分别加入 0.50mL 正丁醇（啤酒分析）或 0.20mL4-甲基-2-戊醇（葡萄酒分析）混匀。按照上述的色谱条件测定，以乙醇浓度为横坐标，以乙醇和内标峰面积的比值（或峰高比值）为纵坐标，绘制工作曲线。

（5）试样溶液的测定　按照上述仪器参考条件，将试样溶液注入气相色谱仪中，得到样品中乙醇和内标峰面积的比值，由标准工作曲线计算测试液中乙醇的浓度。

4．计算

$$X=Cf$$

式中　　X——试样中乙醇的含量，%vol；

　　　　C——试样测定液中乙醇的含量，%vol；

　　　　f——试样稀释倍数。

以重复性条件下获得的两次独立测定结果的算术平均值表示，结果保留至小数点后一位。

5．说明

① 应根据不同仪器，通过实验选择最佳色谱条件，以使乙醇和内标组分获得完全分离。

② 所用乙醇标准溶液应当天配制与使用，每个浓度至少要做两次，取平均值作图或计算。

③ 啤酒样品在重复性条件下获得的两次独立测定结果的绝对差值不得超过0.1%vol；其他样品在重复性条件下获得的两次独立测定结果的绝对差值不得超过0.5%vol。

方法四　数字密度计法

1．原理

将试样注入 U 形管，通过在 20℃时与两个标准的振动频率比较而求得其密度，计算出样品在 20℃时乙醇含量的体积分数，即酒精度。数字密度计法适用于啤酒、白兰地、威士忌和伏特加中酒精度的测定。

2．仪器和试剂

（1）仪器　数字密度计、水浴锅。

（2）试剂　蒸馏水。

3．操作方法

（1）样品的制备

① 对于啤酒样品，需要首先将啤酒中的二氧化碳去除，参照方法一密度瓶法进行样品的制备。

② 对于白兰地、威士忌和伏特加样品，参照方法一密度瓶法进行样品的制备。

（2）仪器的校正　在（20.00±0.02）℃下观察和记录洁净、干燥 U 形管中空气的"T"值。将注射器与 U 形管上端出口处的塑料管连接，把 U 形管下方入口处的塑料管浸入新煮沸、冷却、膜过滤后的重蒸水中，将 U 形管中注满水（要求无气泡），当水温达到恒定温度（20.00±0.02）℃并且显示"T"值在 2～3min 内不变化时，读数、记录。

装置的 α 和 β 常数按下式计算：

$$\alpha = T_{水}^2 - T_{空气}^2$$

$$\beta = T_{空气}^2$$

式中　α——仪器校正过程的常数；

　$T_{水}$——水的振荡周期；

　$T_{空气}$——空气的振荡周期；

　β——试样稀释倍数仪器校正过程的常数。

将常数 α 和 β 输入仪器的记忆单元，重新将开关置于 ρ（密度）档，检查水的密度读数。倒出 U 形管中的水，干燥后，检查空气密度。其值应分别为 1.0000（水的密度）和 0.0000（空气的密度）。若显示的数值在小数点后第 5 位差值大于 1，则需要重新检查恒温水浴的温度和水、空气的"T"值。

（3）试样溶液的测定　将试样蒸馏液注满 U 形管（要求无气泡），直到试样液温度与水浴温度达到平衡并在 2～3min 数值不变化时，记录试样的密度。

4．计算

根据仪器测定的密度，查询 GB 5009.225—2016 中《酒精水溶液密度与酒精度（乙醇含量）对照表》，求得样品在 20℃时的酒精度，以体积分数%vol 表示。

以重复性条件下获得的两次独立测定结果的算术平均值表示，结果保留至小数点后一位。

5．说明

啤酒样品在重复性条件下获得的两次独立测定结果的绝对差值不得超过 0.1%vol；其他样品在重复性条件下获得的两次独立测定结果的绝对差值不得超过 0.5%vol。

6．思考题

① 不同类型的酒中酒精度的测定应选择哪种方法？

② 为什么啤酒酒精度的测定要首先将二氧化碳去除？

实验七　糖度的测定

方法一　手持式折射仪测定法

糖度是表示糖液中固形物浓度的单位，一般用白利度（°Bx）表示糖度，指的是 100g 糖液中所含的固体物质的溶解克数。糖度测定主要有密度法、折射法和干燥法。干燥法即通过加热，将水蒸发掉，最终烘干至恒重。这是绝对法，即需要明确了解固形物的绝对含量时才会使用这种方法。密度法采用密度计或密度瓶测量，密度计法直接用密度计测量并用密度表示固形物浓度，多为工业生产上使用。密度瓶法采用标准温度定体积称重，较准确。目前最常用的是利用糖液的折射性质，用带有蔗糖百分含量刻度的折射仪来测量糖度。

1．目的和要求

① 理解固形物的概念。

② 掌握折射法测定固形物的方法。

③ 学会折射仪的使用。

2．仪器和试剂

（1）仪器　手持折射仪、组织捣碎机、电热板。

（2）试剂　蒸馏水。

3．操作方法

（1）样品制备

① 澄清果汁和糖液等　试样混匀后直接用于测定,混浊制品用双层擦镜纸或纱布挤出汁液测定。所有过程都必须定量进行。

② 新鲜果蔬、罐藏和冷冻制品　取试样的可食部分切碎、混匀（冷冻制品需先解冻），高速组织捣碎机捣碎，双层擦镜纸或纱布挤出汁液测定。

③ 酱体制品　果酱、果冻等，放入烧杯中，加入蒸馏水，用玻璃棒搅匀，在电热板上加热至沸腾，轻沸 2～3min，放置冷却至室温，然后通过滤纸或布氏漏斗过滤，收集滤液供测试用。

④ 干制品　把试样可食部分切碎，混匀，放入称量过的烧杯，加入蒸馏水，置沸水浴上浸提 30min，并定时用玻璃棒搅拌。取下烧杯，待冷却至室温，过滤后供测试用。

⑤ 半黏稠制品（果浆、菜浆等）　将试样充分混匀，用四层纱布挤出滤液，弃去最初几滴，收集滤液供测试用。

⑥ 含悬浮物质制品（果粒果汁饮料）　将试样置于组织捣碎机中捣碎，用四层纱布挤出滤液，弃去最初几滴，收集滤液供测试用。

（2）调零　打开手持式折射仪棱镜盖板，用擦镜纸或柔软绒布轻轻擦净折射镜面，滴几滴蒸馏水于折射镜镜面上，合上盖板，将仪器对向光线，由目镜观察，转动棱镜旋钮，使视野分成明暗两部分。并用专用螺丝刀旋动补偿器旋钮，使视野为黑白两色，同时使明暗分界线与标尺上的"0"位重合。然后打开盖板，擦干水分。

（3）测定　用滴管吸取样品液，滴加在检测镜上，合上盖板。注意合上盖板时要防止产生气泡。将折射仪持平对向光源，调节目镜视度圈，使视野黑白分界线清晰可见，读取刻度尺读数，即为样品液中可溶性固形物的含量，以质量分数（%）表示。重复测定三次，计算平均值和标准偏差。

4. 计算

如折射仪读数标尺刻度为百分数，即可溶性固形物的百分率，按可溶性固形物对温度校正表（附录二）换算成 20℃时标准的可溶性固形物百分率。

如折射仪读数标尺刻度为折射率，可读出其折射率，然后按折射率与可溶性固形物换算（附录三）查得样品中之可溶性固形物的百分率，再按可溶性固形物对温度校正表（附录二）换算成 20℃标准的可溶性固形物百分率。

如果是不经稀释的液体或半黏稠制品，可溶性固形物含量与折射仪上所读得的数相等。

如果是经稀释的黏稠制品，则可溶性固形物含量需经稀释倍数换算。

5. 说明

① 通常规定在 20℃时利用手持式折射仪测定折射率，得到的读数即为可溶性固形物的含量。若测定温度不是 20℃时，则应加以校正。

② 有时为了进一步简化测定过程，可取一些果肉组织，直接用手挤出果汁，滴加在检测镜上进行测定。

③ 每次测试前先用蒸馏水将折射仪调节到零位。测定完后，必须擦净镜身各部分。

方法二　阿贝折射仪法

1. 仪器和试剂

（1）仪器　阿贝折射仪、水浴锅。

（2）试剂　蒸馏水、丙酮。

2. 操作方法

（1）样品制备　同方法一。

（2）安装　将折光仪置于靠窗的桌子或白炽灯前。用橡皮管将测量棱镜和辅助棱镜上保温夹套的进水口与恒温槽或水浴锅串联起来。恒温温度以折光仪上的温度计读数为准，一般选用 20℃或 25℃。

（3）对光　松开旋钮，开启辅助棱镜，使其磨砂的斜面处于水平位置。用滴定管加少量丙酮清洗镜面，促使难挥发的污物逸走；用滴定管时注意勿使管尖碰撞镜面。必要时可用擦镜纸轻轻吸干镜面，但切勿用滤纸。待镜面干燥后，滴加数滴蒸馏水于测量棱镜的平镜面上，闭合辅助棱镜，旋紧锁钮。然后，打开辅助棱镜上的遮光板，将阿贝折射仪对准亮光处，使光线进入，从目镜中观察并转动目镜上的调节旋钮，使视场最亮，进行对光调试。

（4）消色散　转动消色散手柄，使视场内呈现一个清晰的明暗临界线。

（5）调零　在镜面上滴加蒸馏水，闭合两棱镜，锁上锁钮后，打开上方的遮光板，对准亮光，通过目微观察，进行调零。转动标尺旋钮，使临界线正好处在"X"形准丝交点上，若此时又呈微色散，必须重调消色散手柄，使临界线明暗清晰。在调节过程中，可从目镜看到视场的变化。此时，标尺的刻度"0"线应与指示线重合。如果未能重合，需用专用螺丝刀旋动补偿器旋钮，使视野中明暗分界线经过交叉点，同时，标尺上的读数为"0"。

（6）样品测试　打开辅助棱镜，擦干水分。用滴管滴加数滴试样液于测量棱镜的平镜面上，闭合辅助棱镜，旋紧锁钮，进行样品测试。若试样易挥发，可在两棱镜接近闭合时从加液小槽中加入，然后闭合两棱镜，锁紧锁钮。按前述方法调节标尺旋钮，使视野中明暗分界线经过"X"形准丝交点，然后从标尺上读出相应的示值。由于眼睛在判断临界线是否处于准丝点交点上时，容易产生疲劳，为了减少偶然误差，测试过程应重复进行三次，每两次测定的折射率读数相差不能大于 0.002，然后取其平均值。

试样的成分对折射率的影响是非常大的。由于沾污或试样中易挥发组分的蒸发，致使试样组分发生微小的改变，会导致读数不准。因此，每个试样都需要进行至少三次的重复测定。

（7）读数　一般以质量分数表示试样中可溶性固形物含量。在利用 WAY 阿贝折射仪测定时，可以直接读出样品液中可溶性固形物的质量分数（%），无需再读取折射率的读数。

（8）仪器校正　阿贝折射仪标尺的零点有时会发生移动，需通过调零的方法加以校正。或者用一种已知折射率的标准液体，按上述方法进行测定，将平均值与标准值比较，其差值即为校正值。

3．计算

同方法一。

4．说明

①　读数时，在光亮处进行，注意调整好色散旋钮，使视野清晰分明。再仔细调整标尺旋钮，使明暗液面分界线准确地处于准丝交叉点上。

②　测定时温度最好控制在 20℃左右观测，尽可能缩小校正范围。

③　由同一个分析者紧接着进行两次测定的结果之差，应不超过 0.5%。

④　仪器应放在干燥、空气流通的室内，防止受潮后光学零件发霉。

⑤　使用完毕需进行清洁并擦干后放入储有干燥剂的箱内，防止湿气和灰尘

侵入。

⑥ 严禁油手或汗手触及光学零件，切勿用硬质物料触及棱镜，以防损伤。

⑦ 仪器应避免强烈振动或撞击，以免光学零件损伤而影响精度。

5. 思考题

① 测定固形物的意义是什么？

② 在测定可溶性固形物含量时,如何有效保持阿贝折射仪和样品测试液的温度一致？

第四章

营养成分测定

实验一　食品中蛋白质的测定

方法一　半微量凯氏定氮法

1. 目的和要求

① 掌握凯氏定氮法测定蛋白质的原理。

② 熟悉凯氏定氮法中样品的消化、蒸馏、吸收等基本操作技能。

③ 熟练称量、溶液转移、滴定等基本操作技能。

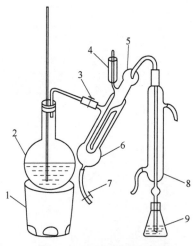

图 4-1　定氮蒸馏装置

1—电炉；2—水蒸气发生器（2L平底烧瓶）；
3—螺旋夹；4—小玻杯及棒状玻塞；5—反应室；
6—反应室外层；7—橡皮管及螺旋夹；
8—冷凝管；9—蒸馏液接收瓶

2. 原理

蛋白质是含氮的有机化合物。食品与硫酸和催化剂一同加热消化，使蛋白质分解，分解的氨与硫酸结合生成硫酸铵。然后碱化蒸馏使氨游离，用硼酸吸收后，再以硫酸或盐酸标准溶液滴定，根据酸的消耗量乘以换算系数，即为蛋白质的含量。

3. 仪器和试剂

（1）仪器　定氮蒸馏装置如图 4-1 所示。

（2）试剂　所有试剂均用不含氨的蒸馏水配制。

① 硫酸铜（$CuSO_4 \cdot 5H_2O$）。

② 硫酸钾。

③　浓硫酸。

④　硼酸溶液（20g/L）。

⑤　混合指示液　1份1g/L甲基红乙醇溶液与5份1g/L溴甲酚绿乙醇溶液临用时混合。也可用2份1g/L甲基红乙醇溶液与1份1g/L次甲基蓝乙醇溶液，临用时混合。

⑥　氢氧化钠溶液（400g/L）。

⑦　标准滴定溶液　硫酸标准溶液［$c(1/2H_2SO_4)=0.0500mol/L$］或盐酸标准溶液［$c(HCl)=0.0500mol/L$］。

4．操作方法

（1）样品处理　精密称取0.2～2.00g固体样品或2.00～5.00g半固体样品或吸取10.00～20.00mL液体样品（约相当于氮30～40mg），移入干燥的100mL或500mL定氮瓶中，加入0.2g硫酸铜、3g硫酸钾及20mL硫酸，稍摇匀后于瓶口放一小漏斗，将瓶以45°斜置于小孔的石棉网上，小心加热，待内容物全部炭化，泡沫完全停止后，加强火力，并保持瓶内液体微沸，至液体呈蓝绿色澄清透明后，再继续加热0.5h。取下放冷，小心加20mL水，放冷后，移入100mL容量瓶中，并用少量水洗定氮瓶，洗液并入容量瓶中，再加水至刻度，混匀备用。同时做试剂空白试验。

（2）装好定氮装置，于水蒸气发生器内装水至约三分之二处，加甲基红指示剂数滴及数毫升硫酸，以保持水呈酸性，加入数粒玻璃珠以防暴沸，用调压器控制，加热煮沸水蒸气发生瓶内的水。

（3）向接收瓶内加入10mL 20g/L硼酸溶液及混合指示剂1～2滴，并使冷凝管下端插入液面下，吸取10.0mL样品消化稀释液，由小漏斗流入反应室，并以10mL水洗涤小烧杯使流入反应室内，塞紧小玻杯及棒状玻塞，将10mL 400g/L氢氧化钠溶液倒入小玻杯，提起玻塞，使其缓慢流入反应室，立即将玻塞盖紧，并加水于小烧杯中，以防漏气，夹紧螺旋夹，开始蒸馏。蒸气通入反应室，使氨通过冷凝管而入接收瓶内，蒸馏5min，移动接收瓶，使冷凝管下端离开液面，再蒸馏1min，然后用少量水冲洗冷凝管下端外部。取下接收瓶，以硫酸或盐酸标准溶液（0.05mol/L）滴定至灰色或蓝紫色为终点。同时准确吸取10mL试剂空白消化液做空白试验。

5．计算

$$X = \frac{(V_1 - V_2) \times c \times 0.014}{m \times \dfrac{10}{100}} \times F \times 100$$

式中　X——样品中蛋白质的含量，g/100g（g/100mL）；

　　　V_1——样品消耗硫酸或盐酸标准溶液的体积，mL；

V_2——试剂空白消耗硫酸或盐酸标准溶液的体积，mL；

c——硫酸或盐酸标准溶液的浓度，mol/L；

0.014——1.00mL 硫酸［$c(1/2H_2SO_4)=1.000mol/L$］或盐酸［$c(HCl)=1.000mol/L$］标准溶液中相当的氮的质量，g；

M——样品的质量（或体积），g 或 mL；

F——氮换算为蛋白质的系数。一般食物为 6.25；乳制品为 6.38；面粉为5.70；玉米、高粱为 6.24；花生为 5.46；米为 5.95；大豆及其制品为5.71；肉与肉制品为 6.25；大麦、小米、蒸麦、燕麦、裸麦为 5.83；芝麻、向日葵为 5.30。

6. 说明

① 凯氏定氮法测定氮的含量，依据蛋白质中含氮的多少，换算为蛋白质的含量。

② 消化过程中，加入硫酸钾可以提高反应温度，加入硫酸铜作为催化剂，提高反应速度。

③ 蒸馏过程中，不能使系统漏气，放入碱液时，应小心、缓慢。

④ 食品中含氮量一般为 15%～17.6%，根据不同食品含氮量略有差异，采用不同的换算系数。以上换算系数是食品中含氮量为 16%的氮换算为蛋白质的系数。

⑤ 食品中还有非蛋白质物质含氮，故用此法测定蛋白质称为粗蛋白。

⑥ 蒸馏时，蒸汽发生要充足，均匀，加碱要够量，动作要快，防止氨损失。冷凝管出口应浸入吸收液中，防止氨损失。

⑦ 我国规定含乳饮料中蛋白质为 1.0%。

方法二　全量凯氏定氮法

1. 原理

蛋白质为含氮有机物。食品与硫酸和催化剂一同加热消化，使蛋白质分解，分解的氨与硫酸结合成硫酸铵，然后碱化蒸馏使氨游离，用硼酸吸收后，再以硫酸或盐酸的标准溶液滴定，根据酸的消耗量乘以换算系数，即为蛋白质的含量。

2. 仪器和试剂

（1）仪器　全量凯氏定氮装置。

（2）试剂　所有试剂均用不含氮的蒸馏水配制。

① 硫酸铜。

② 硫酸钾。

③ 浓硫酸。

④ 混合指示液　1 份 1g/L 甲基红乙醇溶液与 5 份 1g/L 溴甲酚绿乙醇溶液临用时混合，也可用 2 份 1g/L 甲基红乙醇溶液与 1 份 1g/L 次甲基蓝乙醇溶液。临

用时混合。

⑤ 氢氧化钠溶液（400g/L）。

⑥ 硼酸溶液（20g/L）。

⑦ 标准滴定溶液　硫酸标准溶液［$c(1/2H_2SO_4)=0.0500mol/L$］或盐酸标准溶液［$c(HCl)=0.0500mol/L$］。

3. 操作方法

（1）精密称取 0.20～2.00g 固体样品或 2～5g 半固体样品或吸取 10～20mL 液体样品（相当于氮 30～40mg），小心移入已干燥的 500mL 定氮瓶中，加入 0.5g 硫酸铜、10g 硫酸钾及 20mL 硫酸，稍摇匀后，于瓶口放一小漏斗，将瓶以 45° 斜支于有小圆孔的石棉网上，小心加热，待内容物全部炭化，泡沫完全停止后，加强火力，并保持瓶内液体沸腾（微沸）。至液体呈蓝色澄清透明后，再继续加热 0.5h，放冷，小心加入 200mL 水，再放冷，连接已准备好的蒸馏装置上，塞紧瓶口，冷凝管下端插入接收瓶液面下，接收瓶内盛有 20g/L 硼酸溶液 50mL 及 2～3 滴混合指示液。

（2）放松节流夹，通过漏斗倒入 70～80mL 氢氧化钠溶液（400g/L），并振摇定氮瓶，至内容物转为深蓝色或产生褐色沉淀，再倒入 100mL 水，夹紧节流夹，加热蒸馏，至氨被完全蒸出。停止加热前，先将接收瓶放下少许，使冷凝管下端离开液面，再蒸馏 1min，然后停止加热，并用少量水冲洗冷凝管下端外部，取下接收瓶。

（3）以硫酸或盐酸标准溶液（0.0500moL/L）滴定至灰色为终点。同时做试剂空白试验。

4. 计算

$$X = \frac{(V_1 - V_2) \times c \times 0.014}{m} \times F \times 100$$

式中　X——样品中蛋白质的含量，g/100g（g/100mL）；

　　　V_1——样品消耗硫酸或盐酸标准溶液的体积，mL；

　　　V_2——试剂空白消耗硫酸或盐酸标准溶液的体积，mL；

　　　c——硫酸或盐酸标准溶液的浓度，mol/L；

　0.014——1.00mL 硫酸［$c(1/2H_2SO_4)=1.000mol/L$］或盐酸［$c(HCl)=1.000mol/L$］标准溶液中相当的氮的质量，g；

　　　m——样品的质量（或体积），g 或 mL；

　　　F——氮换算为蛋白质的系数。

5. 说明

本法为直接蒸馏法，蒸馏终点的确定对测定样品含量的准确程度影响很大，一般样品馏出液超过 250mL，氮可完全蒸出，注意蒸馏时勿烧干。

6．思考题

① 为什么用凯氏定氮法测出的食品中蛋白质含量为粗蛋白含量?

② 在消化过程中加入的硫酸铜试剂有哪些作用?

③ 样品经消化蒸馏之前为什么要加入氢氧化钠?这时溶液的颜色会发生什么变化?为什么?如果没有变化,说明了什么问题?

④ 蛋白质的结果计算为什么要乘上蛋白质换算系数,系数 6.25 是怎么得到的?

⑤ 蒸馏过程中,如何防止样品消化液的倒吸?

⑥ 本次实验中误差产生的原因及可能的预防措施。

实验二　食品中脂肪的测定

方法一　食品中脂肪的测定

1．目的与要求

① 熟悉索氏脂肪抽提器的结构。

② 掌握索氏抽提法提取食品中脂肪的原理及方法。

2．原理

样品用无水乙醚或石油醚等溶剂抽提后,蒸去溶剂所得的物质,在食品分析上称为脂肪或粗脂肪。因为除脂肪外,还含色素及挥发油、蜡、树脂等物质。抽提法所测得的脂肪为游离脂肪。

3．仪器和试剂

（1）仪器　索氏脂肪抽提器。

（2）试剂

① 无水乙醚或石油醚。

② 海沙　处理方法同 GB5009.3 食品水分的测定方法。

4．操作方法

（1）样品处理

① 固体样品　精密称取 2～5g（可取测定水分后的样品）,必要时拌以海沙,全部移入滤纸筒内。干样粉碎后过 40 目筛,肉绞两次,一般样品用组织捣碎机。

② 液体或半固体样品　称取 5.0～10.0g,置于蒸发皿中,加入海沙约 20g 于沸水浴上蒸干后,再于 95～105℃干燥,研细,全部移入滤纸筒内。蒸发皿及附有样品的玻棒,均用沾有乙醚的脱脂棉擦净,并将棉花放入滤纸筒内。

（2）抽提　将滤纸筒放入抽提管内,连接已干燥至恒量的接收瓶,由抽提器冷凝管上端加入无水乙醚或石油醚至瓶内容积的 2/3 处,于水浴上加热,使乙醚或石油醚不断回流抽提,一般抽提 6～12h。

（3）称量　取下接收瓶，回收乙醚或石油醚，待接受瓶内乙醚剩 1～2mL 时在水浴上蒸干，再于 95～105℃干燥 2h，放干燥器内冷却 0.5h，称量。

5. 计算

$$X = \frac{m_1 - m_0}{m_2} \times 100\%$$

式中　X——样品中脂肪的含量；

$\quad\quad m_1$——接收瓶和脂肪的质量，g；

$\quad\quad m_0$——接收瓶的质量，g；

$\quad\quad m_2$——样品的质量（如是测定水分后的样品，按测定水分前的质量计），g。

6. 说明

① 本法为索氏提取法，为经典方法，测定准确，但费时、费试剂。

② 本法要求必须干燥无水，水分有碍有机溶剂对样品的浸润。

③ 本法测得的脂肪中，还含有少量的可溶于脂肪的有机酸、色素、香精、醛、酮等，故只可称为粗脂肪。

④ 有机溶剂在接收瓶中受热蒸发至冷凝管中，冷凝后于盛装样品的提取筒中，当提取筒中溶剂达到虹吸管顶端时，自动虹吸入下面接收瓶中，接收瓶中溶剂受热蒸发，于冷凝管中冷凝后入提取筒中，再次浸取样品；如此循环，每一次提取筒中溶剂均为干净的重蒸溶剂，故相当于每一次都用新鲜溶剂萃取，从而提高提取效率。

⑤ 由于为易燃的有机溶剂，故应特别注意防火。

⑥ 本法主要测定食品中游离脂肪的含量。

7. 思考与讨论

① 脂类测定最常用哪些提取剂？其优缺点各是什么？

② 为什么索氏抽提法的测定结果为粗脂肪？测定中需要注意哪些问题？

③ 液态脂肪与结合态脂肪的特点是什么（包括溶解性质、提取方法等）？

④ 索氏提取法测定脂肪含量的过程中，误差产生的来源及可能的预防措施。

方法二　火腿肠中粗脂肪的测定

1. 目的和要求

① 掌握索氏提取法测定脂肪的原理。

② 熟悉索氏脂肪抽提器的搭建和操作方法。

2. 仪器、试剂和原料

（1）仪器　索氏脂肪抽提器、恒温水浴锅、电子天平等。

（2）试剂　无水乙醚或石油醚（30～60℃）。

（3）原料　干燥后的火腿肠。

3．原理

将经过前处理而且干燥的样品用无水乙醚或石油醚等溶剂回流提取，使样品的脂肪进入溶剂中，剩余的样品经过干燥处理后称重，与提取前相比，减少的重量即为粗脂肪的重量。

4．操作方法

提前搭建好索氏脂肪抽提器。准确称取干净、干燥的接收瓶质量 m_1。称取样品的质量 m_2，并将其转入滤纸筒内，再将滤纸筒转入索氏脂肪抽提器的提取管中。加入提取试剂后水浴提取 6～12h，水浴温度为 40～60℃。提取完毕后将接收瓶取出烘至恒重，质量记为 m_3。

5．计算

试样中粗脂肪含量计算式如下：

$$X = \frac{m_3 - m_1}{m_2} \times 100$$

式中　X——样品粗脂肪的含量，%；

m_1——接收瓶的质量，g；

m_2——样品的质量，g；

m_3——提取完毕接收瓶烘干后的质量，g；

100——单位换算系数。

6．说明

① 样品应干燥后研细，含水分的样品会影响溶剂提取效果。

② 滤纸筒放入高度不应超过回流弯管。

③ 乙醚易燃，极易挥发，（遇强氧化物）容易爆炸，危险性很大，室内禁止明火，注意通风。

7．思考与讨论

① 冷凝管上端塞一团干燥脱脂棉球的作用是什么？

② 怎么判断样品中脂肪提取完全？

实验三　总糖及还原糖的测定

食品中常见的碳水化合物的种类很多，可分为单糖、双糖和多糖，不同品种的食品中所含糖类物质的品种及数量上有较大的差异。

一、目的和要求（直接滴定法）

掌握直接滴定法测定还原糖和总糖的原理和操作方法。

二、原理

试样除去蛋白质后，在加热条件下以次甲基蓝作指示剂，直接滴定标定过的碱性酒石酸铜溶液（用葡萄糖标准溶液标定碱性酒石酸铜溶液），根据样品液消耗体积计算还原糖量。

三、仪器和试剂

1．仪器

酸式滴定管、可调式电炉（带石棉板）。

2．试剂

（1）碱性酒石酸铜甲液　称取 15.00g 硫酸铜（$CuSO_4 \cdot 5HO_2$）及 0.05g 亚甲基蓝，溶于水中并稀释至 1000mL。

（2）碱性酒石酸铜乙液　称取 50.00g 酒石酸钾钠及 75g 氢氧化钠，溶于水中，再加入 4g 亚铁氰化钾，完全溶解后，用水稀释至 1000mL，储存于橡胶塞玻璃瓶中。

（3）乙酸锌溶液　称取 21.9g 乙酸锌，加 3mL 冰乙酸，加水溶解并稀释至100mL。

（4）亚铁氰化钾溶液（106g/L）。

（5）盐酸（分析纯）。

（6）葡萄糖标准溶液　精密称取 1.000g 经过 98～100℃干燥至恒量的纯葡萄糖，加水溶解后加入 5mL 盐酸，并以水稀释至 1000mL。此溶液每毫升相当于 1.0mg葡萄糖。

（7）果糖标准溶液　按（6）配制。

（8）转化糖标准溶液　准确称取 1.0526g 纯蔗糖，用 100mL 水溶解，置于具塞三角瓶中，加 5mL 盐酸（1+1）在 68～70℃水浴中加热 15min，放置室温定容至 1000mL，每毫升标准溶液相当于 1.0mg 转化糖。

（9）氢氧化钠溶液（40g/L）　称取氢氧化钠 4g，加水溶解后，放冷，并定容至 100mL。

四、操作方法

1．样品处理

（1）乳类、乳制品及含蛋白质的冷食类　称取 2.50～5.00g 固体样品（吸取25.00～50.00mL 液体磁品），置于 250mL 容量瓶中，加 50mL 水，慢慢加入 5mL乙酸锌溶液及 5mL 亚铁氰化钾溶液，加水至刻度，混匀，沉淀，静置 30min，用干燥小滤纸，弃去初滤液，滤液备用。

（2）酒精性饮料　吸取 100.00mL 样品，置于蒸发皿中，用氢氧化钠（40g/L）溶液中和至中性，在水浴上蒸发至原体积的 1/4 后，移入 250mL 容量瓶中，加水至刻度。

（3）含多量淀粉的食品　称取 10.00～20.00mL 样品置于 250mL 容量瓶中，加 200mL 水，在 45℃水浴中加热 1h，并时时振摇。冷却后加水至刻度，混匀，静置、沉淀，滤液备用。

（4）汽水等含吸二氧化碳的饮料　吸取 100.0mL 样品置于蒸发皿中，在水浴上除去二氧化碳后，移入 250mL 容量瓶中，并用水洗涤蒸发皿，洗液并入容量瓶中，再加水至刻度，混匀后，备用。

2．标定碱性酒石酸铜溶液

吸取 5.00mL 碱性酒石酸铜甲液及 5.00mL 乙液，置于 150mL 锥形瓶中，加水 10mL，加入玻璃珠 2 粒，从滴定管滴加约 9mL 葡萄糖标准溶液，控制在 2min 内加热至沸，趁沸以每两秒 1 滴的速度继续滴加葡萄糖标准溶液或其他还原糖标准溶液，直至溶液蓝色刚好褪去为终点，记录消耗葡萄糖或其他还原糖标准溶液的总体积，同时平行操作三份，取其平均值，计算每 10mL（甲液、乙液各 5mL）碱性酒石酸铜溶液葡萄糖的质量或其他还原糖的质量（mg）。

$$X_3 = V_3 \times m_3$$

式中　X_3——10mL（甲液、乙液各 5mL）碱性酒石酸铜溶液相当于还原糖的质量，mg；

V_3——平均消耗还原糖标准溶液的体积，mL；

m_3——1mL 还原糖标准溶液相当于还原糖的质量，1mg。

3．样品溶液预测

吸取 5.00mL 碱性酒石酸铜甲液及 5.00mL 乙液，置于 150mL 锥形瓶中，加水 10mL，加入玻璃珠 2 颗，控制在 2min 内加热至沸，趁沸以先快后慢的速度，从滴定管中滴加样品溶液，并保持溶液沸腾状态，待溶液颜色变浅时，以每两秒 1 滴的速度滴定，直至溶液蓝色刚好褪去为终点，记录样液消耗体积（样品中还原糖浓度根据预测加以调节，以 0.1g/100g 为宜，即控制样液消耗体积在 10mL 左右，否则误差大）。

4．样品溶液的测定

吸取 5.00mL 碱性酒石酸铜甲液及 5.00mL 乙液置于 150mL 锥形瓶中，加水 10mL，加入玻璃珠 2 粒，从滴定管加比预测体积少 1mL 的样品溶液，控制在 2min 内加热至沸，趁沸继续以每两秒 1 滴的速度滴定，直至蓝色刚好褪去为终点，记录样液消耗体积。同法平行操作三次，取平均消耗体积。

五、计算

$$X_4 = \frac{m_4 \times 250}{m_5 \times V_4 \times 1000}$$

式中　X_4——样品中还原糖的含量（以葡萄糖计），g（mL）；

$\quad\quad m_4$——10mL 碱性酒石酸铜溶液相当于还原糖（以葡萄糖计）的质量，mg；

$\quad\quad m_5$——样品质量（或体积），g（mL）；

$\quad\quad V_4$——测定时平均消耗样品溶液体积，mL；

$\quad\;$250——样品液总体积，mL。

1000——mg 换算成 g 的系数。

六、说明

① 本法为直接滴定法，经过标定的定量的碱性酒石酸铜试剂，可与定量的还原糖作用，根据样品溶液消耗体积，可计算样品中还原糖含量。

② 亚甲基蓝本身也是一种氧化剂，其氧化型为蓝色，还原型为无色。当它的氧化能力比碱性酒石酸铜更弱，还原糖将溶液中碱性酒石酸铜耗尽时，稍微过量一点点的还原糖会将亚甲基蓝还原，变为无色状态，指示滴定终点，其反应是可逆的，当空气中的氧与无色亚甲基蓝结合时，又变为蓝色。滴定时要保持沸腾状态，使上升蒸汽阻止空气侵入溶液中。

③ 加入少量亚铁氰化钾，可使生成的红色氧化亚铜沉淀络合，形成可溶性络合物，消除观察红色沉淀对滴定终点的干扰，使终点变色更明显。

④ 本法对滴定操作条件要求很严。对碱性酒石酸铜溶液的标定，样品液必须预测，样品液测定的操作条件与预测条件均应保持一致。对每一次滴定所使用的锥形瓶规格、加热电炉功率、滴定速度、预加入大致体积、终点的确定方法等都尽量一致，以减少误差，并将滴定所需体积的绝大部分先加入碱性酒石酸铜试剂中共沸，使其充分反应，仅留 1mL 左右进行滴定，并判断终点。

⑤ 滴定必须在沸腾条件下进行，其原因一是可以加快还原糖与 Cu^{2+} 的反应速度；二是亚甲基蓝变色反应是可逆的，还原型亚甲基蓝遇空气中氧时又会被氧化为氧化型。此外，氧化亚铜也极不稳定，易被空气中氧所氧化。保持反应液沸腾可防止空气进入，避免亚甲基蓝和氧化亚铜被氧化而增加耗糖量。

七、思考与讨论

① 直接滴定法测定食品中还原糖的原理是什么?在测定过程中应注意哪些问题？

② 直接滴定法测定食品中还原糖为什么必须在沸腾条件下进行滴定,且不能随意摇动三角瓶？

③ 加入少量亚铁氰化钾的作用是什么？

实验四　蜂蜜中还原糖的测定

一、目的和要求

掌握直接滴定法测定食品中还原糖含量的原理与方法。

二、原理

碱性酒石酸铜甲液与乙液等量混合，立即生成天蓝色的 $Cu(OH)_2$ 沉淀，这种沉淀很快与酒石酸钾钠反应，生成深蓝色的可溶性的酒石酸钾钠铜络合物。在加热的条件下，以亚甲基蓝为指示剂，用还原糖（或样品液）进行滴定，还原糖和酒石酸钾钠铜络合物反应生成红色的 Cu_2O，二价铜还原完全后，稍过量的还原糖将亚甲基蓝还原，溶液由蓝色变为无色（或淡黄色）即为滴定终点。

三、仪器、试剂及原料

1．仪器

锥形瓶、酸式滴定管等。

2．试剂

（1）碱性酒石酸铜甲液　称取 15g 硫酸铜（$CuSO_4 \cdot 5H_2O$），及 0.05g 亚甲基蓝，溶于水中并稀释至 1L。

（2）碱性酒石酸铜乙液　称取 50g 酒石酸钾钠与 75g 氢氧化钠，溶于水中，再加入 4g 亚铁氰化钾，完全溶解后，用水稀释至 1000mL，储存于橡胶塞玻璃瓶内。

（3）葡萄糖标准溶液　精密称取 1.000g 经过 80℃烘干至恒重的葡萄糖（纯度99%以上），加水溶解后加入 5mL 盐酸，并以水稀释至 1L。此溶液相当于 1mg/mL 葡萄糖。

3．原料

蜂蜜。

四、操作方法

1．样品预处理

称取蜂蜜样品 1~2g，加水溶解稀释至 1000mL（V_0）。

2．碱性酒石酸铜溶液标定

取甲、乙液各 5mL，水 10mL，玻璃珠 3 粒于 150mL 三角瓶中。从滴定管滴加 9mL 葡萄糖标准液（0.1%）并摇匀。用电炉加热，使其在 2min 内沸腾，准确沸腾 30s。趁热以每两秒 1 滴的速度滴加葡萄糖标液，直至蓝色刚好褪去显示无色或淡黄色为终点。记录葡萄糖标准溶液消耗的体积，平行 3 次，取平均值。

$$F = C \times V_S$$

式中　F——10mL 碱性酒石酸铜溶液消耗葡萄糖的质量，mg；

　　　C——葡萄糖标准溶液的浓度，mg/mL；

　　　V_S——标定时消耗葡萄糖标准溶液的总体积，mL。

3．样品溶液预滴定

取甲、乙液各 5mL，水 10mL，玻璃珠 3 粒于 150mL 三角瓶中。在电炉上加热至沸，趁热从滴定管滴加中滴加试样。以每两秒 1 滴的速度迅速滴定，直至蓝色刚好褪去为终点。记录样液消耗的体积。

4．样品溶液的终滴定

取甲、乙液各 5mL，水 10mL，玻璃珠 3 粒于 150mL 三角瓶中，从滴定管加入比预备滴定体积少 1mL 的样品溶液至锥形瓶中并摇匀，同上法滴定至终点。

五、计算

试样中还原糖含量计算式如下：

$$X = \frac{F \times V_0}{m \times V \times 1000} \times 100\%$$

式中　X——试样中还原糖（以葡萄糖计）含量（质量分数）；

　　　m——样品的质量，g；

　　　F——碱性酒石酸铜溶液（甲、乙液各 5mL）相当于葡萄糖的质量，mg；

　　　V——测定时消耗样品溶液的平均体积，mL；

　　　V_0——样品溶液稀释的总体积，mL。

六、说明

① 样液中还原糖的浓度应控制在滴定体积与葡萄糖标准溶液相近。

② 滴定时不能随意摇动锥形瓶，更不能把锥形瓶从热源上取下来滴定，以防止空气进入反应溶液中。

③ 本法适用于各类食品中还原糖的测定。但测定酱油、深色果汁等样品时因色素干扰，滴定终点常常模糊不清，影响准确性。

七、思考与讨论

① 碱性酒石酸铜试剂现配现用，需要的时候再将甲液、乙液混合，为什么？

② 实验中亚铁氰化钾起什么作用？

③ 滴定操作在溶液沸腾条件下进行，为什么？

实验五 橙汁中总酸度的测定（滴定法）

一、目的与要求

① 了解食品酸度的测定意义及原理。

② 熟练掌握滴定操作方法。

二、原理

食品中的酒石酸、苹果酸、柠檬酸、草酸、乙酸等其电离常数均大于 10^{-8}。根据酸碱中和原理，可以用强碱标准溶液直接滴定样液，用酚酞作指示剂，当滴定至终点（pH = 8.2，溶液呈浅红色，30s 不褪色）时，根据所消耗的标准碱溶液的浓度和体积，计算出样品中总酸含量。

三、仪器、试剂及原料

1. 仪器

碱式滴定装置、铁架台、移液管、三角瓶、分析天平等。

2. 试剂

（1）0.1mol/L 氢氧化钠标准溶液的配制

① 配制 称取 2g 氢氧化钠于 200mL 烧杯中，加入蒸馏水 100mL，玻璃棒搅拌使其溶解，转移至 500mL 容量瓶中，加蒸馏水至刻度线，摇匀。

② 标定 精密称取 0.3g（准确至 0.0001g）在 105～110℃烘干至恒重的基准邻苯二甲酸氢钾，加入 50mL 新煮沸过的冷蒸馏水，搅拌使其溶解，加两滴酚酞指示剂，用配制的氢氧化钠标准溶液滴定至溶液呈微红色且 30s 不褪色。同时做空白对照试验。

③ 用下式计算氢氧化钠标准溶液的浓度

$$c = \frac{m \times 1000}{(V_1 - V_2) \times 204.2}$$

式中 c——氢氧化钠标准溶液的浓度，mol/L；

　　　m——基准邻苯二甲酸氢钾的质量，g；

　　　V_1——滴定时所耗氢氧化钠溶液的体积，mL；

　　　V_2——空白试验中所耗氢氧化钠溶液的体积，mL；

　204.2——邻苯二甲酸氢钾的摩尔质量，g/mol。

（2）酚酞溶液的配制 称取酚酞 0.2g 溶解于 100mL 95%乙醇中。

（3）无 CO_2 蒸馏水。

3. 原料

鲜橙粉或橙汁。

四、操作方法

1. 样品处理

称取 5～10g 鲜橙粉样品，置于研钵中，加少量无 CO_2 蒸馏水，研磨成糊状，移入 250mL 的容量瓶中，用无 CO_2 蒸馏水定容，充分摇匀、过滤，滤液备用。对于橙汁液体样品，可直接过滤后备用。

2. 样品分析

准确吸取上述样品滤液 5～10mL 于 100mL 容量瓶中，加水稀释定容，并全部转移到 250mL 的三角瓶内，加 3～4 滴酚酞指示剂，用标定后的氢氧化钠标准溶液滴定至微红色且 30s 不褪色为止。记录消耗氢氧化钠滴定液的体积（V_1）。同一被测样品测定三次平行。

3. 空白试验

在不加待测试样的情况下，按照与分析试样相同的分析条件和步骤进行测定。本实验用水代替样品液，操作与滴定样品步骤相同，记录消耗氢氧化钠标准滴定溶液的体积（V_2）。

五、计算

试样中总酸以每千克（或每升）样品中酸的克数表示，按下式计算：

$$X = \frac{c(V_1 - V_2) \times K \times F}{m} \times 1000$$

式中　X——每千克（或每升）样品中总酸的克数，g/kg（或 g/L）；

c——氢氧化钠标准溶液的浓度，mol/L；

V_1——滴定时消耗氢氧化钠溶液的体积，mL；

V_2——空白试验消耗氢氧化钠溶液的体积，mL；

m——样品质量（或体积），g（或 mL）；

F——试液的稀释倍数；

K——柠檬酸的换算系数，0.064。

六、说明

① 食品中的酸为多种有机弱酸的混合物，用强碱滴定测其含量时，滴定突跃不明显，其滴定终点偏碱，一般在 pH8.2 左右，故可选用酚酞作终点指示剂。

② 计算结果保留小数点后二位。同一样品的两次测定值之差，不得超过两次平均值的 2%。

七、思考与讨论

① 对于颜色较深的食品，应该怎么处理？

② 对于总酸度较大的样品，还需要怎么处理样品，为什么？

实验六　烘箱法测定水分

最常用的烘箱干燥法，分为常压、减压（真空）两种，其所用的干燥时间、温度、压力依待测样品的不同而不同。

一、实验目的与要求

① 了解采用常压干燥法以及真空干燥法测定水分的方法。

② 熟练掌握分析天平使用方法。

③ 明确造成测定误差的主要原因。

二、实验原理

1. 直接干燥法原理

食品中的水分一般是指在 100℃左右直接干燥的情况下，所失去物质的总量。烘箱直接干燥法适用于在 95～105℃下，不含或含其他挥发性物质甚微的食品。

2. 真空干燥法原理

食品中的水分指在一定的温度及压力的情况下失去物质的总量,适用于含糖、味精等易分解的食品。

三、实验仪器、试剂及原料

1. 仪器及用具

鼓风干燥箱、真空干燥箱、天平、水浴锅、称量瓶、干燥器、蒸发皿、玻棒。

2. 试剂

（1）6mol/L 盐酸　量取 100mL 盐酸，加水稀释至 200mL。

（2）6mol/L 氢氧化钠溶液　称取 24g 氢氧化钠，加水溶解并稀释至 100mL。

（3）海沙　取用水洗去泥土的海沙，先用 6mol/L 盐酸煮沸 0.5h，用水洗至中性，再用 6mol/L 氢氧化钠溶液煮沸 0.5h，用水洗至中性，经 105℃干燥备用。

四、实验步骤

1. 直接干燥法

（1）固体样品　取洁净铝制或玻璃制的扁形称量瓶，置于 95～105℃干燥箱中，瓶盖斜支于瓶边，加热 0.5～1.0h，取出盖好，置干燥器内冷却 0.5h，称量，并重复干燥至恒量。称取 2.00～10.0g 切碎或磨细的样品，放入此称量瓶中，样品厚度约为 5mm。加盖，精密称量后，置 95～105℃干燥箱中，瓶盖斜支于瓶边，干燥 2～4h 后，盖好取出，放入干燥器内冷却 0.5h 后称量。然后再放入 95～105℃干燥箱中干燥 1h 左右，取出，放干燥器内冷却 0.5h 后再称量。至前后两次质量差不超过 2mg，即为恒量。

（2）半固体或液体样品　取洁净的蒸发皿，内加 10.0g 海沙及一根小玻棒，置于 95～105℃干燥箱中，干燥 0.5～1.0h 后取出，放入干燥器内冷却 0.5h 后称量，并重复干燥至恒量。然后精密称取 5～10g 样品，置于蒸发皿中，用小玻棒搅匀放在沸水浴上蒸干，并随时搅拌，擦去皿底的水滴，置 95～105℃干燥箱中干燥 4h 后盖好取出，放入干燥器内冷却 0.5h 后称量。然后再放入 95～105℃干燥箱中干燥 1h 左右，取出，放干燥器内冷却 0.5h 后再称量。至前后两次质量差不超过 2mg，即为恒量。

2．减压干燥法

按直接干燥法要求称取样品，放入真空干燥箱内，将干燥箱连接水泵，抽出干燥箱内空气至所需压力（一般为 0.04～0.05MPa），并同时加热至所需温度（50～60℃）。关闭通水泵或真空泵上的活塞，停止抽气，使干燥箱内保持一定的温度和压力，经一定时间后，打开活塞，使空气经干燥装置缓缓通入至干燥箱内，待压力恢复正常后再打开。取出称量瓶，放入干燥器中 0.5h 后称量，并重复以上操作至恒量。计算同直接干燥法。

五、结果计算

计算公式：

$$X = \frac{m_1 - m_2}{m_1 - m_3} \times 100\%$$

式中　X_1——样品中水分的含量；

　　　m_1——称量瓶（或蒸发皿加海沙、玻棒）和样品的质量，g；

　　　m_2——称量瓶（或蒸发皿加海沙、玻棒）和样品干燥后的质量，g；

　　　m_3——称量瓶（或蒸发皿加海沙、玻棒）的质量，g。

六、注意事项

① 样品质量通常控制其干燥残留物为 2～4g。对于番茄等蔬菜制品每平方厘米称量皿底面积内，干燥残留物为 9～12mg。

② 称量皿有玻璃质、铝质。铝质不耐酸碱。

③ 称量皿底部直径：对少量液体为 4～5cm；对多量液体为 6.5～9.0cm；对水产品为 9.0cm。

一般平铺后厚度不超过器皿的 1/3。

七、思考与讨论

① 食品中水分的存在形式有哪些，各有什么特点？

② 干燥法测定水分含量为什么要求试样中水分是唯一的挥发物质？

③ 常压干燥法和真空干燥法各有何特点？

④ 实验过程中误差的来源有哪些？怎样减少误差？

实验七　食品中灰分的测定

方法一　食品中灰分的测定

灰分的测定内容可包括以下几方面：总灰分、水溶性灰分、水不溶性灰分、酸溶性灰分、酸不溶性灰分等。

1. 目的和要求

① 明确灰分的测定与控制成品质量的关系。

② 明确灰化条件与样品组分的关系。

③ 掌握食品的基本灰化方法。

2. 原理

食品经灼烧后所残留的无机物质称为灰分，灰分采用灼烧重量法测定。

3. 仪器

高温炉（马弗炉）。

4. 操作方法

① 取大量适宜的瓷坩埚置高温炉中，在 600℃下灼烧 0.5h，冷至 200℃以下后取出，放入干燥器中冷至室温，精密称量，并重复灼烧至恒量。

② 加入 2～3g 固体样品或 5～10g 液体样品后，精密称量。

③ 液体样品须先在沸水浴上蒸干，固体或蒸干后的样品，先以小火加热使样品充分炭化至无烟，然后置高温炉中，在 550～600℃灼烧至无炭粒，即灰化完全。冷至 200℃以下后取出放入干燥器中冷却至室温，称量。重复灼烧至前后两次称量相差不超过 0.5mg 为恒量。

5. 计算

$$X = \frac{m_1 - m_2}{m_3 - m_2} \times 100\%$$

式中　X——样品中灰分的含量；

　　m_1——坩埚和灰分的质量，g；

　　m_2——坩埚的质量，g；

　　m_3——坩埚和样品的质量，g。

6．注意事项

1．试样预处理

果汁、牛乳等含水较多的样品，先在水浴上蒸干；含水较多的果蔬及动物性食品，用烘箱干燥（先在 60～70℃，然后在 105℃）；富含脂肪的样品可以先提取脂肪，然后分析其残留物。

2．试样称重参考

鱼制品（按干物质计）不少于 2g；谷类食品、牛乳 3～5g；糖及糖制品、肉制品、蔬菜制品 5～10g；果汁 25g；鲜果或罐藏水果 25g；果酱、果冻、脱水水果 10g。

3．操作条件的选择

（1）灰化温度　灰化温度因样品而异，大致如下：糖及糖制品、肉及肉制品、蔬菜制品、水果及其制品不超过 525℃；谷类食品、乳制品（奶油除外）不超过 500℃；鱼、海产品、酒不超过 550℃。

（2）灰化时间　对于一般样品，灰化时间没有严格规定，要求灼烧至灰分呈全白色或浅灰色并达到恒重，一般需 2～5h。但也有例外，如谷类、茎秆饲料，规定 600℃灼烧 2h。

（3）难灰化的样品

① 可以灼烧，冷却后的样品加入少量水，研碎，蒸去水分，干燥再进行灼烧，必要时重复以上操作。

② 可以加入硝酸、乙醇、碳酸铵、过氧化氢等，因其灼烧后完全消失。例如，灰分中杂有炭微粒，冷却后可逐滴加入（1∶1）硝酸，约 4～5 滴，可加速灰化。

③ 加氧化镁、碳酸钙等不熔物。但注意要做空白试验。

7．思考与讨论

① 食品中灰分测定的项目主要有哪些？

② 测定食品灰分的意义。

③ 灰化条件和样品组分有什么关系？

方法二　豆粉中灰分的测定

1．目的和要求

① 学习灰分的测定原理及方法。

② 了解灰分测定的意义。

2．原理

样品经炭化后放入高温炉内灼烧，使有机物被氧化分解，以二氧化碳、氮的氧化物及水等形式逸出，而无机物以硫酸盐、磷酸盐、碳酸盐、氯化物等无机盐和金属氧化物的形式残留下来，这些残留物即为灰分。

3．仪器、试剂及原料

（1）仪器　瓷坩埚、马弗炉、电炉、分析天平、玻璃干燥器等。

（2）试剂　浓盐酸、乙酸镁。

（3）原料　豆粉。

4．操作方法

方法参考 GB 5009.4—2016。

将坩埚用 20%（体积分数）的盐酸煮 1～2h，洗净晾干后编号。将坩埚置于马弗炉（550℃±25℃）灼烧至恒重，冷却后称重。称取样品（约 2g）并记录样品和坩埚的质量。称取试样后，加入 3.00mL 乙酸镁溶液（80g/L），使试样完全润湿。放置 10min 后在水浴上蒸干水分，在电炉上加热使试样充分炭化至无烟或有少量烟冒出，再置于马弗炉（550℃±25℃）中灼烧至恒重，记录质量。

同时取相同浓度和体积的乙酸镁溶液做试剂空白试验。

5．计算

试样中灰分含量计算式如下：

$$X_1 = \frac{m_1 - m_2 - m_0}{m_3 - m_2} \times 100$$

式中　X_1——加了乙酸镁溶液试样中灰分的含量，g/100g；

　　　m_1——坩埚和灰分的质量，g；

　　　m_2——坩埚的质量，g；

　　　m_0——氧化镁（乙酸镁灼烧后生成物）的质量，g；

　　　m_3——坩埚和试样的质量，g；

　　　100——单位换算系数。

6．说明（注意事项）

① 坩埚标记液可采用一定浓度的三氯化铁溶液混合蓝黑墨水。

② 坩埚从马弗炉取出，需要在干燥器中冷却至室温后再称量。

③ 重复灼烧至前后两次称量相差不超过 0.5mg 为恒重。

7. 思考与讨论

① 高温灼烧之前需要对样品进行炭化，炭化的作用是什么？

② 高温灼烧温度一般控制在 550℃±25℃，为什么？

实验八　滴定法测定食品中的钙

一、目的

掌握 EDTA 滴定法测定食品中钙的原理和方法。

二、原理

钙与氨羧络合剂能定量地形成金属络合物，其稳定性较钙与指示剂所形成的络合物为强。在适当的 pH 值范围内，以氨羧络合剂 EDTA 滴定，在达到当量点时，EDTA 就自指示剂络合物中夺取钙离子，使溶液呈现游离指示剂的颜色（终点）。根据 EDTA 络合剂用量，可计算钙的含量。

三、仪器及试剂

1. 仪器及用具

所有玻璃仪器均以硫酸-重铬酸钾洗液浸泡数小时，再用洗衣粉充分洗刷，后用水反复冲洗，最后用去离子水冲洗晒干或烘干，方可使用。

（1）实验室常用玻璃仪器　高型烧杯（250mL）、微量滴定管（1 或 2mL）、碱式滴定管（50mL）、刻度吸管（0.5～1mL）、试管等。

（2）电热板　1000～3000W，消化样品用。

2. 试剂

要求使用去离子水、优级纯试剂。

（1）1.25mol/L 氢氧化钾溶液　精确称取 70.13g 氢氧化钾，用去离子水稀释至 1000mL。

（2）10g/L 氰化钠溶液　称取 1.0g 氰化钠，用去离子水稀释至 100mL。

（3）0.05mol/L 柠檬酸钠溶液　称取 17.4g 柠檬酸钠，用去离子水稀释至 1000mL。

（4）混合酸消化液　硝酸（GB/T 626—2006）与高氯酸（GB/T 623—2011）（4:1）。

（5）EDTA 溶液　精确称取 4.50gEDTA（乙二胺四乙酸二钠），用去离子水稀释至 1000mL，储存于聚乙烯瓶中，4℃保存。使用时稀释 10 倍即可。

（6）钙标准溶液　精确称取 0.1248g 碳酸钙（纯度大于 99.99%，105～110℃ 烘干 2h），加 20mL 去离子水及 3mL 0.5mol/L 盐酸溶解，移入 500mL 容量瓶中，加去离子水稀释至刻度，储存于聚乙烯瓶中，4℃保存。此溶液每毫升相当于 100μg 钙。

（7）钙红指示剂　称取 0.1g 钙红指示剂，用去离子水稀释至 100mL，溶解后即可使用，储存于冰箱中可保持一个半月以上。

四、操作步骤

1. 样品制备

微量元素分析的样品制备过程中应特别注意防止各种污染。所用设备如电磨、绞肉机、匀浆器、打碎机等必须是不锈钢制品。所用容器必须使用玻璃或聚乙烯制品，做钙测定的样品不得用石磨研碎。湿样（如蔬菜、水果、鲜鱼、鲜肉等）用水冲洗干净后，要用去离子水充分洗净。干粉类样品（如面粉、奶粉等）取样后立即装容器密封保存，防止空气中的灰尘和水分污染。

2. 样品消化

精确称取均匀样品干样 0.5～1.5g（湿样 2.0～4.0g，饮料等液体样品 5.0～10.0g）于 250mL 高型烧杯，加混合酸消化液 20～30mL，上盖表面皿。置于电热板或沙浴上加热消化。如未消化好而酸液过少时，再补加几毫升混合酸消化液，继续加热消化，直至无色透明为止。加几毫升去离子水，加热以除去多余的硝酸。待烧杯中的液体接近 2～3mL 时，取下冷却。用 20g/L 氧化镧溶液洗并转移于 10mL 刻度试管中，定容至刻度。

取与消化样品相同量的混合酸消化液，按上述操作做试剂空白试验。

3. 测定

（1）标定 EDTA 浓度　吸取 0.5mL 钙标准溶液，以 EDTA 滴定，标定其 EDTA 的浓度，根据滴定结果计算出每毫升 EDTA 相当于钙的毫克数，即滴定度（T）。

（2）样品及空白滴定　吸取 0.1～0.5mL（根据钙的含量而定）样品消化液及空白于试管中，加 1 滴氰化钠溶液和 0.1mL 柠檬酸钠溶液，用滴定管加 1.5mL 1.25mol/L 氢氧化钾溶液，加 3 滴钙红指示剂，立即以稀释 10 倍 EDTA 溶液滴定，至指示剂由紫红色变蓝为止。

五、计算

样品中钙元素的含量按下列公式计算：

$$X = \frac{T \times (V - V_0) \times f \times 100}{m}$$

式中　X——样品中元素含量，mg/100g。

　　　T——EDTA 滴定度，mg/mL；

　　　V——滴定样品时所用 EDTA 量，mL；

　　　V_0——滴定空白时所用 EDTA 量，mL；

　　　f——样品稀释倍数；

　　　m——样品称重量，g。

计算结果表示到小数点后两位。本方法同实验室平行测定或连续两次测定结果的重复性小于 10%。本方法的检测范围为 5～50μg。

六、说明

① 样品处理也可采用湿法消化：准确称取样品 2～5g，加入浓硫酸 5～8mL、浓硝酸 5～8mL，加热消化至试液澄清透明，冷却后定容至 100mL。

② 用盐酸溶解碳酸钙时，要用表面皿盖好烧杯后再加盐酸，以防喷溅。

③ 实验中加入氰化钠（NaCN）作为配位滴定中的掩蔽剂，在 pH 大于 8 的溶液中，氰化物可掩蔽 Cu^{2+}、Ni^{2+}、Co^{2+}、Zn^{2+}、Hg^{2+}、Cd^{2+}、Ag^+、Fe^{2+}、Fe^{3+} 等离子的干扰。

④ 氰化钠是剧毒物质，必须在碱性条件下使用，以防止在酸性条件下生成氢氰酸（HCN）逸出，测定完的废液要加氢氧化钠和硫酸亚铁处理，使生成亚铁氰化钠。

七、思考与讨论

① 食品中测定钙的方法有哪些？

② 滴定法测定钙的原理是什么？

③ 实验中加入氰化钠或氰化钾的作用是什么？

④ 用滴定法测定钙含量的注意事项有哪些？

实验九　食品中铁的测定

方法一　硫氰酸钾比色法

1. 实验目的与要求

掌握测定食物中铁的原理和方法。

2. 实验原理

在酸性条件下，三价铁离子与硫氰酸钾作用，生成血红色的硫氰酸铁络合物，溶液颜色深浅与铁离子浓度成正比，故可以比色测定。反应式如下：

$$Fe_2(SO_4)_3 + 6KCNS \longrightarrow 2Fe(CNS)_3 + 3K_2SO_4$$

3. 仪器、试剂

（1）仪器　分光光度计、分析天平。

（2）试剂

① 2%$KMnO_4$ 溶液。

② 20%KCNS 溶液。

③ 2%$K_2S_2O_8$ 溶液。

④ 浓 H_2SO_4。

⑤ 铁标准使用液　准确称取 0.4979g 硫酸亚铁（$FeSO_4 \cdot 7H_2O$）溶于 100mL 水中，加入 5mL 浓硫酸微热，溶解后立即滴加 2%高锰酸钾溶液，至最后一滴红色不褪色为止，用水定容至 1000mL，摇匀，得标准储备液，Fe^{3+} 浓度为 100μg/mL。取铁标准储备液 10mL 于 100mL 容量瓶中，加水至刻度，混匀，得标准使用液，Fe^{3+} 浓度为 10μg/mL。

4. 实验步骤

（1）样品处理　称取均匀样品 10.0g，干法灰化后，加入 2mL 1∶1 盐酸，在水浴上蒸干，再加 5mL 蒸馏水，加热煮沸后移入 100mL 容量瓶中，以水定容，混匀。

（2）标准曲线绘制　准确吸取上述铁标准溶液 0.0mL、1.0mL、2.0mL、3.0mL、4.0mL、5.0mL，分别置于 25mL 容量瓶或比色管中，各加 5mL 水、0.5mL 浓硫酸、0.2mL 2%过硫酸钾、2mL 20%硫氰酸钾。混匀后稀释至刻度，用 1cm 比色皿，在 485nm 处，以空白试剂作参比液测定吸光度。以铁含量（μg）为横坐标，以吸光度为纵坐标绘制标准曲线。

（3）样品测定　准确吸取样液 5～10mL，置于 25mL 容量瓶或比色管中，按标准曲线绘制步骤进行，测得吸光度，从标准曲线上查出相对应的铁的含量。

5. 实验现象与结果

结果计算：

$$X = \frac{X_1}{m \times V_1 / V_2}$$

式中　X——样品中铁含量，mg/kg；

　　　X_1——从标准曲线上查得测定用样液相当的铁含量，μg；

　　　V_1——测定用样液体积，mL；

　　　V_2——样液总体积，mL；

m——样品质量，g。

6. 注意事项

① 加入的过硫酸钾是作为氧化剂，以防止三价铁转变成二价铁。

② 硫氰酸铁的稳定性差，时间稍长，红色会逐渐消退，故应在规定时间内完成比色。

③ 随硫氰酸根浓度的增加，Fe^{3+} 与之形成 $FeCNS^{2+}$ 直至 $Fe(CNS)_6^{3-}$ 等一系列化合物，溶液颜色由橙黄色至血红色，影响测定，因此，应严格控制硫氰酸钾的用量。

方法二　强化铁玉米粉中铁的测定–硫氰酸盐比色法

1. 目的与要求

① 了解硫氰酸盐法测定铁的原理。

② 掌握绘制工作曲线法进行定量测定。

2. 原理

在酸性条件下，三价铁离子与硫氰酸钾作用，生成血红色的硫氰酸铁络合物，在一定范围内溶液颜色深浅与铁离子浓度成线性关系，故可以比色测定。

反应式如下：

$$Fe^{3+} + 3CNS^- \xrightarrow{H^+} Fe(CNS)_3$$

3. 仪器、试剂及原料

（1）仪器　电炉、紫外可见分光光度计、分析天平等。

（2）试剂

① 2%高锰酸钾溶液。

② 20%硫氰酸钾溶液。

③ 2%过硫酸钾溶液。

④ 浓硫酸、浓硝酸。

⑤ 三价铁离子标准使用液：准确称取 0.4979g 硫酸亚铁（$FeSO_4 \cdot 7H_2O$）溶于 100mL 水中，加入 5mL 浓硫酸，滴加 2%高锰酸钾溶液至最后一滴溶液红色不褪色为止，转移至 1000mL，加水定容后摇匀，得标准储备液。再取标准储备液 10mL 于 100mL 容量瓶中，加水至刻度，混匀，得标准使用液，此液 Fe^{3+} 浓度为 10μg/mL。

（3）原料　强化铁玉米粉。

4. 操作方法

（1）样品处理　称取 2g 样品，湿法消化后全部转移至 100mL 容量瓶中，加蒸馏水至刻度线，混匀。同时做空白对照实验。

（2）标准曲线绘制　准确吸取三价铁离子标准使用液 0.0mL、1.0mL、2.0mL、4.0mL、6.0mL、8.0mL，分别置于 6 只 25mL 容量瓶中，再各加 5mL 水、0.5mL 浓硫酸、0.2mL 2%过硫酸钾溶液、2mL 20%硫氰酸钾溶液，加水至刻度，摇匀，在波长 485nm 处测定吸光值。以铁含量（μg）为横坐标，以吸光度为纵坐标绘制标准曲线。

（3）样品测定　准确吸取样液或空白消化液 5mL 于 25mL 容量瓶中，按标准曲线绘制步骤进行，测得样液吸光值，从标准曲线上查出相对应的铁的含量。

5．计算

试样中铁含量计算式如下：

$$Fe(\mu g/100g) = \frac{X \times (V_2/V_1)}{m} \times 100$$

式中　X——测定样液中铁含量，μg；

V_1——测定用样液体积，mL；

V_2——处理样液的总体积，mL；

m——样品质量，g。

6．说明

硫氰酸铁的稳定性差，时间稍长，红色会逐渐消退，应在规定时间内完成比色。

7．思考与讨论

① 湿法消化选用什么试剂处理样品，为什么？

② 过硫酸钾的作用？

③ 样品中的二价铁离子是怎么转换成三价铁离子的？

方法三　邻二氮菲比色法

1．实验原理

在 pH2～9 的溶液中，二价铁离子能与邻二氮菲生成稳定的橙红色配合物，在 510nm 处有最大吸收，其吸光度与铁的含量成正比，故可比色测定。反应式如下：

pH<2 时反应进行较慢，而酸度过低又会引起二价铁离子水解，故反应通常在 pH5 左右的微酸条件下进行。同时样品制备液中铁元素常以三价离子形式存在，可用盐酸羟胺先还原成二价离子再做反应，反应式如下：

$$2Fe^{3+}+2NH_2OH \cdot HCl \longrightarrow 2Fe^{2+}+4H^++N_2+2H_2O+2Cl^-$$

本法选择性高，干扰少，显色稳定，灵敏度和精密度都较高。

2．仪器、试剂

（1）仪器　分光光度计。

（2）试剂

① 10%盐酸羟胺（$NH_2OH \cdot HCl$）溶液。

② 0.13%邻二氮菲水溶液（新配制）。

③ 10%醋酸钠溶液。

④ 1mol/L 盐酸溶液。

⑤ 铁标准溶液　准确称取 0.4979g 硫酸亚铁（$FeSO_4 \cdot 7H_2O$）溶于 100mL 水中，加入 5mL 浓硫酸微热，溶解即滴加 2%高锰酸钾溶液，至最后一滴红色不褪色为止，用水定容至 1000mL，摇匀，得标准储备液，Fe^{3+} 浓度为 100μg/mL。取铁标准储备液 10mL 于 100mL 容量瓶中，加水至刻度，混匀，得标准使用液，Fe^{3+} 浓度为 10μg/mL。

3．实验步骤

（1）样品处理　称取均匀样品 10.0g，干法灰化后，加入 2mL 1∶1 盐酸，在水浴上蒸干，再加入 5mL 蒸馏水，加热煮沸后移入 100mL，容量瓶中，以水定容，混匀。

（2）标准曲线绘制　吸取 10μg/mL 铁标准溶液（标准溶液吸取量可根据样品含铁量高低来确定）0.0mL、1.0mL、2.0mL、3.0mL、4.0mL、5.0mL，分别置于 50mL 容量瓶中，加入 1mol/L 盐酸溶液 1mL、10%盐酸羟胺 1mL、0.13%邻二氮菲水溶液 1mL，然后加入 10%醋酸钠 5mL，用水稀释至刻度，摇匀，以不加铁的空白试剂溶液作参比液，在 510nm 波长处，用 1cm 比色皿滴吸光度，绘制标准曲线。

（3）样品测定　准确吸取样液 5～10mL（视含铁量高低而定）于 50mL 容量瓶中，按标准曲线绘制操作，测定吸光度，在标准曲线上查出相对应的铁含量（μg）。

4．实验现象与结果

$$X = \frac{X_1}{m \times V_1 / V_2}$$

式中　X——样品中铁含量，mg/kg；

　　　X_1——从标准曲线上查得测定用祥液相当的铁含量，μg；

　　　V_1——测定用样液体积，mL；

　　　V_2——样液总体积，mL；

m——样品质量，g。

方法四　原子吸收分光光度法

1．实验原理

样品经湿法消化后，导入原子吸收分光光度计中，经火焰原子化后，铁吸收248.3nm 的共振线，其吸收量与其含量成正比，与标准系列比较定量。

2．实验仪器、试剂及原料

（1）仪器与设备　所用玻璃仪器均以硫酸-重铬酸钾洗液浸泡数小时，再用洗衣粉充分洗刷，后用水反复冲洗，最后用去离子水冲洗晒干或烘干，方可使用。

实验室常用设备为原子吸收分光光度计。

（2）试剂

要求使用去离子水，优级纯试剂。

① 盐酸（GB/T 622—2006）。

② 硝酸（GB/T 626—2006）。

③ 高氯酸（GB/T 623—2011）。

④ 混合酸消化液　硝酸与高氯酸比为 4：1。

⑤ 0.5mol/L 硝酸溶液　量取 45mL 硝酸，加去离子水并稀释至 1000mL。

⑥ 铁标准溶液　精确称取金属铁 1.0000g，或含 1.0000g 纯金属相对应的氧化物。加硝酸溶解，移入 1000mL 容量瓶中，加 0.5mol/L 硝酸溶液并稀释至刻度。储存于聚乙烯瓶内，4℃保存。此溶液每毫升相当于 1mg 铁。

⑦ 标准应用液　铁标准使用液的配制见表 4-1。

表 4-1　铁标准使用液配制

元素	标准溶液浓度/(μg/mL)	吸取标准溶液量/mL	稀释体积(容量瓶)/mL	标准使用液浓度/(μg/mL)	稀释溶液
铁	1000	10.0	100	100	0.5mol/L 硝酸溶液

铁标准使用液配制后，储存于聚乙烯瓶内，4℃保存。

（3）原料

① 湿样　如蔬菜、水果、鲜鱼、鲜肉等。

② 干粉类样品　如面粉、奶粉等。

3．实验步骤

（1）样品处理

① 样品制备　微量元素分析的样品制备过程中应特别注意防止各种污染。所用设备如电磨、绞肉机、匀浆器、打碎机等必须是不锈钢制品。所用容器必须使用玻璃或聚乙烯制品。

湿样（如蔬菜、水果、鲜鱼、鲜肉等）用水冲洗干净后，要用去离子水充分洗净。干粉类样品（如面粉、奶粉等）取样后立即装容器密封保存，防止空气中的灰尘和水分污染。

② 样品消化　精确称取均匀样品干样 0.5～1.5g（湿样 2.0～4.0g，饮料等液体样品 5.0～10.0g）于 250mL 高型烧杯中，加混合酸消化液 20～30mL，上盖表皿。置于电热板或电沙浴上加热消化。如未消化好而酸液过少时，再补加几毫升混合酸消化液，继续加热消化，直至无色透明为止。加几毫升去离子水，加热以除去多余的硝酸。待烧杯中的液体接近 2～3mL 时，取下冷却。用去离子水洗并转移于 10mL 刻度试管中，加去离子水定容至刻度（测钙时用 2%氧化镧溶液稀释定容）。

取与消化样品相同量的混合酸消化液，按上述操作做试剂空白试验测定。

（2）测定　将铁标准使用液分别配制不同浓度系列的标准稀释液方法见表 4-2，测定操作参数见表 4-3。

表 4-2　不同浓度系列标准稀释液的配制方法

元素	使用液浓度/(μg/mL)	吸取使用液量/mL	稀释体积(容量瓶)/mL	稀释溶液
铁	100	0.5	100	0.5mol/L 硝酸溶液
		1		
		2		
		3		
		4		

表 4-3　测定操作参数

元素	波长/nm	光源	火焰	标准系列浓度范围/(μg/mL)	稀释溶液
铁	248.3	紫外	空气-乙炔	0.5～4.0	0.5mol/L 硝酸溶液

其他实验条件：仪器狭缝、空气及乙炔的流量、灯头高度、元素灯电流等均按使用的仪器说明调至最佳状态。将消化好的样液、试剂空白液和各元素的标准浓度系列分别导入火焰进行测定。

4．实验现象与结果

以各浓度系列标准溶液与对应的吸光度绘制标准曲线。

测定用试样液及试剂空白液由标准曲线查出浓度值（c 以及 c_0），再按下式计算。

$$X = \frac{(c-c_0) \times V \times f \times 100}{m \times 1000}$$

式中　X——样品中铁元素的含量，mg/100g；

　　　c——测定用样品中铁元素的浓度（由标准曲线查出），g/mL；

　　　c_0——试剂空白液中铁元素的浓度（由标准曲线查出），g/mL；

　　　V——样品定容体积，mL；

　　　f——稀释倍数；

　　　m——样品质量，g；

　　计算结果表示到小数点后两位。在重复性条件下获得的两次独立测定结果的绝对差值不得超过算术平均值的 10%。

5．注意事项

样品处理要防止污染，所用器皿均应使用塑料或玻璃制品，使用的试管和器皿都应在使用前酸泡并用去离子水冲洗干净，干燥后使用。样品消化时注意酸不要烧干，以免发生危险。

6．思考与讨论

① 食品中测定铁的方法有哪些？

② 邻二氮菲比色法测定铁的原理是什么？邻二氮菲比色法测定铁的实验步骤？

③ 硫氰酸钾比色法的原理？

实验十　食品中锌的测定

方法一　火焰原子吸收光谱法

1．实验目的与要求

掌握食品中锌的测定方法和原理。

2．原理

样品经处理后，导入原子吸收分光光度计中，原子化以后，吸收 213.8nm 共振线，其吸收量与锌量成正比，与标准系列比较定量。

3．试剂和仪器

（1）试剂　要求使用去离子水，优级纯或高纯试剂。

① 4-甲基-2-戊酮（又名甲基异丁酮，MIBK）。

② 磷酸（1+10）。

③ 盐酸（1+11）　量取 10mL 盐酸，加到适量水中，再稀释至 120mL。

④ 混合酸　硝酸+高氯酸（3+1）。

⑤ 锌标准溶液 精密称取 0.5000g 金属锌（99.99%），溶于 10mL 盐酸中，然后在水浴上蒸发至近干，用少量水溶解后移入 1000mL 容量瓶中，以水稀释至刻度。储于聚乙烯瓶中，此溶液每毫升相当于 0.5mg 锌。

⑥ 锌标准使用液：吸取 10.0mL 锌标准溶液，置于 50mL 容量瓶中，以 0.1moL/L 盐酸稀释至刻度，此溶液每毫升相当于 100μg 锌。

（2）仪器 原子吸收分光光度计。

4．测定步骤

（1）样品处理

① 谷类 去除其中杂物及尘土，必要时除去外壳，碾碎，过 40 目筛，混匀。称取 5.00～10.00g，置于 50mL 瓷坩埚中，小火炭化至无烟，移入马弗炉中，（500±25）℃灰化约 8h 后，取出坩埚，放冷后再加少量混合酸，小火加热，不使干涸，必要时再加少许混合酸，如此反复处理，直至残渣中无炭粒，待坩埚稍冷，加 10mL 盐酸（1+11），溶解残渣并移入 50mL 容量瓶中，再用盐酸（1+11）反复洗涤坩埚，洗液并入容量瓶中，并稀释至刻度，混匀备用。

取与处理样品相同量的混合酸和盐酸（1+11）按同一操作方法做试剂空白试验。

② 蔬菜、瓜果及豆类 取可食部分洗净晾干，充分切碎混匀。称取 10.00～20.00g，置于瓷坩埚中，加 1mL 磷酸（1+10），小火炭化，以下按谷类样品自"移入马弗炉中"起，依法操作。

③ 禽、蛋、水产及乳制品 取可食部分充分混匀。称取 5.00～10.00g，置于瓷坩埚中，小火炭化，以下按谷类样品自"移入马弗炉中"起，依法操作。

液态乳类经混匀后，量取 50mL，置于瓷坩埚中，加 1mL 磷酸（1+10），在水浴上蒸干，再小火炭化，以下按谷类样品自"移入马弗炉中"起，依法操作。

（2）测定 吸取 0.0mL、0.10mL、0.20mL、0.40mL、0.80mL 锌标准使用液，分别置于 50mL 容量瓶中，以 1mol/L 盐酸稀释至刻度，混匀，各容量瓶中每毫升分别相当于 0μg、0.2μg、0.4μg、0.8μg、1.6μg 锌。

将处理后的样液、试剂空白液和各容量瓶中锌标准液分别导入调至最佳条件的火焰原子化器进行测定。参考测定条件：灯电流 6mA，波长 213.8nm，狭缝 0.38nm，空气流量 10L/min，乙炔流量 2.3L/min，灯头高度 3mm，氘灯背景校正（也可根据仪器型号，调至最佳条件），以锌含量对应吸光度，绘制标准曲线或计算直线回归方程。样品吸光值与曲线比较或代入方程求出含量。

5．结果计算

试样中锌的含量按下式进行计算：

$$X = \frac{(A_1 - A_2) \times V \times 1000}{m_1 \times 1000}$$

式中　X——样品中锌的含量，mg/kg 或 mg/L；

　　　A_1——测定用样品液中锌的含量，μg/mL；

　　　A_2——试剂空白液中锌的含量，μg/mL；

　　　m_1——样品质量（体积），g（mL）；

　　　V——样品处理液的总体积，mL。

计算结果保留两位有效数字。

在重复性条件下获得的两次独立测定结果的绝对差值不得超过算术平均值的 10%。

6. 注意事项

① 一般食品通过样品处理后的试样水溶液直接喷雾进行原子吸收测定即可得出准确的结果，但是当食盐、碱金属、碱土金属以及磷酸盐大量存在时，需用溶剂萃取法将它们提取出来，排除共存盐类的影响。对锌较低的样品如蔬菜、水果等，也可采用萃取法将锌浓缩，以提高测定灵敏度。

② 在 pH5～10 的介质中，锌都能与吡咯烷二硫代氨基甲酸铵（APDC）生成配合物被 MIBK 萃取，因而不必调整溶液的 pH 值。

③ 本法以稻米为样多次平行测定，标准偏差 1.59，相对标准偏差 3.4%，回收率 95%。

④ 实验前要以测空白值检查水、器皿的锌污染至稳定合格。

方法二　二硫腙比色法

1. 原理

样品经消化后，在 pH4.0～5.5 时，锌离子与二硫腙形成紫红色络合物（反应式如下），溶于四氯化碳，加入硫代硫酸钠，防止铜、汞、铅、铋、银和镉等离子干扰，与标准系列比较定量。

2. 试剂与仪器

（1）仪器　分光光度计。

（2）试剂

① 2mol/L 乙酸钠溶液　称取 68g 三水乙酸钠（$CH_3COON_a \cdot 3H_2O$）加水溶解后稀释至 250mL。

② 2mol/L 乙酸　量取 10.0mL 冰乙酸，加水稀释至 85mL。

③ 乙酸-乙酸盐缓冲液　2mol/L 乙酸钠溶液与 2mol/L 乙酸等体积混合,此溶液 pH 为 4.7 左右,用 0.1g/L 二硫腙-四氯化碳溶液提取数次,每次 10mL,除去其中的锌,至四氯化碳层绿色不变为止,弃去四氯化碳层,再用四氯化碳提取乙酸-乙酸盐缓冲液中过剩的二硫腙,至四氯化碳层无色,弃去四氯化碳层。

④ 氨水(1+1)。

⑤ 2mol/L 盐酸　量取 10mL 盐酸,加水稀释至 60mL。

⑥ 0.02mol/L 盐酸　吸取 1mL 2mol/L 盐酸,加水稀释至 100mL。

⑦ 1g/L 酚红指示液　称取 0.1g 酚红,加乙醇溶解并稀释至 100mL。

⑧ 200g/L 盐酸羟胺溶液　称取 20g 盐酸羟胺,加 60mL 水,用 2mol/L 乙酸调节 pH 至 4.0～5.5,以下按试剂③中方法用 0.1g/L 二硫腙-四氯化碳溶液处理,用水稀释至 100mL。

⑨ 250g/L 硫代硫酸钠溶液　称取 25g 硫代硫酸钠,加 60mL 水,用 2mol/L 乙酸调节 pH 至 4.0～5.5,以下按试剂③中方法用 0.1g/L 二硫腙-四氯化碳溶液处理,用水稀释至 100mL。

⑩ 0.1g/L 二硫腙-四氯化碳溶液。

⑪ 二硫腙使用液　吸取 1.0mL 0.1g/L 二硫腙-四氯化碳溶液,加四氯化碳至 10.0mL,混匀。用 1cm 比色杯,以四氯化碳调节零点,于波长 530nm 处测吸光度(A)。用下式计算出配制 100mL 二硫腙使用液(57%透光率)所需 0.1g/L 二硫腙四氯化碳溶液毫升数(V)。

$$V = \frac{10(2-\lg 57)}{A} = \frac{2.44}{A}$$

⑫ 锌标准溶液　精密称取 0.1000g 锌,加 10mL 2mol/L 盐酸,溶解后移入 1000mL 容量瓶中,加水稀释至刻度。此溶液每毫升相当于 100.0μg 锌。

⑬ 锌标准使用溶液　吸取 1.0mL 锌标准溶液,置于 100mL 容量瓶中,加 1mL 2mol/L 盐酸,以水稀释至刻度,此溶液每毫升相当于 1.0μg 锌。

3. 操作方法

(1)样品消化　同"食品中砷的标准测定方法"银盐法(GB 5009.11—2014)中样品的消化。采用硝酸-高氯酸-硫酸法。

① 粮食、粉丝、粉条、豆干制品、糕点、茶叶等及其他含水分少的固体食品　称取 5.00g 或 10.00g 的粉碎样品,置于 250～500mL 定氮瓶中,先加少许使湿润,加数粒玻璃珠、10～15mL 硝酸-高氯酸混合液,放置片刻,小火缓缓加热,待作用缓和,放冷。沿瓶壁加入 5mL 或 10mL 硫酸,再加热,至瓶中液体开始变成棕色时,不断沿瓶壁滴加硝酸-高氯酸混合液至有机质分解完全。加大火力,至产生白烟,待瓶口白烟冒净后,瓶内液体再产生白烟为消化完全,该溶液应澄明无色或微带黄色,放冷。在操作过程中应注意防止暴沸或爆炸。加

20mL 水煮沸，除去残余的硝酸至产生白烟为止，如此处理两次，放冷。将冷后的溶液移入 50mL 或 100mL 容量瓶中，用水洗涤定氮瓶，洗液并入容量瓶中，放冷，加水至刻度，混匀。定容后的溶液每 10mL 相当于 1g 样品，相当加入硫酸量 1mL。取与消化样品相同量的硝酸-高氯酸混合液和硫酸，按同一方法做试剂空白试验。

② 蔬菜、水果　称取 25.00g 或 50.00g 洗净打成匀浆的样品，置于 250～500mL 定氮瓶中，加数粒玻璃珠、10～15mL 硝酸-高氯酸混合液，以下按粮食、粉丝等固体食品自"放置片刻"起依法操作，但定容后的溶液每 10mL 相当于 5g 样品。

③ 酱、酱油、醋、冷饮、豆腐、腐乳、酱腌菜等　称取 10.00g 或 20.00g 样品（或吸取 10.0mL 或 20.0mL 液体样品）置于 250～500mL 定氮瓶中，加数粒玻璃珠、5～15mL 硝酸-高氯酸混合液。以下按粮食、粉丝等固体食品自"放置片刻"起依法操作，但定容后的溶液每 10mL 相当于 2g 或 2mL 样品。

④ 含乙醇饮料或含二氧化碳饮料　吸取 10.00mL 或 20.00mL，置于 250～500mL 定氮瓶中。加数粒玻璃珠，先用小火加热除去乙醇或二氧化碳，再加 5～10mL 硝酸-高氯酸混合液，混匀后，以下按粮食、粉丝等固体食品自"放置片刻"起依法操作，但定容后的溶液每 10mL 相当于 2mL 样品。吸取 5～10mL 水代替样品，加与消化样品相同量的硝酸-高氯酸混合液和硫酸，按相同操作方法做试剂空白试验。

⑤ 含糖量高的食品　称取 5.00g 或 10.0g 样品，置于 250～500mL 定氮瓶中，先加少许水使湿润，加数粒玻璃珠、5～10mL 硝酸-高氯酸混合后，摇匀。缓缓加入 5mL 或 10mL 硫酸，待作用缓和停止起泡沫后，先用小火缓缓加热（糖分易炭化），不断沿瓶壁补加硝酸-高氯酸混合液，待泡沫全部消失后，再加大火力，至有机质分解完全，发生白烟，溶液应澄明无色或微带黄以，放冷。以下按粮食、粉丝等固体食品自"加 20mL 水煮沸"起依法操作。

⑥ 水产品　取可食部分样品捣成匀浆，称取 5.00g 或 10.0g（海产藻类、贝类可适当减少取样量），置于 250～500mL 定氮瓶中，加数粒玻璃珠，5～10mL 硝酸-高氯酸混合液，混匀后，以下按粮食、粉丝等固体食品自"沿瓶壁加入 5mL 或 10mL 硫酸"起依法操作。

（2）标准曲线绘制　吸取 0mL、1.0mL、2.0mL、3.0mL、4.0mL、5.0mL 锌标准使用液（相当于 0.0μg、1.0μg、2.0μg、3.0μg、4.0μg、5.0μg）分别置于 125mL 分液漏斗中，各加盐酸（0.02mol/L）至 20mL。于样品提取液、试剂空白提取液及锌标准溶液各分液漏斗中加 10mL 乙酸-乙酸盐缓冲液、1mL 250g/L 硫代硫酸钠溶液，摇匀，再各加入 10.0mL 二硫腙使用液，剧烈振摇 2min。静置分层后，经脱脂棉将四氯化碳层滤入 1cm 比色杯中，以四氯化碳调节零点，于波长 530nm

处测吸光度，标准各点吸收值减去零管吸收值后绘制标准曲线，或计算直线回归方程。

（3）样品测定　准确吸取 5.0～10.0mL 定容的消化液和相同量的试剂空白液，分别置于 125mL 分液漏斗中，加 5mL 水、0.5mL 200g/L 盐酸羟胺溶液，摇匀，再加 2 滴酚红指示液，用氨水（1+1）调节至红色，再加 5mL0.1g/L 二硫腙-四氯化碳溶液，剧烈振摇 2min，静置分层。将四氯化碳层移入另一分液漏斗中，水层再用少量二硫腙-四氯化碳溶液振摇提取，每次 2～3mL，直至二硫腙-四氯化碳溶液绿色不变为止。合并提取液，用 5mL 水洗涤，四氯化碳层用 0.02mol/L 盐酸提取 2 次，每次 10mL，提取时剧烈振摇 2min，合并 0.02mol/L 盐酸提取液，并用少量四氯化碳洗去残留的二硫腙。

样液吸收值与曲线比较或代入方程求得含量。

4．结果计算

$$X = \frac{(A_1 - A_2) \times 1000}{m \times \dfrac{V_2}{V_1} \times 1000}$$

式中　X——样品中锌的含量，mg/kg 或 mg/L。

A_1——测定用样品消化液中锌的含量，μg/mL。

A_2——试剂空白液中锌的含量，μg/mL。

m——样品质量（体积），g（mL）；

V_1——样品消化液的总体积，mL。

V_2——测定用消化液的体积，mL。

在重复性条件下获得的两次独立测定结果的绝对差值不得超过算术平均值的 10%。

5．注意事项

① 测定时加入硫代硫酸钠、盐酸羟胺和在控制 pH 值的条件下，可防止铜、汞、铅、铋、银和镉等离子的干扰。并能防止双硫腙被氧化。

② 所用玻璃仪器用 10%～20%硝酸浸泡 24h 以上，然后用不含锌的蒸馏水冲洗洁净。

③ 硫代硫酸钠是较强的络合剂，它不仅络合干扰金属，同时也与锌络合，所以只有使锌从络合物中释放出来，才能被双硫腙提取，而锌的释放又比较缓慢，因此必须剧烈振摇 2min。

6．思考与讨论

① 二硫腙比色法测定锌的原理是什么？

② 实验中如何防止双硫腙被氧化？

③ 实验中误差的来源及防止措施有哪些？

实验十一 食品中维生素 C 的测定

一、目的和要求

① 掌握荧光法测定食品中维生素 C 的原理。

② 熟悉荧光法中试样的制备、氧化处理、荧光反应的基本操作技能。

③ 熟练掌握标准曲线制备的基本操作技能。

二、原理

维生素 C 又名抗坏血酸，试样中还原型抗坏血酸经活性炭氧化成为脱氢抗坏血酸，它可与邻苯二胺（OPDA）反应生成荧光物质喹噁啉，用荧光分光光度计测定其荧光强度，其荧光强度与抗坏血酸的浓度在一定条件下成正比，以外标法定量，测得食品中抗坏血酸和脱氢抗坏血酸的总量。

硼酸可与脱氢抗坏血酸结合生成硼酸脱氢抗坏血酸络合物，该络合物不与 OPDA 反应生成荧光物质，因此加入硼酸可消除试样中其他荧光杂质的干扰。

三、仪器和试剂

1．仪器

荧光分光光度计或具有 350nm 及 430nm 波长的荧光计，捣碎机。

2．试剂

（1）偏磷酸-乙酸液　称取 15g 偏磷酸，加入 40mL 冰乙酸及 250mL 水，加温，搅拌，使之逐渐溶解，冷却后加水至 500mL。于 4℃冰箱可保存 7～10 天。

（2）0.15mol/L 硫酸　取 10mL 硫酸，小心加入水中，再加水稀释至 1200mL。

（3）偏磷酸-乙酸-硫酸液　以 0.15mol/L 硫酸液为稀释液，其余同（1）配制。

（4）乙酸钠溶液（500g/L）　称取 500g 三水乙酸钠（$CH_3COONa \cdot 3H_2O$），加水至 1000mL。

（5）硼酸-乙酸钠溶液　称取 3g 硼酸，溶于 100mL（4）中已配置好的乙酸钠溶液，临用前配制。

（6）邻苯二胺溶液（200mg/L）　称取 20mg 邻苯二胺，临用前用水稀释至 100mL。

（7）抗坏血酸标准溶液（1mg/mL）（临用前配制）　准确称取 50mg 抗坏血酸，用偏磷酸-乙酸溶液溶于 50mL 容量瓶中，并稀释至刻度。

（8）抗坏血酸标准使用液（100μg/mL）　取 10mL 抗坏血酸标准液，用偏磷酸-乙酸溶液稀释至 100mL，定容前试 pH 值，如其 pH>2.2 时，则应用偏磷酸-乙酸-硫酸溶液（3）稀释。

（9）0.04%百里酚蓝指示剂溶液　称取 0.1g 百里酚蓝，加 0.02mol/L 氢氧化钠溶液，在玻璃研钵中研磨至溶解，氢氧化钠的用量约为 10.75mL，研磨并溶解后用水稀释至 250mL。

变色范围：

pH=1.2　　　　红色

pH=2.8　　　　黄色

pH>4　　　　　蓝色

（10）活性炭的活化　加 200g 活性炭粉于 1L 盐酸（1+9）中，加热回流 1～2h，过滤，用水洗至滤液中无铁离子为止，置于 110~120℃烘箱中干燥，备用。

四、操作方法

1. 试样的制备

称取 100g 新鲜样品，加入 100mL 偏磷酸-乙酸溶液，倒入捣碎机内打成匀浆，用百里酚蓝指示剂调试匀浆酸碱度。如呈红色，即可用偏磷酸-乙酸溶液稀释，若呈黄色或蓝色，则用偏磷酸-乙酸-硫酸溶液稀释，使其 pH 为 1.2。匀浆的取量需根据试样中抗坏血酸的含量而定。当试样液含量在 40～100μg/mL 之间，一般取 20g 匀浆，用偏磷酸-乙酸溶液稀释至 100mL，过滤，滤液备用。

2. 测定

（1）氧化处理　分别取试样滤液及标准使用液各 100mL 于 200mL 带盖三角瓶中，加 2g 活性炭，用力振摇 1min，过滤，弃去最初数毫升滤液，分别收集其余全部滤液，即试样氧化液和标准氧化液，待测定。

（2）取标准氧化液　各取 10mL 标准氧化液于 2 个 100mL 容量瓶中，分别标明"标准"及"标准空白"。

（3）取试样氧化液　各取 10mL 试样氧化液于 2 个 100mL 容量瓶中，分别标明"试样"及"试样空白"。

（4）加入硼酸-乙酸钠溶液　于"标准空白"及"试样空白"溶液中各加 5mL 硼酸-乙酸钠溶液，混合摇动 15min，用水稀释至 100mL，在 4℃冰箱中放置 2～3h，取出备用。

（5）加入乙酸钠溶液　于"试样"及"标准"溶液中各加入 5mL 500g/L 乙酸钠溶液，用水稀释至 100mL，备用。

3. 标准曲线的制备

取上述"标准"溶液（抗坏血酸含量 10μg/mL）0.5mL、1.0mL、1.5mL 和 2.0mL 标准系列，取双份分别置于 10mL 带盖试管中，再用水补充至 2.0mL。

4. 荧光反应

取 2. 测定（4）中"标准空白"溶液，"试样空白"溶液及（5）中"试样"溶液各 2mL，分别置于 10mL 带盖试管中。在暗室迅速向各管中加入 5mL 邻苯二胺溶液，振摇混合，在室温下反应 35min，于激发光波长 338 nm、发射光波长 420nm 处测定荧光强度。标准系列荧光强度分别减去标准空白荧光强度为纵坐标，对应的抗坏血酸含量为横坐标，绘制标准曲线或进行相关计算，其直线回归方程供计算使用。

五、计算

$$X = \frac{c \times V}{m} \times F \times \frac{100}{1000}$$

式中　X——试样中抗坏血酸及脱氢抗坏血酸总含量，mg/100g；

　　　c——由标准曲线查得或由回归方程算得试样溶液浓度，μg/mL；

　　　m——试样质量，g；

　　　V——荧光反应所用试样体积，mL；

　　　F——试样溶液的稀释倍数。

计算结果保留至小数点后一位。

六、说明

① 若试样中含有丙酮酸，其也可与邻苯二胺反应生成一种荧光物质，造成干扰，因此加入硼酸，可消除背景干扰。

② 标准曲线的制备及其荧光反应，最好与样品同时进行，以降低其他影响因素带来的干扰。

③ 该实验应避光进行。

④ 活性炭粉的用量要准确，过多则对抗坏血酸有吸附作用，过少则氧化不充分。

七、思考题

① 实验中为什么加入硼酸？

② 活性炭的作用以及使用时的注意事项？

③ 实验中用了哪种指示剂对试样匀浆的酸碱度进行调试？如何通过颜色变化进行酸碱度调试？

实验十二　食品中纤维素的测定

方法一　重量法粗纤维的测定

1. 目的和要求

① 掌握粗纤维及中性洗涤纤维测定的原理。

② 熟悉粗纤维及中性洗涤纤维测定中试样制备的基本操作技能。

③ 熟练粗纤维测定中酸处理、碱处理、干燥和灰化的基本操作技能。

2．原理

先用热稀硫酸水解去除样品中的糖、淀粉、果胶等物质，再用热氢氧化钾使样品中的蛋白质溶解、脂肪发生皂化而被除去。再用乙醇和乙醚处理除去单宁、色素及残余的脂肪，所得的残渣即为粗纤维。若样品中含有无机物质，可经灰化后扣除。

3．仪器和试剂

（1）仪器　沸水浴回流装置、G_2 垂熔坩埚或 G_2 垂熔漏斗、烘箱、高温炉。

（2）试剂　1.25%硫酸、1.25%氢氧化钾。

4．操作方法

（1）试样的制备

① 干燥样品（如粮食、豆类等）　样品经磨碎过 24 目筛后，称取 5.0g，置于 500mL 的锥形瓶中。

② 含水分较高的样品（如蔬菜、水果、薯类等）　加水打成匀浆，记录样品重量和加水量，称取相当于 5.0g 干燥样品的量，加 1.25%硫酸适量，充分混合，用 200 目尼龙绢筛过滤，残渣移入 500mL 锥形瓶中。

（2）酸处理　向锥形瓶中加入 200mL 煮沸的 1.25%硫酸，装上回流装置，加热使之微沸，回流 30min，每隔 5min 摇动锥形瓶 1 次，以充分混合瓶内物质，取下锥形瓶，立即用 200 目尼龙绢筛过滤，用热水洗涤至洗液不呈酸性（以甲基红为指示剂）。

（3）碱处理　用 20mL 煮沸的 1.25%氢氧化钾溶液将 200 目尼龙筛绢上的存留物洗入原锥形瓶中，加热至沸，回流 30min。取下锥形瓶，立即用 200 目尼龙绢筛过滤，以沸水洗至洗液不呈碱性（以酚酞为指示剂）。

（4）干燥　用水把 200 目尼龙绢筛上的残留物洗入 100mL 烧杯中，然后转移到已干燥至恒重的 G_2 垂熔坩埚或 G_2 垂熔漏斗中，抽滤，用热水充分洗涤后，抽干，再依次用乙醇、乙醚洗涤 1 次。将坩埚和内容物在 105℃烘箱中烘干至恒重。

（5）灰化　若样品中含有较多无机物质，可用石棉坩埚代替垂熔坩埚过滤，烘干称重后，移入 550℃高温炉中灼烧至恒重，置于干燥器内，冷却至室温后称重，灼烧前后的重量之差即为粗纤维的量。

5．计算

$$X = \frac{G}{m} \times 100\%$$

式中　G——残留物的质量（或经高温灼烧后损失的质量），g；

　　　　X——粗纤维含量；

　　　　m——样品质量，g。

6. 说明

① 此法是目前测定纤维的标准分析方法。

② 样品中脂肪含量高于 1% 时，应先用石油醚脱脂，然后再测定。若脱脂不充分，会导致结果偏高。

③ 酸、碱处理时，如产生大量泡沫，可加入 2 滴硅油或辛醇消泡剂来消泡。

④ 沸腾不能过于剧烈，以防止样品脱离液体，附于液面以上的瓶壁上。

⑤ 过滤时间不能太长，一般不超过 10min，否则应适量减少称样量。

⑥ 此方法中，纤维素、半纤维素、木质素等食物纤维成分都发生了不同程度的降解，且残留物中还包含了少量的无机物、蛋白质等成分，故测定结果称为"粗纤维"。

⑦ 测定粗纤维的方法还有容量法。样品经 2% 盐酸回流，除去可溶性糖类、淀粉、果胶等物质，残渣用 80% 硫酸溶解，使纤维成分水解为还原糖（主要是葡萄糖），然后按还原糖测定方法测定，再折算为纤维含量。该法操作复杂，一般很少采用。

方法二　中性洗涤纤维的测定

1. 原理

样品经热的中性洗涤剂浸煮后，残渣用热蒸馏水充分洗涤，除去样品中的游离淀粉、蛋白质、矿物质，然后加入 α-淀粉酶溶液分解结合态淀粉，再用蒸馏水、丙酮洗涤，除去残存的脂肪、色素等，残渣经烘干，即为中性洗涤纤维（不溶性膳食纤维，NDF）。

2. 仪器和试剂

（1）仪器

① 提取装置　由带冷凝器的 300mL 锥形瓶和可将 100mL 水在 5～10min 内由 25℃ 升温到沸腾的可调电热板组成。

② 玻璃过滤坩埚，滤板平均孔径 40～90 μm。

③ 抽滤装置　由抽滤瓶、抽滤架、真空泵组成。

（2）试剂

① 中性洗涤剂溶液

A. 将 18.61g 乙二胺四乙酸二钠和 6.81g 四硼酸钠（$Na_2B_4O_7 \cdot 10H_2O$）用 250mL 水加热溶解。

B. 另将 30g 月桂醇硫酸钠（十二烷基硫酸钠）和 10mL 乙二醇单乙醚溶于 200mL 热水中，合并于 A 液中。

C. 把 4.56g 磷酸氢二钠溶于 150mL 热水，并入 A 液中。

D. 用磷酸调节混合液 pH 值至 6.9～7.1，最后加水至 1000mL，此液使用期间如有沉淀生成，需在使用前加热到 60℃，使沉淀溶解。

② 十氢萘（萘烷）。

③ α-淀粉酶溶液　取 0.1mol/L Na_2HPO_4 和 0.1mol/L NaH_2PO_4 溶液各 500mL，混匀，配成磷酸盐缓冲液。称取 12.5mg α-淀粉酶，用上述缓冲溶液溶解并稀释到 250mL。

④ 丙酮。

⑤ 无水亚硫酸钠。

3．操作方法

（1）试样的称取　将样品磨细使之通过 20～40 目筛。精确称取 0.500～1.000g 样品，放入 300mL 锥形瓶中。如果样品中脂肪含量超过 10%，按每克样品用 20mL 石油醚提取 3 次。

（2）试样的处理与测定：

① 依次向锥形瓶中加入 100mL 中性洗涤剂、2mL 十氢萘和 0.05g 无水亚硫酸钠，加热锥形瓶使之在 5～20min 内沸腾，从微沸开始计时，准确微沸 1h。

② 把洁净的玻璃过滤器在 110℃烘箱内干燥 4h，放入干燥器内冷却至室温，称重。将锥形瓶内全部内容物移入过滤器，抽滤至干，用不少于 300mL 的 100℃ 热水，分 3～5 次洗涤残渣。

③ 加入 5mL α-淀粉酶溶液，抽滤，以置换残渣中的水，然后塞住玻璃过滤器的底部，加 20mL 淀粉酶液和几滴甲苯，置过滤器于(37±2)℃培养箱中保温 1h。取出滤器，取下底部的塞子，抽滤，并用不少于 500mL 热水分次洗去酶液，最后用 25mL 丙酮洗涤，抽干滤器。

④ 置滤器于 110℃烘箱中干燥过夜，移入干燥器冷却至室温，称重。

4．计算

$$X = \frac{m_1 - m_0}{m} \times 100\%$$

式中　X——中性洗涤纤维含量；

　　　m_0——玻璃过滤器质量，g；

　　　m_1——玻璃过滤器和残渣质量，g；

　　　m——样品质量，g。

5．说明

① 中性洗涤纤维相当于植物细胞壁，它包括了样品中全部的纤维素、半纤维素、木质素、角质，因为这些成分是膳食纤维中不溶于水的部分，故又称为"不溶性膳食纤维"。由于食品中可溶性膳食纤维（如水果中的果胶、某些豆类种子中的豆胶、海藻中的藻胶、某些植物的黏性物质等可溶于水，称为水溶性膳食纤维）

含量较少，所以中性洗涤纤维接近于食品中膳食纤维的真实含量。

② 样品过滤困难时，可加入助剂。

③ 测定结果中包含灰分，可灰化后扣除。

④ 中性洗涤纤维测定值高于粗纤维测定值，且随食品种类的不同，两者的差异也不同。实验证明，粗纤维测定值占中性洗涤纤维测定值的百分比：谷物为13%～27%，干豆类为35%～52%，果蔬为32%～66%。

6．思考题

① 粗纤维测定与中性洗涤纤维的测定中均对样品的粒度有要求,若样品粒度过大，将对测定结果有什么影响？

② 称量至恒重的要求？

③ 十氢萘的作用？

实验十三　淀粉的测定

淀粉是植物性食品的重要组成成分。淀粉是由葡萄糖构成的多糖类物质，可逐步水解为短链淀粉、糊精、麦芽糖、葡萄糖。通过测定葡萄糖含量，可计算出淀粉含量。

方法一　酶水解法

1．实验目的与要求

① 学习并掌握淀粉的不同测定方法和原理。

② 了解淀粉的测定意义。

2．实验原理

样品经除去脂肪及可溶性糖类后，其中淀粉被淀粉酶水解成麦芽糖和低分子糊精，再用盐酸将双糖水解成单糖，最后按还原糖的方法测定，并折算成淀粉含量。

3．实验仪器、试剂

（1）0.5%淀粉酶溶液　称取 0.5g 淀粉酶，加 100mL 水溶解，加入数滴甲苯或三氯甲烷（防止长霉），储于冰箱冷藏室中。

（2）碘溶液　称取 3.6g 碘化钾，溶于 20mL 水中，加入 1.3g 碘，溶解后加水稀释至 100mL。

（3）乙醚。

（4）85%乙醇。

（5）甲基红指示液　称取甲基红 0.1g，用 60%乙醇溶解并定容到 100mL。

（6）6mol/L 盐酸溶液。

其余同还原糖测定。

4. 实验步骤

（1）样品处理　称取 2～5g 样品（含淀粉 0.5g 左右），置于放有折叠滤纸的漏斗内。先用 50mL 乙醚分 5 次洗涤以除去脂肪，再用约 100mL 85%乙醇分次洗去可溶性糖类。用 50mL 水将残渣移至 250mL 烧杯中。

（2）酶水解　将烧杯置沸水浴上加热 15min，使淀粉糊化，放冷至 60℃以下，加 20mL 淀粉酶溶液，在 55～60℃保温 1h，并时时搅拌。取 1 滴此液于白色滴板上，加 1 滴碘溶液应不显现蓝色。若显蓝色，再加热糊化并加 20mL 淀粉酶溶液，继续保温，直至加碘不显蓝色为止。加热至沸使酶失活，冷后移入 250mL 容量瓶中，加水至刻度。混匀后过滤，弃去初滤液，收集滤液备用。

（3）酸水解　取 50mL 上述滤液于 250mL 锥形瓶中，加 5mL 6mol/L 盐酸，装上回流冷凝装置，在沸水浴中回流 1h。冷却后加 2 滴甲基红指示液，用 20%氢氧化钠溶液中和至红色刚好消失。溶液转入 100mL 容量瓶中，洗涤锥形瓶，洗液并入 100mL 容量瓶中，加水至刻度，混匀备用。

（4）测定　按还原糖测定的直接滴定法进行测定。同时取 50mL 水及与样品处理时相同量的淀粉酶溶液，按同一方法做试剂空白试验。

5. 计算

$$X = [(A_1-A_2)\times0.9]\times100/[m_1\times(50/250)\times(V_1/100)\times1000]$$

式中　X——样品中淀粉的含量，g/100g；

　　　A_1——测定用样品中还原糖的含量，mg；

　　　A_2——试剂空白中还原糖的含量，mg；

　　　0.9——还原糖（以葡萄糖计）换算成淀粉的换算系数；

　　　m_1——称取样品质量，g；

　　　V_1——测定用样品处理液的体积，mL。

6. 注意事项

① 因为淀粉酶具有严格的选择性，它只水解淀粉而不会水解其他多糖，水解后通过过滤可除去其他多糖，所以该法不受半纤维素、多缩戊糖、果胶等多糖的干扰，适用于这类多糖含量高的样品。

② 脂肪的存在会妨碍酶对淀粉的作用及可溶性糖的去除，故应用乙醚脱脂。若样品中脂肪含量较少，可省略此步骤。

③ 使用淀粉酶前，应确定其活力及水解时加入量。可用已知浓度的淀粉溶液少许，加入一定量淀粉酶液，置 55～60℃水浴中保温 1h，用碘液检验淀粉是否水解完全，以确定酶的活力及水解时的用量。

④ 配制的酶液活性降低很快，需临用时现配，并储存于冰箱中。

方法二 酸水解法

1．实验原理

样品经乙醚除去脂肪，乙醇除去可溶性糖后，用酸水解淀粉为葡萄糖，按还原糖方法测定还原糖含量，再折算成淀粉含量。

2．实验试剂

乙醚、85%乙醇、6mol/L 盐酸（1 份盐酸加 1 份水）、40%氢氧化钠、10%氢氧化钠溶液、0.2%甲基红乙醇溶液、精密 pH 试纸（6.8～7.2）、20%中性乙酸铅溶液、10%硫酸钠溶液。

其余同还原糖测定。

3．实验仪器

水浴锅、高速组织捣碎机（转速 1200r/min）、回流装置（下附 250mL 锥形瓶）。

4．实验步骤

（1）样品处理

① 粮食、豆类、糕点、饼干等较干燥的食品　称取 2～5g（含淀粉 0.5g 左右）磨碎、过 40 目筛的样品，置于放有慢速滤纸的漏斗中，用 30mL 乙醚分三次洗去样品中脂肪。再用 150mL 85%乙醇分数次洗涤残渣，以除去可溶性糖类。以100mL 水把漏斗中残渣全部转移至 250mL 锥形瓶中。

② 蔬菜、水果、粉皮、凉粉等水分较多且不易研细、分散的样品　按 1∶1加水，在组织捣碎机中捣成匀浆。称取 5～10g 匀浆（含淀粉 0.5g 左右）于 250mL锥形瓶中，加 30mL 乙醚振摇提取脂肪，用滤纸过滤除去乙醚，再用 30mL 乙醚洗涤滤纸上残渣。然后用淋洗两次，150mL 85%乙醇分数次洗涤残渣，以除去可溶性糖类。以 100mL 水把残渣全部转移至 250mL 锥形瓶中。

（2）水解　于上述 250mL 锥形瓶中加入 30mL 6mol/L 盐酸，接好冷凝管，置沸水浴中回流 2h。回流完毕，立即用流水冷却，待样品水解液冷却后，加入 2 滴甲基红指示液，先用 40%氢氧化钠溶液调至黄色，再用 6mol/L 盐酸调至溶液刚好变成红色，再用 10%氢氧化钠调至红色刚好褪去。若水解液颜色较深，可用精密 pH 试纸测试，使样品水解液的 pH 约为 7。然后加入 20mL 20%乙酸铅溶液，摇匀后放置 10min，以沉淀蛋白质、果胶等杂质。再加入 20mL 10%硫酸钠溶液，以除去过多的铅。摇匀后用水转移至 500mL 容量瓶中，加水定容，过滤，弃去初滤液，收集滤液供测定用。

（3）测定　按还原糖的测定方法进行。

5．实验结果计算

$$X = [(A_1 - A_2) \times 0.9] \times 100 / [m_1 \times (V_1/500) \times 1000]$$

式中　X——样品中淀粉的含量，g/100g；

$\quad$ A_1——测定用样品水解液中还原糖的含量，mg；

$\quad$ A_2——试剂空白中还原糖的含量，mg；

$\quad$ 0.9——还原糖（以葡萄糖计）换算成淀粉的换算系数；

$\quad$ m_1——称取样品质量，g；

$\quad$ V_1——测定用样品水解液的体积，mL。

$\quad$ 500——样品液总体积。

6. 注意事项

① 本法简便易行，适用于淀粉含量较高，而半纤维素和多缩戊糖等其他多糖含量较少的样品。

② 样品中加入乙醇后，混合液中乙醇的浓度应在 80%以上，以防止糊精随可溶性糖类一起被洗掉。如要求测定结果不包括糊精，则用 10%乙醇洗涤。

③ 因水解时间较长，应采用回流装置，以保证水解过程中盐酸的浓度不发生大的变化。

7. 思考与讨论

① 实验中的哪些因素会对测定结果带来误差？

② 酶水解法与酸水解法各自的特点及适用范围？

实验十四　果胶的测定

方法一　重量法

1. 目的和要求

① 掌握测定果胶的原理。

② 熟悉样品的处理、果胶的提取等基本操作技能。

③ 熟练称量、溶液转移、滴定等基本操作技能。

2. 原理

样品经 70%乙醇处理，使果胶沉淀，再依次用乙醇、乙醚洗涤沉淀，除去可溶性糖类、脂肪、色素等物质，然后分别用酸或水提取残渣中的总果胶或可溶性果胶。果胶经氢氧化钠皂化生成果胶酸钠，再经醋酸酸化使之生成果胶酸，加入钙盐则生成果胶酸钙沉淀，烘干后称重，换算成果胶的质量。

3. 仪器和试剂

（1）仪器　布氏漏斗、G_2 垂熔坩埚、抽滤瓶、真空泵。

（2）试剂　所有试剂均用不含氨的蒸馏水配制。

① 乙醇（分析纯）。

② 乙醚。

③ 0.05mol/L 盐酸溶液　取 0.45mL 浓盐酸，用水定容至 100mL。

④ 0.1mol/L 氢氧化钠　取 0.4g 氢氧化钠固体，用少量蒸馏水于小烧杯中溶解，将烧杯中的氢氧化钠溶液转移到容量瓶中定容至 100mL。

⑤ 1mol/L 乙酸　取 58.3mL 冰乙酸，用水定容到 100mL。

⑥ 0.1mol/L 氯化钙溶液　称取 5.5g 无水氯化钙，用水定容到 500mL。

⑦ 2mol/L 氯化钙溶液　称取 110.99g 无水氯化钙，用水定容到 500mL。

⑧ 0.5mol/L 氢氧化钠　取 2g 氢氧化钠固体，用少量蒸馏水于小烧杯中溶解，将烧杯中的氢氧化钠溶液转移到容量瓶中定容至 100mL。

4．操作方法

（1）样品处理

① 新鲜样品　称取样品 30～50g，用小刀切成薄片，置于预先放有 99%乙醇的 500mL 锥形瓶中，装上回流冷凝器，在水浴上沸腾回流 15min 后，冷却，用布氏漏斗过滤，残渣于研钵中一边慢慢磨碎，一边滴加 70%的热乙醇，冷却后再过滤，反复操作至滤液不呈糖的反应（用苯酚-硫酸法检验）为止。残渣用 99%乙醇洗涤脱水，再用乙醚洗涤以除去脂类和色素，风干乙醚。

② 干燥样品　研细，使之通过 60 目筛，称取 5～10g 样品于烧杯中，加入热的 70%乙醇，充分搅拌以提取糖类，过滤。反复操作至滤液不呈糖的反应。滤渣用 99%乙醇洗涤，再用乙醚洗涤，风干乙醚。

（2）提取果胶

① 水溶性果胶的提取　用 150mL 水将上述漏斗中残渣移入 250mL 烧杯中，加热至沸并保持沸腾 1h，随时补足蒸发的水分，冷却后移入 250mL 容量瓶中，加水定容，摇匀，过滤，弃去初滤液，收集滤液即得水溶性果胶提取液。

② 总果胶的提取　用 150mL 加热至沸的 0.05mol/L 盐酸溶液把漏斗中残渣移入 250mL 锥形瓶中，装上冷凝器，于沸水浴中加热回流 1h，冷却后移入 250mL 容量瓶中，加甲基红指示剂 2 滴，加 0.5mol/L 氢氧化钠中和后，用水定容摇匀，过滤，收集滤液即得总果胶提取液。

（3）样品测定　取 25mL 提取液（能生成果胶酸钙 25mg 左右）于 500mL 烧杯中，加入 0.1mol/L 氢氧化钠溶液 100mL，充分搅拌，放置 0.5h，再加入 1mol/L 乙酸 50mL，放置 5min，边搅拌边缓缓加入 0.1mol/L 氯化钙溶液 25mL，再滴加 2mol/L 氯化钙溶液 25mL，放置 1h（陈化），加热煮沸 5min，趁热用烘干至恒重的滤纸（或 G_2 垂熔坩埚）过滤，再用热水洗涤至无氯离子（用 10%硝酸溶液检验）为止。滤渣连同滤纸一同放入称量瓶中。至（103±2）℃的干燥箱中（G_2 垂熔坩埚可直接放入）干燥至恒重。

5. 计算

$$X = \frac{(m_1 - m_2) \times 0.9233}{m \times \frac{V_1}{V} \times 1} \times 100$$

式中　X——果胶物质（以果胶酸计）的含量，g/100g；

　　　m_1——果胶酸钙和滤纸或垂熔坩埚质量，g；

　　　m_2——滤纸或垂熔坩埚的质量，g；

　　　m——样品质量，g；

　　　V_1——测定时取果胶提取液的体积，mL；

　　　V——果胶提取液总体积，mL；

0.9233——由果胶酸钙换算为果胶酸的系数，果胶酸钙中钙含量约为7.67%，果
　　　　　胶酸含量约92.33%。

6. 说明

① 新鲜试样若直接研磨，由于果胶分解酶的作用，果胶会迅速分解。故需将新鲜试样切片浸入乙醇中以钝化果胶酶的活性。

② 检验糖分的苯酚-硫酸法　取样液1mL于试管中，加入5%苯酚水溶液1mL和硫酸5mL，混匀。若溶液呈褐色，证明检液中含有糖分。

③ 采用热过滤和热水洗涤沉淀是为了降低溶液的黏度，加快过滤和洗涤速度，并增大杂质的溶解度，使其易被洗去。

方法二　咔唑比色法

1. 原理

果胶经水解生成半乳糖醛酸，在硫酸溶液中与咔唑试剂发生缩合反应。生成紫红色化合物，呈色深浅与半乳糖醛酸含量成正比，可比色定量。

2. 试剂

所有试剂均用不含氨的蒸馏水配制。

（1）0.15%咔唑乙醇溶液　称取咔唑0.15g，溶于精制乙醇中并定容到100mL。咔唑溶解缓慢，需加以搅拌。

精制乙醇：取无水乙醇或95%乙醇1000mL，加入锌粉4g，硫酸（1∶1）4mL，在全玻璃仪器中水浴回流10h，馏出液每1000mL加锌粉和氢氧化钾各4g，重新蒸馏1次。

（2）半乳糖醛酸标准储备液　准确称取半乳糖醛酸100mg，溶于蒸馏水并定容至100mL，得浓度为1mg/mL半乳糖醛酸标准储备液。

（3）半乳糖醛酸标准工作液：分别准确吸取0.0mL、1.0mL、2.0mL、3.0mL、4.0mL、5.0mL、6.0mL、7.0mL半乳糖醛酸标准储备液于8个10mL容量瓶中，

用水稀释至刻度，得浓度分别为 0.0μg/mL、10μg/mL、20μg/mL、30μg/mL、40μg/mL、50μg/mL、60μg/mL、70μg/mL 的半乳糖醛酸标准工作液。

3．操作方法

（1）标准曲线的绘制　取大试管（30mm×200mm）8 支，各加入浓硫酸 12mL，于冰水浴中边冷却边徐徐加入上述浓度为 0～70μg/mL 的半乳糖醛酸标准工作液各 2mL，充分混合后再置冰水浴中冷却。

在沸水浴中加热 10min 后，冷却至室温，然后各加入咔唑乙醇溶液 1mL，充分混合。室温下放置 30min 后，以 0 号管调节零点，在波长 530nm 下，用 2cm 比色皿，分别测定上述标准溶液的吸光度。以测得的吸光度为纵坐标，以半乳糖醛酸标准溶液的浓度（μg/mL）为横坐标绘制标准曲线。

（2）样品测定

① 样品处理　同重量法。

② 果胶的提取　同重量法。

③ 测定　取果胶提取液用水稀释至适宜浓度（含半乳糖醛酸 70～100μg/mL）。然后准确移取此稀释液 2.0mL，按标准曲线的测定方法操作，测定吸光度，由标准曲线查出样品中半乳糖醛酸的浓度。

4．计算

$$X = \frac{c \times V \times K}{m \times 10^6} \times 100\%$$

式中，X 为样品中果胶物质（以半乳糖醛酸计）质量分数，%；V 为果胶提取液总体积，mL；K 为提取液稀释倍数；c 为从标准曲线上查得的半乳糖醛酸浓度，μg/mL；m 为样品质量，g。

5．说明

① 糖分的存在对咔唑的呈色反应影响较大，使测定结果偏高。故样品处理时应充分洗涤以除去糖分（常用 70%乙醇洗涤试样）。检验糖分采用苯酚-硫酸法。

② 硫酸浓度对呈色反应影响较大，故在测定样液和制作标准曲线时，应使用同规格、同批号的浓硫酸，以保证其纯度一致。

③ 加硫酸的时间很关键，如能在 7s 内加入 6mL 浓硫酸，溶液的温度才能达到 85℃，才能使溶液和水浴的温度都保持在 85℃，否则就达不到应有的颜色深浅程度。

④ 浓硫酸与半乳糖醛酸混合液在加热条件下 10min 后可形成与咔唑呈色反应所必需的中间化合物，在测定条件下显色迅速且具有一定的稳定性，可满足测定要求。

6．思考题

① 果胶在提取中发生了什么样的化学变化？

② 原果胶、果胶、果胶酸在结构和性质上有什么差异？

③ 冷凝回流过程中，有哪些注意事项？

④ 重量法测定果胶实验中误差产生的原因及可能的预防措施。

⑤ 当样品中存在着其他种类的相对分子质量较高的碳水化合物，对实验结果会造成怎样的影响？

⑥ 咔唑比色法测定果胶的注意事项主要有哪些？

实验十五　酱油中氨基酸态氮的测定（酸度计法）

一、目的与要求

① 了解电位滴定法测定氨基酸总量的原理与操作要点。

② 熟练使用酸度计。

二、原理

氨基酸含有酸性的—COOH，也含有碱性的—NH_2。它们互相作用使氨基酸成为中性的内盐。加入甲醛溶液时，—NH_2 与甲醛结合，使—COOH 游离出来。这样就可以用碱来滴定—COOH，并用间接的方法测定氨基酸的含量。用碱完全中和—COOH 时的 pH 值为 8.5～9.5，可以利用酸度计来指示终点。

三、仪器、试剂及原料

1．仪器

酸度计、复合玻璃电极、磁力搅拌器、微量碱式滴定管等。

2．试剂

36%中性甲醛、0.05mol/L 氢氧化钠标准溶液。

3．原料

酱油。

四、操作方法（参考 GB 5009.235—2016）

① 准确称取酱油 2～5.0g，置于 100mL 容量瓶中，加水至标线，混匀后吸取 20.0mL 置于 200mL 烧杯中，加水 60mL，插入酸度计的复合玻璃电极，开动磁力搅拌器，用 0.05mol/L 氢氧化钠标准溶液滴定至酸度计指示 pH 为 8.2（此时不记碱耗量）。

② 向上述溶液加入 10.0mL 甲醛溶液，混匀。再用 0.05mol/L 的氢氧化钠标准溶液继续滴定至 pH 为 9.2，记录 pH 值从 8.2 增加至 9.2 时消耗氢氧化钠标准

溶液的体积（V_1）。

③ 同时取 80mL 蒸馏水置于另一 200mL 烧杯中，先用 0.05mol/L 氢氧化钠标准溶液滴至 pH8.2，再加入 10.0mL 甲醛溶液，混匀。用 0.05mol/L 的氢氧化钠标准溶液继续滴定至 pH9.2，作为空白实验。记录消耗氢氧化钠标准溶液的体积（V_2）。

五、计算

样品中氨基酸态氮计算式如下：

$$X = \frac{(V_1 - V_2) \times c \times 0.014}{m \times 20/100} \times 100$$

式中　X——样品中氨基酸态氮含量，g/100g；

V_1——样品稀释液在加入甲醛后滴定至终点（pH9.2）所消耗的氢氧化钠标准溶液的体积，mL；

V_2——空白实验在加入甲醛后滴定至终点（pH9.2）所消耗的氢氧化钠标准溶液的体积，mL；

c——氢氧化钠标准溶液的浓度，mol/L；

m——测定用样品溶液相当于样品的质量，g；

0.014——氮的毫摩尔质量，g/mmol。

六、说明

① 计算结果保留两位有效数字。

② 在重复性条件下获得的两次独立测定结果的绝对差值不得超过算术平均值的 10%。

七、思考与讨论

滴定时，为什么要让溶液 pH 值先达到 8.2？

第五章

食品功能性成分的测定

实验一 紫外分光光度法测定谷胱甘肽含量

一、实验目的与要求

谷胱甘肽是由谷氨酸、半胱氨酸和甘氨酸组成的三肽，是生物体中（包括植物、动物和真菌）最普遍存在的细胞内巯基物质，具有很强的抗氧化性，它参与细胞内许多化合物的代谢，对内外源性毒物有很好的解毒作用。谷胱甘肽具有两种存在形式，分别是还原型谷胱甘肽（reduced glutathione，GSH）和谷胱甘肽二硫化物（glutathione disulfide，GSSG）（图 5-1）。葡萄酒酿造期间，它能够有效防止葡萄酒中酚类物质的氧化，保护葡萄酒的芳香物质和色泽；在葡萄酒储藏阶段，它能够防止葡萄酒的变质，并延长酒的货架期。

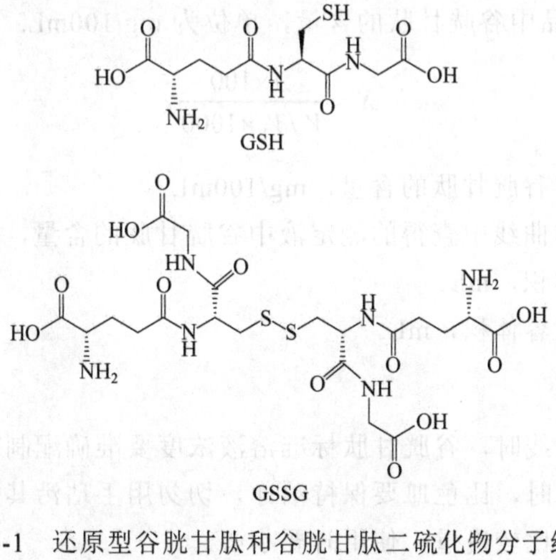

图 5-1 还原型谷胱甘肽和谷胱甘肽二硫化物分子结构

本实验目的探讨用紫外分光度法测食品中谷胱甘肽含量，要求同学们学习并掌握该实验的原理与方法，了解谷胱甘肽的功能性作用。

二、实验原理

用超声波提取谷胱甘肽，碱性条件下在波长 230nm 具有紫外吸收，且在一定浓度范围内，其吸收值与谷胱甘肽含量成正比，与标准系列比较定量。

三、实验仪器、试剂及原料

紫外分光光度计、超声波振荡器、0.1mol/L 的 NaOH（分析纯）。

谷胱甘肽标准溶液（含量≥98%）；谷胱甘肽在 105℃干燥恒重，取 0.0100g 加 0.1mol/L NaOH 溶解，定容至 50.0mL，此时，取该溶液 1.00mL 含谷胱甘肽 200μg。

四、实验步骤

1．标准曲线的制备

取 200g/mL 的标准溶液 0.00mL、1.00mL、2.00mL、4.00mL、6.00mL、10.00mL 分别置于 25mL 容量瓶中，加 0.1mol/L 的 NaOH 溶液至刻度，混匀，在 230nm 处测吸光度，绘制标准曲线。

2．样品的测定

以市场上一种具有抗疲劳的功能性饮料为例。精密吸取样液 1.00mL 置于 100mL 容量瓶中，加 0.1mol/L NaOH，调节至溶液 pH 值为 8.5～10，在碱性条件下超声振荡提取 10min，然后加 0.1mol/L NaOH 至刻度，混匀过滤，弃去初滤液，取续滤液于 230nm 处测吸光度，根据工作曲线计算谷胱甘肽的含量。

3．结果计算

按下式计算样品中谷胱甘肽的含量，单位为 mg/100mL.

$$X = \frac{A \times 100}{V/V_1 \times 1000}$$

式中　X——样品中谷胱甘肽的含量，mg/100mL；

　　　A——从工作曲线中查得的测定液中谷胱甘肽的含量，g/mL；

　　　V——取样体积，mL；

　　　V_1——样品定容体积，mL。

五、注意事项

① 绘制标准曲线时，谷胱甘肽标准溶液浓度要准确配制。

② 测量吸光度时，比色皿要保持洁净，切勿用手玷污其光面。

③ 石英比色皿比较贵重，使用时要小心。

④ 本方法无法判断样品中谷胱甘肽是还原型还是氧化型谷胱甘肽，而高效液相色谱法可以测定。

六、思考与讨论

紫外分光光度法测定谷胱甘肽含量的方法有何优缺点？受哪些因素的影响和限制？

实验二 高效亲和色谱法测定免疫球蛋白含量

一、实验目的

① 学习并掌握定量测定免疫球蛋白的原理和方法。
② 了解免疫球蛋白的功能性作用。

二、实验原理

本法采用高效亲和色谱的原理，在磷酸盐缓冲溶液条件下，免疫球蛋白 IgG 与配基连接，在 pH 为 2.5 的盐酸甘氨酸条件下洗脱免疫球蛋白 IgG。

三、材料与试剂

1. 试验材料

乳饮料。

2. 主要试剂

（1）流动相 A 液　pH 6.5 0.05mol/L 的磷酸盐缓冲液。

（2）流动相 B 液　pH 2.5 0.05mol/L 的甘氨酸盐酸缓冲液。

（3）IgG 标准储备液　称取 IgG 标准品（Sigma 化学公司）0.0100g，用磷酸盐缓冲液溶解并定容至 10mL，摇匀，此时，该溶液含 1.0mg/mL IgG。

（4）IgG 标准系列溶液　以 IgG 标准储备液，用磷酸盐缓冲液分别稀释成含 IgG 0mg/mL、0.2mg/mL、0.4mg/mL、0.6mg/mL、0.8mg/mL、1.0mg/mL 的标准系列。现配现用。

四、仪器与设备

高效液相色谱（HPLC），具紫外检测器和梯度洗脱装置。

五、测定步骤

1. 试样处理

准确称取 0.1g 试样，用流动相 A 液稀释至 25.0mL，摇匀，通过 0.45μm 微孔滤膜后进样。

2．洗脱

先用 5 倍柱体积的重蒸水洗柱，再用 10 倍柱体积的流动相 A 平衡柱，进样，按洗脱程序进行洗脱。

3．HPLC 参考条件

（1）色谱柱　Pharmacia HI-Trap Protein G 柱。

（2）流速　0.4mL/min。

（3）进样量　20μl。

（4）检测波长　280nm。

（5）移动相　A 液和 B 液，进行梯度洗脱，梯度洗脱见表 5-1。

表 5-1　梯度洗脱

时间/min	流速/(mL/min)	流动相 A/%	流动相 B/%	梯度
0	0.4	100	0	
4.5	0.4	100	0	6
5.5	0.4	0	100	6
15.0	0.4	0	100	6
16.0	0.4	100	0	6
22.0	0.4	100	0	6

六、结果计算

样品中免疫球蛋白的含量计算公式：

$$X = \frac{aV \times 100}{m \times 1000}$$

式中　X——样品中 IgG 的含量，g/100g；

a——被测液中 IgG 的含量，mg/mL；

V——试样定容体积，mL；

m——试样的质量，g。

七、思考题

高效亲和色谱法测定免疫球蛋白含量有何优缺点？

实验三　功能性糖及糖醇的测定

方法一　高效液相色谱法测定低聚果糖含量

1．实验目的

① 学习并掌握低聚果糖的测定方法和原理；

② 了解低聚果糖的作用。

2．实验原理

以蔗糖为原料经微生物发酵可制得一种转化糖浆，其成分有果糖、葡萄糖、蔗糖、蔗果三糖（GF_2）、蔗果四糖（GF_3）和蔗果五糖（GF_4）。GF_2、GF_3 和 GF_4 统称低聚果糖。研究证明低聚果糖是低热量难消化糖，食用后不会使人肥胖和生龋齿，该糖还是人体肠内双歧杆菌的活化增殖因子，故可应用于功能保健食品。本实验利用糖的旋光性质，以 YWG-NH_2 色谱柱和 RID 示差折光检测器对低聚果糖进行高效液相色谱法分析，具有良好的分离效果。

3．材料与试剂

（1）材料　低聚果糖浆。

（2）试剂　乙腈、果糖、葡萄糖、蔗糖、麦芽糖均为分析纯，二次蒸馏水。

4．仪器与设备

美国 Beckman 332 型高效液相色谱仪、日本岛津 RID-6A 示差折光检测器、A4700 色谱工作站、高速台式离心机。

5．测定步骤

（1）内标溶液及样品的配制

① 内标溶液　准确称取麦芽糖 5.000g，用 20mL 蒸馏水溶解后定容至 50mL。

② 样品溶液　准确称取 5.000～10.000g 糖浆，用蒸馏水稀释定容至 50mL。精确量取此样液 2.0mL，加入 1.0mL 上述已配好的内标液，混匀，用蒸馏水定容至 10mL。

（2）标准曲线的制作　准确称取果糖、葡萄糖、蔗糖各 5.000g，分别用 20mL 蒸馏水溶解后定容至 50mL。按表 5-2 所示，精确量取上述已配好的标准糖液，并加入 1.0mL 内标液，混匀，用蒸馏水定容至 0mL。在本条件下，将 6 组标准混合糖进样分析，以组分糖和内标物的峰面积比（A_i/A_s）为横坐标 X、浓度比（C_i/C_s）为纵坐标 Y，求出各组分糖的直线回归式：$Y=a+bX$。

表 5-2　制作标准曲线时果糖、葡萄糖、蔗糖的用量

编号	果糖/mL	葡萄糖/mL	蔗糖/mL
1	0.1	0.4	0.2
2	0.2	0.6	0.4
3	0.3	0.8	0.6
4	0.4	1.0	0.8
5	0.5	1.2	1.0
6	0.6	1.4	1.2

（3）结果　标准曲线的线性，根据实验数据求得果糖、葡萄糖和蔗糖的线性回归方程依次为：

$$Y=0.8228X-0.0028 \ (R=0.994)$$

$$Y=0.9674X-0.0991 \ (R=0.997)$$
$$Y=0.9264X-0.0215 \ (R=0.998)$$

（4）色谱条件选择

① 色谱柱 为 YWG-NH$_2$，300mm×4.6mm，不锈钢柱。

② 流动相 乙腈-水（75：25），流速 1.0mL/min。

③ 进样量 20μL。

（5）测定

将加入内标液的样品稀释液经过过滤和离心后，按标准曲线制备的色谱条件进样 20μL 进行测定。

6．结果计算

果低聚糖浆中各组分糖的含量：

$$w=\cfrac{a_i}{\cfrac{m_i}{50}\times\cfrac{2}{10}\times1000}\times100\%$$

式中　a_i——由回归方程式求得的组分糖浓度，g/L；

m_i——样品糖浆的质量，g；

w——组分糖含量。

7．说明及注意事项

如无 GF$_2$、GF$_3$ 和 GF$_4$ 标样，果低聚糖的定量采用间接法，即由测得的总糖中减去果糖、葡萄糖和蔗糖的含量，所得的差值就是糖浆中果低聚糖的含量，而果低聚糖在其固形物中的相对含量则以峰面积归一化法直接由色谱工作站输出的数据得到。

方法二　酶法测定乳糖含量

1．实验目的与要求

① 学习并掌握乳糖的测定方法和原理。

② 了解乳糖的测定意义。

2．实验原理

通过 β-半乳糖苷酶（β-Gal）的作用，将乳糖转化为葡萄糖和半乳糖，在烟酰胺腺嘌呤二核苷酸（NAD$^+$）存在的条件下，半乳糖经半乳糖脱氢酶（Gal-DH）的作用，被氧化成半乳糖酸内酯，同时生成还原型烟酰胺腺嘌呤二核苷酸（NADH），NADH 的生成量与试样中乳糖含量成正比，在 340nm 或 366nm 波长下测定 NADH 生成量，计算乳糖含量。

3．材料和试剂

（1）材料　牛乳及乳制品。

（2）试剂　乙酸锌-亚铁氰化钾溶液、磷酸氢二钠、硫酸镁、烟酰胺腺嘌呤二核苷酸（NAD+）、乳糖、半乳糖脱氢酶（Gal-DH）、β-半乳糖苷酶。

4. 仪器和设备

紫外分光光度计。

5. 测定步骤

（1）乳糖的提取和净化　用温水提取乳糖，乙酸锌-亚铁氰化钾溶液净化处理提取液。酶法测定乳糖，不能使用铅盐净化处理提取液。

（2）缓冲溶液的配制　4.8g 磷酸氢二钠和 0.2g 硫酸镁溶于 200mL 水中，pH为 7.5。

（3）酶液配制　用 5mL 水溶解 50mg NAD+；Gal-DH 悬浊液配成 5mg/mL；β-半乳糖苷酶配制成 5mg/mL，低温保存。

（4）测定　乳糖提取液、乳糖标准溶液的测定和空白试验同时进行。

取 3 支试管，分别按表 5-3 加入各溶液。

表 5-3　酶法测定乳糖各溶液加入量

溶液	1号试管 试样/mL	2号试管 标准溶液/mL	3号试管 试剂空白/mL
缓冲液	3.00	3.00	3.00
NAD+溶液	0.10	0.10	0.10
蒸馏水	—	—	0.20
乳糖标准溶液	—	0.20	—
提取液	0.20	—	—

在 3 支试管各加入 0.02mL Gal - DH 悬浊液，混匀，放置 30min 后，选 340nm或 366nm 作为测定波长，以 3 号试管（试剂空白）调分光光度计零点，分别测定 1 号试管（试样）和 2 号试管（乳糖标准）的吸光值（记为 A_{B1} 和 A_{Y1}）。

以上 3 支试管中再各加 0.02mL β-半乳糖苷酶溶液，混匀。放置 30min 后，以 3 号试管（试剂空白）调分光光度计零点，分别测定 1 号试管（试样）和 2 号试管（乳糖标准）的吸光值（记为 A_{B2} 和 A_{Y2}）。

根据两次测定值与标准的对照，并扣除空白得到乳糖的含量。

6. 说明及注意事项

乳糖是一种不可发酵的糖，即不能被酵母发酵，但分子中的半缩醛具有还原性。因此测定乳糖可采用酵母发酵，除去试样中可发酵的糖类，然后用化学法测定乳糖，这种方法称为发酵法。化学法测定乳糖，需先进行乳糖分离，然后再测定，操作很复杂，而采用酶法测定比较简便。

方法三 分光光度法测定多糖含量

1．实验目的

① 学习并掌握粗多糖的测定方法和原理。

② 了解多糖的测定意义。

2．实验原理

分子质量大于 10000U 的多糖经 80%乙醇沉淀后，加入碱性铜试剂，选择性地从其他高分子物质中沉淀出葡聚糖，沉淀部分与苯酚-硫酸反应，生成有色物质，在 485nm 条件下，有色物质的吸光值与葡聚糖含量成正比。

3．材料和试剂

（1）材料 食品样品。

（2）试剂

① 80%乙醇 800mL 无水乙醇加 200mL 水。

② 2.5mol/L 氢氧化钠溶液 称取 100g 氢氧化钠，加水稀释至 1000mL，加入固体无水碳酸钠至饱和。

③ 铜储存液 称取 3.0g 硫酸铜、30.0g 柠檬酸钠加水溶解至 1000mL。溶液可储存两周。

④ 铜应用溶液 取铜储存液 50mL，加水 50mL，混匀后加入无水硫酸钠 12.5g，临用时配制。

⑤ 洗涤液 取水 50mL，加入 10mL 铜应用溶液、10mL 2.5mol/L 氢氧化钠溶液，混匀。

⑥ 1.8mol/L 硫酸溶液、20g/L 苯酚溶液。

⑦ 葡聚糖标准溶液 称取 500mg 葡聚糖（分子质量 500000U）于称量皿中，105℃干燥 4h 至恒重，置于干燥器内冷却。准确称取 100mg 干燥后的葡聚糖，用水溶解并定容至 100mL，葡聚糖标准溶液浓度 1.0mg/mL。

⑧ 葡聚糖标准应用溶液 吸取葡聚糖标准液 10mL，用水准确稀释 10 倍，葡聚糖浓度为 0.1mg/mL。

4．仪器和设备

分光光度计、离心机、旋涡混合器、恒温干燥箱等。

5．测定步骤

（1）样品处理

① 样品提取 称取样品 1～5g，加水 100mL，沸水浴加热 2h，冷却至室温，定容至 200mL（V_1）混匀后过滤，弃去初滤液，收集余下滤液。

② 沉淀高分子物质 准确吸取上述滤液 100mL（V_2），置于烧杯中，加热浓缩至 10mL，冷却后，加入无水乙醇 40mL，将溶液转至离心管中，以 3000r/min

离心 5min，弃上清液，残渣用 80%乙醇洗涤 3 次，残渣可用于沉淀葡聚糖。

③ 沉淀葡聚糖 上述残渣用水溶解并定容至 50mL（V_3），混匀后过滤，弃去初始滤液后，取滤液 2.0mL（V_4），加入 2.5mol/L 氢氧化钠溶液 2.0mL、铜应用溶液 2.0mL，沸水浴中煮沸 2min，冷却后以 3000r/min 离心 5min，弃上清液，残渣用洗涤液洗涤 3 次，残渣供测定葡聚糖之用。

（2）葡聚糖的测定 上述残渣用 2.0mL 1.8mol/L 硫酸溶解，用水定容至 100mL（V_5）。准确吸取 2.0mL（V_6），置于 25mL 比色管中，加入 1.0mL 苯酚溶液、10mL 浓硫酸，沸水浴煮沸 2min，冷却比色。从标准曲线上查得相应含量，计算粗多糖含量。

（3）标准曲线制备 精密吸取葡聚糖标准应用溶液 0.10mL、0.20mL、0.40mL、0.60mL、0.80mL、1.00mL、1.50mL、2.00mL（分别相当于葡聚糖 0.10mg、0.20mg、0.40mg、0.60mg、0.80mg、1.00mg、1.50mg、2.00mg），补充水至 2.0mL，加入 1.0mL 苯酚溶液、10mL 浓硫酸，混匀，沸水浴煮沸 2min。冷却后，以试剂空白溶液为参比，用分光光度计在 485nm 波长处测定吸光值 A，以葡聚糖含量为横坐标，A 为纵坐标绘制标准曲线。

6. 结果计算

样品中粗多糖（即葡聚糖）百分含量的计算公式：

$$X = \frac{m_1 \times V_1 \times V_3 \times V_5}{m \times V_2 \times V_4 \times V_6 \times 1000} \times 100\% = \frac{m_1 \times 250}{m} \times 100\%$$

式中 X——试样中粗多糖的含量；

m_1——从标准曲线上查得样品测定管的葡聚糖含量，mg；

V_1——样品提取时定容体积，mL；

V_2——沉淀高分子物质取液量，mL；

V_3——沉淀葡聚糖时定容量，mL；

V_4——沉淀葡聚糖时取液量，mL；

V_5——测定葡聚糖时定容体积，mL；

V_6——样品比色管中取样液体积，mL；

m——样品的质量，g。

方法四 气相色谱法测定木糖醇含量

1. 实验目的

① 学习并掌握木糖醇的测定方法和原理。

② 了解木糖醇的作用。

2. 实验原理

木糖醇是一种重要的代糖，可用于糖尿病人专用食品，能防龋齿及改善肠胃功能。木糖醇在弱碱性条件下甲基硅烷化衍生后，在气相色谱仪上可以进行分离检测。

待测样品衍生后进入气相色谱仪的色谱柱后，由于在气固两相中的吸附系数不同，而使木糖醇衍生物与其他组分分离，经过氢火焰离子化检测器进行检测，与标样对照，根据保留时间定性，利用内标法定量分析鉴定木糖醇及其含量。

3．材料和试剂

（1）材料　食品样品。

（2）试剂

① 十八烷色谱纯。

② 庚烷、吡啶、六甲基二硅胺烷（HMDS）、三甲基氯硅烷（TMCS），均为分析纯。

③ 木糖醇标准品。

4．仪器和设备

气相色谱仪（带氢火焰离子检测器）、微量注射器。

5．测定步骤

（1）内标溶液　准确称取 500mg（精确到 0.0001g）十八烷，用庚烷溶解，移入 25mL 容量瓶中，稀释到刻度，摇匀。

（2）标准制备液　准确称取 50mg（精确到 0.0001g）木糖醇标准品，置于 25mL 容量瓶中，加入 1mL 吡啶，在蒸汽浴上加热溶解，冷却至室温，加入 0.2mL HMDS 和 0.1mL TMCS，室温下放置 30min，加入 5.0mL 内标溶液，用庚烷稀释到刻度，摇匀。

（3）样品制备液　准确称取 50mg（精确到 0.0001g）干燥样品，置于 25mL 容量瓶中，加入 1mL 吡啶，在蒸汽浴上加热溶解，冷却至室温，加入 0.2mL HMDS 和 0.1mL TMCS，室温下放置 30min，加入 5.0mL 内标溶液，用庚烷稀释到刻度，摇匀。

（4）标准制备液色谱测定　于色谱柱中注入 10μL 标准制备液，分别记录木糖醇的三甲基硅烷醚（TMS）的峰面积 A_X 和十八烷的峰面积 A_O。色谱条件如下。

① 色谱柱　3mm×2000mm 玻璃柱或不锈钢柱。

② 固定相　在酸碱处理过的硅烷化色谱硅藻土（60～80 目）上涂以 20%的甲基聚硅氧烷。

③ 载气高纯氮，流量 50～60mL/min 或调节到进样后约 13min 得到木糖醇的三甲基硅烷醚（TMS）峰。

④ 空气流速　600mL/min。

⑤ 柱温　190℃。

⑥ 检测室温度　250℃。

⑦ 汽化室温度　250℃。

（5）样品制备液色谱测定　同样地，注入 10μL 样品制备液，分别记录木糖醇 TMS 的峰面积 A_x 和十八烷峰的面积 A_o。

6. 结果计算

（1）木糖醇响应比 RR 的计算：

$$RR = \frac{A_x \times \rho_o}{A_o \times \rho_x}$$

式中　RR——木糖醇的响应比；

　　　A_x——木糖醇 TMS 的峰面积，cm^2；

　　　A_o——十八烷峰的面积，cm^2；

　　　ρ_o——标准制备液中十八烷的质量浓度，mg/mL；

　　　ρ_x——标准制备液中木糖醇标准品的质量浓度，mg/mL。

（2）木糖醇含量的计算公式：

$$X = \frac{A_x \times \rho_o \times 25}{A_o \times RR \times m} \times 100\%$$

式中　X——试样中木糖醇的含量；

　　　A_x——木糖醇 TMS 的峰面积，cm^2；

　　　A_o——十八烷峰的面积，cm^2；

　　　ρ_o——标准制备液中十八烷的质量浓度，mg/mL；

　　　RR——木糖醇的响应比；

　　　m——干燥失重后样品的质量，mg。

7. 说明及注意事项

木糖醇测定结果的相对偏差不超过 0.2%，取平均值为测定结果。

实验四　食品中多酚的测定

一、目的和要求

① 掌握 Folin-Ciocalteu 法测定食品中多酚含的原理。

② 熟悉 Folin-Ciocalteu 中试样制备的基本操作技能。

③ 熟练标准曲线制备与样品测定的基本操作技能。

二、原理

多酚类化合物分子上具有极易氧化的羟基，在碱性条件下与 Folin-Ciocalteu（福林）试剂反应后呈现蓝色，并在 765nm 处有最大吸收。以没食子酸为基准物质，制备标准曲线，根据回归方程，可测定待测物质中多酚的含量。

三、仪器和试剂

1．仪器

紫外可见分光光度计、旋转蒸发器、低速离心机、恒温水浴锅、电子天平。

2．试剂

（1）Folin-Ciocalteu 试剂　在 1L 磨口回流蒸馏器中加入 100g 钨酸钠、25g 钼酸钠、700mL 蒸馏水、50mL 质量分数为 85%的磷酸、100mL 质量分数为 37% 的盐酸，冷凝回流 10h，然后添加 150g 硫酸锂和数滴溴液，取下冷凝管。重新加热至沸，维持 15min，驱去多余溴，冷却后补足蒸馏水至 1000mL，用棕色试剂瓶装好，置于冰箱中冷藏备用，临用时稀释 3 倍。

（2）没食子酸标准溶液（对照品溶液）　准确称取没食子酸 0.1000g 溶解于体积分数为 70%的乙醇中并定容至 100mL，再用体积分数为 70%的乙醇稀释至 10 倍，即得质量浓度为 100μg/mL 的标准溶液，现用现配。

（3）Na_2CO_3 溶液（质量分数为 10%）　10.0g 无水 Na_2CO_3，用水溶解，定容至 100mL。

（4）蒸馏水。

四、操作方法

1．试样的制备

以下列几种试样为例。

（1）李果皮样品提取液的制备　准确称取李果皮 2g，与 40mL 1%的盐酸甲醇溶液混合，摇匀后置于冰箱 4℃静置 20h。浸提完成后，于离心机中 3000r/min 离心 15min，取出上清液，残渣用由丙酮、甲醛、二次去离子水以及甲酸以 40∶40∶20∶0.1 的体积比配制的溶液浸泡，离心两次，合并提取液，在 37℃条件下旋转蒸发，所得浸提物用适量甲醇溶解并定容至 50mL 容量瓶中，于常温条件下保存。

（2）石榴皮样品提取液的制备　将新鲜石榴皮洗净，50℃鼓风干燥 24h，粉碎，过 40 目筛。称取该粉末 100g，加 70%乙醇配成料液比为 1∶20 的溶液，搅匀，保鲜膜封口，在超声清洗仪中（50℃）超声 30min，过滤，并在 40℃下真空旋转蒸发浓缩干燥，得石榴皮提取物干粉，精确称取 0.2g 干粉，配制成质量浓度为 200 μg/mL 的提取液。

（3）猕猴桃样品提取液的制备　将 40mL 果汁用 240mL 体积分数为 30%的乙醇于 30℃条件下提取 70min，收集提取液。乙醇提取液经真空浓缩、DA201-C-Ⅱ型大孔吸附树脂分离纯化，即得猕猴桃多酚提取物。

2．标准曲线的制备

用 10mL 乙醇溶解 0.05g 没食子酸，定容至 100mL，分别移取 1.0mL、2.0mL、

3.0mL、4.0mL、5.0mL、6.0mL 到 25mL 容量瓶中，用蒸馏水定容至刻度。从上述不同浓度的标准溶液中移取 5.0mL 到 100mL 容量瓶中，分别加入 50mL 蒸馏水，加入 4mL 福林试剂摇匀，静置 4～5min，加入 8mL 质量分数为 10%的 Na_2CO_3 溶液，用蒸馏水定容，置于 25℃的恒温水浴锅中水浴 120min，显色后于 765nm 波长下测定吸光度值，制得质量浓度-吸光度值的标准曲线。

3. 样品测定

准确吸取 2mL 样品溶液于 50mL 的容量瓶中定容，从中吸取 5mL 于 100mL 容量瓶中，加入 50mL 蒸馏水，再加入 4mL 福林试剂摇匀，静置 4～5min，加入 8mL 质量分数为 10%的 Na_2CO_3 溶液，用蒸馏水定容，置于 25℃的恒温水浴锅中水浴 120min，显色后于 765nm 波长下测定吸光度值。由标准曲线查得相对应的质量浓度，并计算出多酚类物质的质量浓度。

五、计算

$$w = \frac{c \times V_0 \times n}{V_1}$$

式中 w——多酚类物质的质量浓度，$\mu g/mL$；

       c——没食子酸的质量浓度，$\mu g/mL$；

       V_0——提取液的体积，mL；

       n——稀释倍数；

       V_1——取样的体积，mL。

六、说明

① 试样的制备方法应根据不同的样品原料进行。

② 最佳波长的选择，应根据不同的样品原料及选定的标准品而决定。

七、思考题

① 实验中质量浓度为 100μg/mL 的没食子酸标准溶液的作用？

② 试说出标准曲线的制备与样品测定过程的相同步骤？

③ 以李果皮样品提取液的制备为例，说出计算公式中的 V_0 和 V_1 分别是多少？

实验五   食品中黄酮的测定

一、目的和要求

① 掌握食品中黄酮测定的原理。

② 熟悉不同种类试样的制备方法以及所需试剂的配制方法等基本操作技能。

③ 熟练利用标准曲线法计算样品中黄酮含量的基本操作技能。

二、原理

黄酮类化合物是具有苯骈吡喃环结构的一类化合物的总称。黄酮类化合物中的羟基可与铝盐进行络合反应，在碱性条件下生成红色的络合物，在 510nm 波长下有最大吸收。以芦丁为基准物质，制备标准曲线，根据回归方程，可测定待测物质中总黄酮的含量。

三、仪器和试剂

1. 仪器

分光光度计、恒温水浴锅、电子分析天平、真空泵。

2. 试剂

（1）无水乙醇（分析纯）。

（2）芦丁标准溶液　准确称取 15.0mg 经 105℃ 干燥至质量恒定的芦丁，并用甲醇定容至 100mL，配制成 150μg/mL 的标准溶液。

（3）亚硝酸钠溶液（质量分数为 5%）　称取 5g 亚硝酸钠于 100mL 蒸馏水中。

（4）硝酸铝溶液（质量分数为 10%）　称取 17.60g $Al(NO_3)_3 \cdot 9H_2O$，加水溶解，定容至 100mL。

（5）氢氧化钠溶液（1mol/L）　称取 4g 氢氧化钠溶于 100mL 蒸馏水中。

（6）去离子水。

四、操作步骤

1. 试样的制备

（1）固体样品　干燥的固体样品经研磨后称取 1g 置于烧杯中，加入无水乙醇 30mL，并于 65℃ 加热 45min 搅拌溶解。冷却至室温后，过滤，滤液定容至 50mL 备用。

（2）液体样品　准确吸取样液 3~10mL，置于 50mL 容量瓶中，并用无水乙醇定容至刻度，摇匀、待测。

2. 标准线的制备

准确吸取芦丁标准溶液 0mL、0.50mL、1.00mL、2.00mL、3.00mL、4.00mL（相当于 0μg、75μg、150μg、300μg、450μg、600μg 的芦丁），置于刻度比色管中，分别加入体积分数为 30% 的乙醇 5mL、质量分数为 5% 的亚硝酸钠溶液 0.3mL，摇匀后放置 5min。再加入质量分数为 10% 的硝酸铝溶液 0.3mL，静置 6min 后再加入浓度为 1mol/L 的氢氧化钠溶液 2mL，并用质量分数为 30% 的乙醇溶液定容至刻度。以零管为空白，摇匀后用 1cm 的比色杯，在 510nm 处测定吸光度，绘制芦丁含量与吸光度值的标准曲线。

3．样品含量的测定

根据样品中总黄酮含量的高低，移取适宜体积的待测液，按标准曲线制备的操作方法测定 510nm 处的吸光度值。由标准曲线查得相对应的含量，并计算出黄酮的质量浓度。

五、计算

$$X = \frac{m_1 \times V_2}{m \times V_1 \times 10^6} \times 1000$$

式中　X——样品总黄酮质量分数或质量浓度，g/100g 或 g/100mL；

　　m_1——根据标准曲线计算出待测液中的黄酮质量，μg；

　　m——试样的质量或体积，g 或 mL；

　　V_1——待测液取样体积，mL；

　　V_2——待测液总体积，mL。

六、说明

① 提取液制备后随着放置时间的延长，总黄酮的含量可能发生变化，应尽快测定。

② 随着显色时间的延长，吸光度值可能会略有下降，因此也应尽快进行测定。

七、思考题

分光光度法测定食品中黄酮含量的优点及缺点？

第六章

其他防掺伪、质量指标测定

实验一　旋光法测定味精中谷氨酸钠含量

一、目的和要求

① 掌握旋光法测定谷氨酸钠的原理与方法。

② 了解旋光仪的构造，掌握旋光仪的使用方法。

③ 了解谷氨酸钠测定的意义。

二、实验原理

具有光学活性的物质可使偏振光的振动面发生一定角度的偏转，通过测定样品的旋光度，可求出样品中光学活性物质的浓度及含量。谷氨酸钠分子结构中含有一个不对称碳原子，具有光学活性，能使偏振光面旋转一定角度，因此可用旋光仪测定旋光度，根据旋光度可换算谷氨酸钠的含量。

旋光仪的构造如图6-1所示：光线经起偏镜（4）后，变成偏振光，再经半波片（5）可在视场中形成三分视场。试管（6）盛样液放入镜筒测定，若溶液具有旋光性，可使偏振光发生旋转，通过目镜（9）观察，可见如图6-2所示视场。转

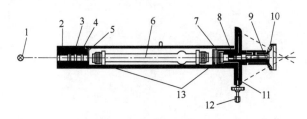

图 6-1　旋光仪的构造

1—光源；2—聚光镜；3—滤色镜；4—起偏镜；5—半波片；6—试管；7—检偏镜；8—物镜；
9—目镜；10—放大镜；11—度盘游标；12—度盘手轮；13—保护片

动度盘手轮（12）视场会发生变化，在暗视场下，读出度盘旋转的角度。仪器采用双游标读数。度盘分 360 格，每格 1°。游标分 20 格，等于度盘 1 格，每格 0.05°。

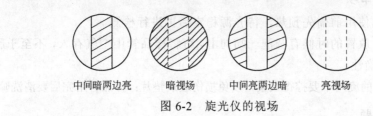

中间暗两边亮　　暗视场　　中间亮两边暗　　亮视场

图 6-2　旋光仪的视场

三、仪器与试剂

1．仪器

备有钠光灯的旋光仪、分析天平、100mL 容量瓶、量筒、烧杯等。

2．试剂

6mol/L 盐酸：540mL 浓盐酸倒入一定量的水中，溶解后定容至 1L。

四、操作步骤

1．样品处理

称取试样 10g（精确至 0.0001g），溶于少量水中，加 6mol/L 盐酸 32mL，溶解并转移至 100mL 容量瓶中，定容混匀待用。

2．样液测定

接通电源，预热 10min 后，进行测定。于 20℃，用溶剂做空白矫正，记录溶剂旋光度 α_0。将样液置于旋光管中，将两端残液擦净，有圆泡的一端向上，使气泡存入膨突处（只允许有少量气泡），测定其旋光度 α，同时记录样液温度。重复测定三次。

五、结果计算

样品中谷氨酸钠含量下式计算：

$$X = \frac{\alpha - \alpha_0}{[25.16 + 0.047(20 - t)](L \times c)} \times 100$$

式中　X——谷氨酸钠含量，g/100g；

　　　α——样液的旋光度，（°）；

　　　α_0——溶剂的旋光度，（°）；

　　　L——旋光管长度，dm；

　　　c——1mL 样液中含味精的质量，g/mL；

25.16——谷氨酸钠的比旋光度 $[\alpha]_D^{20}$；

　　　t——测定试液的温度，℃；

0.047——温度校正系数；

结果以三次测定值的算术平均值表示。

六、注意事项

① 旋光仪使用前需先预热,待光源稳定后再进行检测。

② 样品管放置的时候有圆泡一端向上,可将样品管中空气存入,不至于影响测定结果的准确性。

③ 样品管的旋塞不要拧得太紧,以免损伤玻璃垫片;样品管用完后要清洗晾干。

七、思考题

① 为什么要在暗视场进行读数?

② 旋光仪中半波片的作用是什么?

实验二 乳中总脂肪含量的测定

方法一 巴布科克法

1. 目的和要求

① 掌握巴布科克法测定乳脂含量的原理及操作方法。

② 了解脂肪是食品质量管理中的一项重要指标的意义。

2. 实验原理

牛乳中的脂类不是以游离状态存在,而是被一层膜包裹以脂肪球呈乳浊液状态存在。这层膜中含有蛋白质、磷脂等物质。浓硫酸可将牛乳中非脂成分溶解,脂肪即从脂肪球中可游离出来。巴布科克法就是利用该原理将脂肪游离出来。因为非脂成分溶于硫酸,消化液的密度大于脂肪的密度,脂肪浮于消化液上方。再通过离心和加热处理,使脂肪分离更加完全。在巴布科克氏乳脂瓶中可直接读取脂肪层的数值,从而计算被检乳中的脂肪率。

3. 仪器与试剂

(1) 仪器 巴布科克氏乳脂瓶、乳脂离心机、标准移乳管。

(2) 试剂 浓硫酸(20℃时相对密度1.820~1.825)。

4. 操作步骤

① 准确吸取17.6mL牛乳置于巴布科克氏乳脂瓶中。

② 沿壁缓缓加入17.5mL硫酸,边加边转动巴布科克氏乳脂瓶,使硫酸与牛乳充分混合,至溶液呈棕色。

③ 将巴布科克氏乳脂瓶置于乳脂离心机中,1000r/min离心5min。

④ 取出,加60℃热水至瓶颈,再次1000r/min离心2min。

⑤ 取出,加60℃水至4%刻度线,再次1000r/min离心1min。

⑥ 取出，置 60℃水浴 5min，水浴水面高于巴布科克氏乳脂瓶中脂肪层高度，使脂肪柱稳定，读数。

5. 结果计算

脂肪层从最低点到最高点所占的格数即为牛乳中脂肪含量。结果以三次测定值的算术平均值表示。

6. 注意事项

① 浓硫酸用量要准确，过多会使乳炭化，影响读数；过少不能使脂肪完全被释放，使测定值偏小。

② 不适合于测定含巧克力、糖的食品。

③ 乳脂瓶放入离心机时，必须对称放置。

7. 思考题

① 加入硫酸的作用是什么？

② 影响该实验结果准确性的因素都有哪些？

方法二　盖勃氏法

1. 目的和要求

① 掌握盖勃氏法测定乳脂含量的原理及操作方法。

② 了解脂肪是食品质量管理中的一项重要指标的意义。

2. 实验原理

牛乳中的脂类不是以游离状态存在，而是被一层膜包裹以脂肪球呈乳浊液状态存在。这层膜中含有蛋白质、磷脂等物质。浓硫酸可将牛乳中非脂成分溶解，脂肪即可从脂肪球中游离出来。盖勃氏法就是利用该原理将脂肪游离出来。此法使用异戊醇可以防止糖的碳化。非脂成分溶于硫酸，消化液的密度大于脂肪的密度，脂肪浮于消化液上方。再通过离心和加热处理，使脂肪分离更加完全。

3. 仪器与试剂

（1）仪器　盖勃氏乳脂计、乳脂离心机、标准移乳管。

（2）试剂

① 硫酸　相对密度 1.816±0.003（20℃），相当于 90%～91%硫酸。

② 异戊醇　相对密度 0.811±0.002（20℃），沸程 128～132℃。

4. 操作步骤

① 吸取 10mL 硫酸加于盖勃氏乳脂计中，准确吸取 10.75mL 牛乳沿管壁小心加入，此过程不需要混匀，再加入 1mL 异戊醇，塞上橡皮塞，瓶口向下，振摇至混合液呈均匀棕色。

② 瓶口向下，静置数分钟，置 65～70℃水浴中 5min（水浴水面高于乳脂计中脂肪层高度），取出，于乳脂离心机中 1000r/min 离心 5min。

③ 再置于 65～70℃水浴水中保温 5min（水浴水面高于乳脂计中脂肪层高度）。取出，读数，计算脂肪的百分数。

5．结果计算

脂肪层从最低点到最高点所占的格数即为牛乳中脂肪含量。结果以三次测定值的算术平均值表示。

6．注意事项

① 浓硫酸用量要准确，过多会使乳炭化，影响读数；过少不能是脂肪完全被释放，使测定值偏小。

② 不适合于测定含巧克力、糖的食品。

③ 乳脂瓶放入离心机时，必须对称放置。

7．思考题

① 加入异戊醇的作用是什么？

② 乳中脂肪测定的意义？

实验三　食品总酸度测定

一、目的和要求

① 掌握食品中总酸度测定的原理与方法。

② 了解食品中总酸度测定的意义。

③ 掌握滴定分析方法，正确判断滴定终点。

二、实验原理

总酸度是食品中所有酸性成分的总和，其大小可借助滴定法进行测定，也称可滴定酸度。根据酸碱中和原理，食品中的有机酸可用强碱标准碱液滴定，有机酸被碱中和生成盐。可用酚酞试剂作指示剂，当滴定至溶液显红色时（pH=8.2）即为滴定终点，根据所消耗的标准碱液体积，计算样品的总酸度。

反应式：$RCOOH + NaOH \longrightarrow RCOONa + H_2O$

三、仪器与试剂

1．仪器

碱式滴定管、组织捣碎机、水浴锅、分析天平、容量瓶、烧杯等。

2．试剂

（1）0.1mol/L NaOH 标准溶液　称取 120g 氢氧化钠于烧杯中，加入 100mL 新煮沸的冷蒸馏水，搅拌使其溶解，转入聚乙烯瓶中，密闭放置数日，待澄清后，取上清 5.6mL，加新煮沸的冷蒸馏水定容至 1000mL，混匀待用。

（2）1%酚酞指示剂　称取 1g 酚酞溶于一定量的 95%乙醇中，定容至 100mL。

（3）邻苯二甲酸氢钾溶液　精确称取 0.3600g 干燥至恒重的邻苯二甲酸氢钾，加入 80mL 新煮沸过的蒸馏水，搅拌使其溶解，滴加 2 滴酚酞指示剂。

四、操作步骤

1．样液制备

（1）固体样品　将样品用组织捣碎机捣碎并混合均匀，取 10～20g，加入无 CO_2 蒸馏水中，75～80℃水浴 0.5～1h，冷却后，移入 250mL 容量瓶中定容，用干燥滤纸过滤，收集滤液备用。

（2）液体样品　液体调味品及不含 CO_2 的饮料、酒类等可以直接取样。含 CO_2 的饮料、酒类，需先加热除去 CO_2 备用。

2．标准 NaOH 溶液标定

用配制的标准 NaOH 溶液滴定邻苯二甲酸氢钾溶液至溶液呈微红色且 30s 不褪色。同时做空白对照。

3．滴定

准确吸取制备好的样液 50mL，加入 3～4 滴酚酞指示剂，用标准 NaOH 溶液滴定至溶液呈微红色且 30s 不褪色，记录消耗 NaOH 标准溶液的体积。

五、结果计算

1．氢氧化钠标准滴定溶液的浓度

按下式计算：

$$c = \frac{m \times 1000}{(V_1 - V_0) \times 204.2}$$

式中　c——氢氧化钠标准滴定溶液的浓度，mol/L；

　　　m——邻苯二甲酸氢钾溶液中邻苯二甲酸氢钾的质量，g；

　　　V_1——标定时所消耗标准氢氧化钠溶液的体积，mL；

　　　V_0——空白试验中所消耗标准氢氧化钠溶液的体积，mL；

　　204.2——邻苯二甲酸氢钾的摩尔质量，g/mol。

2．样品总酸度

按下式计算：

$$x = \frac{c \times V \times K}{m} \times \left(\frac{V_0}{V_1}\right) \times 100\%$$

式中　x——样品总酸度，以质量分数表示；

　　　c——标准 NaOH 溶液的浓度，mol/L；

　　　V——滴定消耗标准 NaOH 溶液体积，mL；

　　　m——样品质量或体积，g 或 mL；

　　　V_0——样品稀释液总体积，mL；

V_1——滴定时吸取的样液体积，mL；

K——换算为主要酸的系数，即 1mmol 氢氧化钠相当于主要酸的克数。

结果以三次测定值的算术平均值表示。

六、注意事项

① 该方法适用于浅色食品中总酸含量的测定。

② 对于颜色较深的食品，可加水稀释或用活性炭脱色等方法处理后再进行滴定。若样液颜色过深或浑浊，则宜采用电位滴定法。

七、思考题

① 为什么要对 NaOH 标准溶液的浓度进行标定？

② 实验中蒸馏水除 CO_2 的目的何在？

③ 为何以 pH8.2 为终点而不是 pH7？

实验四   氨基酸态氮的测定

方法一   酸度计法

1. 目的和要求

① 掌握酸度计法测定氨基态氮的原理与方法。

② 掌握酸度计的使用方法。

③ 了解氨基酸态氮测定的意义。

2. 实验原理

氨基酸分子中同时含有羧基和氨基，既可以电离产生质子，也可以接受质子，是两性电解质，不能用滴定法测定其含量。向氨基酸溶液中加入甲醛溶液，氨基可以与甲醛反应，使碱性消失，只显示羧基的酸性，因此可以用标准氢氧化钠溶液进行滴定，用酸度计判定滴定终点，进而对氨基酸进行定量分析。

3. 仪器与试剂

（1）仪器   酸度计、磁力搅拌器、微量碱式滴定管、分析天平、组织捣碎机、水浴锅、容量瓶、烧杯等。

（2）试剂

① 0.05mol/L NaOH 标准溶液   称取 120g 氢氧化钠于烧杯中，加入 100mL 新煮沸的冷蒸馏水，搅拌使其溶解，转入聚乙烯瓶中，密闭放置数日，待澄清后，取上清 2.8mL，加新煮沸的冷蒸馏水定容至 1000mL，混匀待用。

② 1%酚酞指示剂   称取 1g 酚酞溶于一定量的 95%乙醇中，定容至 100mL。

③ 邻苯二甲酸氢钾溶液   精确称取 0.3600g 干燥至恒重的邻苯二甲酸氢钾，

加入 80mL 新煮沸过的蒸馏水，搅拌使其溶解，滴加 2 滴酚酞指示剂。

④ 40%中性甲醛溶液　以百里酚酞作为指示剂，用氢氧化钠溶液将 40%甲醛中和至蓝色。

4. 操作步骤

（1）标准 NaOH 溶液的标定　用配制的标准 NaOH 溶液滴定邻苯二甲酸氢钾溶液至溶液呈微红色且 30s 不褪色。同时做空白对照。

（2）样品处理

① 液体样品　于 50mL 的烧杯中称取 5.0g 液体样品，用水转移到 100mL 容量瓶中，或吸取 5.0mL 液体样品于 100mL 容量瓶中，加水稀释至刻度，混匀，取20.0mL 于 200mL 烧杯中，加 60mL 水备用。

② 固体、半固体样品　将固体、半固体样品放入组织捣碎机中捣碎并混合均匀。用 50mL 烧杯称取捣碎的样品 5.0g，加入 50mL 蒸馏水，加热煮沸，冷却后转入 100mL 容量瓶中，加水定容，充分混匀后过滤。吸取 10.0mL 滤液，置于 200mL烧杯中，加 60mL 水备用。

（3）样品测定

① 将样品溶液置于磁力搅拌器上搅拌，用酸度计测定溶液的 pH，用氢氧化钠标准溶液滴定至酸度计指示 pH 为 8.2，记录消耗氢氧化钠标准溶液的体积。

② 加入 10.0mL 中性甲醛溶液，混合均匀。继续用氢氧化钠标准溶液滴定至酸度计指示 pH 为 9.2，记下消耗氢氧化钠标准溶液的体积。

③ 取 80mL 水，用氢氧化钠标准溶液滴定至酸度计指示 pH 为 8.2，再加入10.0mL 中性甲醛溶液，继续用氢氧化钠标准溶液滴定至酸度计指示 pH 为 9.2，此为空白试验。

5. 结果计算

（1）氢氧化钠标准溶液浓度按下式计算：

$$c = \frac{m \times 1000}{(V_1 - V_0) \times 204.2}$$

式中　c——氢氧化钠标准滴定溶液的浓度，mol/L；

　　　　m——邻苯二甲酸氢钾溶液中邻苯二甲酸氢钾的质量，g；

　　　　V_1——标定时所消耗标准氢氧化钠溶液的体积，mL；

　　　　V_0——空白试验中所消耗标准氢氧化钠溶液的体积，mL；

　　204.2——邻苯二甲酸氢钾的摩尔质量，g/mol。

（2）样品中氨基酸态氮含量按下式计算：

$$x = \frac{(V_1 - V_0) \times c \times 0.014}{m \times \dfrac{V_2}{V_3}} \times 100$$

式中　　x——样品中氨基酸态氮含量，g/100g。

　　　　V_1——测定用样品稀释液加入甲醛后消耗氢氧化钠标准溶液的体积，mL；

　　　　V_0——空白试验加入甲醛后消耗氢氧化钠标准溶液的体积，mL；

　　　　　c——氢氧化钠标准溶液的浓度，mol/L；

　0.014——氮的毫摩尔质量，g/mmol；

　　　　m——称取样品的质量，g；

　　　　V_2——样品稀释液的取用量，mL；

　　　　V_3——样品稀释液的定容体积，mL；

　　　100——单位换算系数。

结果以三次测定值的算术平均值表示。

6. 注意事项

① 该方法测定的是食品中游离氨基酸的量。

② 该方法适用于颜色较浅的食品，深色食品可采用电位滴定法。

7. 思考题

① 氨基酸态氮测定的意义？

② 影响该实验结果准确性的因素有哪些？

方法二　比色法

1. 目的和要求

① 掌握比色法测定氨基酸态氮的原理与方法。

② 掌握分光光度计的使用方法。

2. 实验原理

在乙酸钠-乙酸缓冲液（pH 为 4.8）中，氨基酸态氮可以与乙酰丙酮和甲醛反应，反应产物为黄色的 3,5-二乙酸-2,6-二甲基-1,4 二氢化吡啶氨基酸衍生物。该物质在 400nm 波长处测定其吸光度，其吸光度的强弱与该物质的浓度符合朗伯-比尔定律，可通过测定标准系列吸光度，绘制标准曲线或者求得回归方程，进而对未知浓度的氨基酸溶液进行定量分析。

3. 仪器与试剂

（1）仪器　分光光度计、电热恒温水浴锅、分析天平、10mL 具塞玻璃比色管、烧杯、移液管、容量瓶等。

（2）试剂

① 1mol/L 乙酸溶液　吸取 5.8mL 冰乙酸，加水稀释并定容至 100mL。

② 1mol/L 乙酸钠溶液　称取 41g 无水乙酸钠，加水溶解并定容至 500mL。

③ 乙酸钠-乙酸缓冲液　量取试剂①40mL 与试剂②60mL，混合备用。

④ 显色液　取 37%甲醛 15mL、乙酰丙酮 7.8mL，加水稀释定容至 100mL，

混匀，室温下放置 3 天，备用。

⑤ 1.0mg/mL 氨氮标准储备液　精确称取 0.4720g 经干燥的硫酸铵，加水溶解后定容至 100mL，混匀，备用。

⑥ 0.1g/L 氨氮标准溶液　用移液管精确量取 10mL 试剂⑤于 100mL 容量瓶内，加水定容，备用。

4. 操作步骤

（1）样品处理

① 液体样品　称取 1.0g 液体样品，用水转移到 50mL 容量瓶中，或吸取 1.0mL 液体样品于 50mL 容量瓶中，加水稀释至刻度，混匀，备用。

② 固体、半固体样品　将固体、半固体样品放入组织捣碎机中捣碎并混合均匀。用 50mL 烧杯称取捣碎的样品 2.0g，加入 50mL 蒸馏水，加热煮沸，冷却后转入 100mL 容量瓶中，加水定容，充分混匀后过滤备用。

（2）标准曲线的绘制　按表 6-1 依次精确吸取各溶液于 10mL 比色管中，加水稀释至刻度，沸水浴 15min，冷却至室温，于波长 400nm 处测定吸光度，以 0 号管为空白对照。计算各管中氨氮的浓度，以氨氮量为横坐标，以 A_{400nm} 为纵坐标，绘制标准曲线或计算线性回归方程。

表 6-1　标准曲线的绘制

比色管	0	1	2	3	4	5	6	7	测试管
氨氮标准溶液	0mL	0.05mL	0.1mL	0.2mL	0.4mL	0.6mL	0.8mL	1.0mL	0mL
样品溶液	0mL	0mL	0mL	0mL	0mL	0mL	0mL	0mL	2mL
乙酸钠-乙酸缓冲溶液	4mL	4mL	4mL	4mL	4mL	4mL	4mL	4mL	4mL
显色液	4mL	4mL	4mL	4mL	4mL	4mL	4mL	4mL	4mL

加水稀释至刻度，混匀，沸水浴 15min，冷却至室温，测定 A_{400nm}

（3）样品的测定　精确吸取 2mL 处理后的样品溶液于 10mL 比色管中。加入 4mL 乙酸钠-乙酸缓冲溶液、4mL 显色液，加水稀释至刻度，混合均匀。沸水浴 15min，取出冷却至室温，测定 400nm 处吸光度。以 0 号管为空白对照，试样吸光度与标准曲线比较定量或代入线性回归方程，即可得出测试管中氨基态氮含量，进而计算出样品中氨基态氮的含量。

5. 结果计算

样品中氨基酸态氮的含量按下式计算：

$$X = \frac{m}{m_1 \times 1000 \times 1000 \times \frac{V_1}{V_0}} \times 100$$

式中　X——样品中氨基酸态氮的含量，g/100g；

　　　　m——样品测定液中氮的质量，μg；

　　　　m_1——样品的质量，g；

　　　　V_1——测定用样品溶液体积，mL；

　　　　V_0——样品处理定容的体积，mL；

　　　　100、1000——单位换算系数。

结果以三次测定值的算术平均值表示。

6．注意事项

① 分光光度计使用前需预热，并调零，调100。

② 朗伯-比尔定律的前提条件是 A 在 0.2～0.8 之间，若样品吸光度较大，需稀释后再进行测定。

7．思考题

① 实验中可能导致误差的因素及应对措施？

② 实验中设置零管的意义何在？

实验五　水分活度的测定

方法一　康卫氏皿扩散法

1．目的和要求

① 进一步掌握水分活度的概念。

② 掌握扩散法测定水分活度的原理和方法。

③ 了解水分活度测定的意义。

2．实验原理

水分活度（A_W）是指在同一条件（温度、湿度和压力）下，溶液中水的逸度与纯水的逸度之比值，可近似表示为食品的水分蒸汽压与相同温度下纯水的蒸汽压的比值。食品中水分会随所处环境相对湿度而发生变化，环境中水分活度大于食品水分活度时，食品会吸收环境中的水分，自身质量变大；当环境中的水分活度小于食品水分活度时，食品中的水分会扩散到环境中，自身质量变小。不同的饱和试剂水分活度不同，在不同水分活度下，样品质量的变化符合一定的规律。以各种标准饱和溶液 A_W 为横坐标，以样品质量的变化为纵坐标作图，将各点连成直线，该直线与横坐标的交点即为该样品的水分活度值。将样品放入密封、恒温的康卫氏皿，在恒定的温度下，等待样品和不同的饱和标准溶液扩散平衡。根据样品质量的变化量，可以求得样品的水分活度值。

3. 仪器与试剂

（1）仪器　康卫氏皿（带磨砂玻璃盖）、称量皿、分析天平、恒温培养箱、电热恒温鼓风干燥箱等。

（2）试剂

① 溴化锂饱和溶液　准确称取 500g 溴化锂，加入 200mL 热水，冷却，储于棕色试剂瓶中。

② 氯化锂饱和溶液　准确称取 220g 氯化锂，加入 200mL 热水，冷却，储于棕色试剂瓶中。

③ 氯化镁饱和溶液　准确称取 150g 氯化镁，加入 200mL 热水，冷却，储于棕色试剂瓶中。

④ 碳酸钾饱和溶液　准确称取 300g 碳酸钾，加入 200mL 热水，冷却，储于棕色试剂瓶中。

⑤ 硝酸镁饱和溶液　准确称取 200g 硝酸镁，加入 200mL 热水，冷却，储于棕色试剂瓶中。

⑥ 溴化钠饱和溶液　准确称取 260g 溴化钠，加入 200mL 热水，冷却，储于棕色试剂瓶中。

⑦ 氯化钴饱和溶液　准确称取 160g 氯化钴，加入 200mL 热水，冷却，储于棕色试剂瓶中。

⑧ 氯化锶饱和溶液　准确称取 200g 氯化锶，加入 200mL 热水，冷却，储于棕色试剂瓶中。

⑨ 硝酸钠饱和溶液　准确称取 260g 硝酸钠，加入 200mL 热水，冷却，储于棕色试剂瓶中。

⑩ 氯化钠饱和溶液　准确称取 100g 氯化钠，加入 200mL 热水，冷却，储于棕色试剂瓶中。

⑪ 溴化钾饱和溶液　准确称取 200g 溴化钾，加入 200mL 热水，冷却，储于棕色试剂瓶中。

⑫ 硫酸铵饱和溶液　准确称取 210g 硫酸铵，加入 200mL 热水，冷却，储于棕色试剂瓶中。

⑬ 氯化钾饱和溶液　准确称取 100g 氯化钾，加入 200mL 热水，冷却，储于棕色试剂瓶中。

⑭ 硝酸锶饱和溶液　准确称取 240g 硝酸锶，加入 200mL 热水，冷却，储于棕色试剂瓶中。

⑮ 氯化钡饱和溶液　准确称取 100g 氯化钡，加入 200mL 热水，冷却，储于棕色试剂瓶中。

⑯ 硝酸钾饱和溶液　准确称取 120g 硝酸钾，加入 200mL 热水，冷却，储于

棕色试剂瓶中。

⑰ 硫酸钾饱和溶液　准确称取 35g 硫酸钾，加入 200mL 热水，冷却，储于棕色试剂瓶中。

上述试剂常温下放置一周后使用。标准饱和溶液及其在 25℃时的水分活度值见表 6-2。

表 6-2　标准饱和溶液及其在 25℃时的水分活度值

试剂名称	A_w	试剂名称	A_w
重铬酸钾（$K_2Cr_2O_7 \cdot 2H_2O$）	0.986	溴化钠（$NaBr \cdot 2H_2O$）	0.577
硝酸钾（KNO_3）	0.924	硝酸镁[$Mg(NO_3)_2 \cdot 6H_2O$]	0.528
氯化钡（$BaCl_2 \cdot 2H_2O$）	0.901	硝酸锂（$LiNO_3 \cdot 3H_2O$）	0.476
氯化钾（KCl）	0.842	碳酸钾（$K_2CO_3 \cdot 2H_2O$）	0.427
溴化钾（KBr）	0.807	氯化镁（$MgCl_2 \cdot 6H_2O$）	0.330
氯化钠（NaCl）	0.752	醋酸钾（$KAc \cdot H_2O$）	0.224
硝酸钠（$NaNO_3$）	0.737	氯化锂（$LiCl \cdot H_2O$）	0.110
氯化锶（$SrCl_2 \cdot 6H_2O$）	0.708	氢氧化钠（$NaOH \cdot H_2O$）	0.070

4．操作步骤

（1）取样

① 液体样品、糊状样品、粉末或颗粒状固体样品　称取 200g 样品，置于密闭的玻璃容器中，备用。

② 块状样品　称取 200g 样品，在室温，湿度 50%～80%的条件下，迅速切成小块，置于密闭的玻璃容器中，备用。

③ 瓶装固液混合样品　取液体部分 200g，置于密闭的玻璃容器中，备用。

（2）样品预测定

① 将盛有样品的玻璃容器、康卫氏皿及称量皿于 25℃±1℃恒温培养箱内放置 30min，进行恒温处理。

② 分别向 4 只康卫氏皿的外室加入 12.0mL 溴化锂饱和溶液、氯化镁饱和溶液、氯化钴饱和溶液、硫酸钾饱和溶液。

③ 用经干燥、称量并恒温处理过的称量皿，称取 4 份约 1.5g 的样品，放入盛有标准饱和盐溶液的康卫氏皿的内室。

④ 用涂有凡士林的磨砂玻璃片盖好康卫氏皿，放入 25℃±1℃的恒温培养箱内，恒温处理 24h。取出称量皿，称重。

⑤ 以 25℃饱和盐溶液的 A_w 值为横坐标，以样品的质量增减值为纵坐标，绘制二维直线图。取直线横坐标截距值，即为预测的样品水分活度值。

（3）样品的测定

① 根据样品预测结果，分别选用水分活度数值大于和小于样品水分活度的饱

和盐溶液各 3 种，分别取 12.0mL 加入到 6 只康卫氏皿的外室。

② 用经干燥、称量并恒温处理过的称量皿，精确称取约 1.5g 样品 6 份，放入盛有标准饱和盐溶液的康卫氏皿的内室。

③ 用涂有凡士林的磨砂玻璃片盖好康卫氏皿，放入 25℃±1℃ 的恒温培养箱内，恒温处理 24h。取出称量皿，精确称重。

④ 以 25℃ 饱和盐溶液的 A_w 值为横坐标，以样品的质量增减值为纵坐标，绘制二维直线图。取直线横坐标截距值，即为样品的水分活度值。

5. 结果计算

试样质量的增减量按下式计算：

$$X = \frac{(m_1 - m)}{(m - m_0)}$$

式中　X——样品质量的增减量，g/g；

　　　m_1——25℃ 扩散平衡后，试样和称量皿的质量，g；

　　　m——25℃ 扩散平衡前，试样和称量皿的质量，g；

　　　m_0——称量皿的质量，g。

结果以三次测定值的算术平均值表示。

6. 注意事项

① 本方法不适用于冷冻和含挥发性成分的食品。

② 每次称量要准确，精确到 0.0001g。

③ 对待测样品水分活度进行预测，可以更好地选择使用的标准饱和溶液的种类，一般选择大于、小于样品水分活度的标准饱和溶液各数种。

7. 思考题

① 水分活度与水分含量有什么关系？

② 影响扩散法测定水分活度结果的因素有哪些？

方法二　水分活度仪扩散法

1. 目的和要求

① 进一步掌握水分活度的概念。

② 掌握水分活度仪测定水分活度的原理与方法。

③ 了解水分活度测定的意义。

2. 实验原理

在密闭、恒温的水分活度仪测量舱内，试样中的水分扩散平衡。此时水分活度仪测量舱内的传感器或数字化探头显示出的响应值（相对湿度对应的数值）即为样品的水分活度（A_w）。

3．仪器与试剂

（1）仪器　水分活度仪、称量皿、分析天平、电热恒温鼓风干燥箱等。

（2）试剂　同康卫氏皿扩散法。

4．操作步骤

（1）取样

① 液体样品、糊状样品、粉末或颗粒状固体样品　称取 200g 样品，置于密闭的玻璃容器中，备用。

② 块状样品　称取 200g 样品，在室温，湿度 50%～80%的条件下，迅速切成小块，置于密闭的玻璃容器中，备用。

③ 瓶装固液混合样品　取液体部分 200g，置于密闭的玻璃容器中，备用。

（2）试样的测定

① 在室温，湿度 50%～80%的条件下，用饱和盐溶液对水分活度仪进行校正。

② 精确称取 1g 样品，放入样品皿中，关闭测量仓，在 20～25℃、50%～80% 相对湿度下进行测定。每隔 5min 记录水分活度仪的值。当相邻两次值之差小于 $0.005A_w$ 时，即为样品水分活度测定值。同一样品重复测定 3 次。

5．结果计算

结果以三次测定值的算术平均值表示。

6．注意事项

① 需先对仪器进行校正，之后再进行样品测定。

② 该方法适用于水分活度在 0.60～0.90 之间的样品。

③ 若测定时温度不是 20℃，需对其进行校正。

7．思考题

① 水分活度与食品的储藏性能有什么关系？

② 水分活度测定除了扩散法外还有什么方法，其原理是什么？

实验六　甲醛合次硫酸氢钠的测定

甲醛合次硫酸氢钠，分子式 $NaHSO_2 \cdot CH_2O \cdot 2H_2O$，俗称吊白块或雕白粉，易溶于水。高温下具有极强的还原性，有漂白作用。遇酸即分解，120℃下分解产生甲醛、二氧化硫和硫化氢等有毒气体。吊白块水溶液在 60℃ 以上就开始分解出有害物质。

吊白块的毒性与其分解时产生的甲醛有关。人长期接触低浓度甲醛蒸汽可出现头晕、头痛、乏力、嗜睡、食欲减退、视力下降等，甲醛还具有致癌性。吊白块用作工业漂白剂。近年来，一些食品生产加工厂家把"吊白块"添加到米、面、腐竹、粉丝、豆制品、食糖、水产品、金针菇、银耳等食物中进行增白，或增强其韧性，或防止腐烂变质，严重危害了人体健康。

一、实验原理

样品经酸化后，甲醛合次硫酸氢钠中的甲酸被释放出来，经水蒸气蒸馏，收集后的吸收液中的甲醛与乙酰丙酮及铵离子反应生成黄色物质，与标准系列比较定量。

二、实验试剂

（1）磷酸溶液　吸取 10mL 磷酸（85%），加蒸馏水至 100mL。

（2）硅油。

（3）淀粉溶液　称取 1g 可溶性淀粉用少量水调成糊状，缓缓倒入 100mL 沸水，边加边搅拌，煮沸，放冷备用，此溶液临用时现配。

（4）乙酰丙酮溶液　在 100mL 蒸馏水中加入醋酸铵 25g、冰醋酸 3mL 和乙酰丙酮 0.4mL，振摇促溶，储备于棕色瓶中，此液可保存 1 个月。

（5）碘溶液　$C(1/2\ I_2) = 0.1\text{mol/L}$。

（6）硫代硫酸钠标准滴定溶液　$C(Na_2S_2O_3) = 0.1000\text{mol/L}$。

（7）氢氧化钾溶液　$C(KOH) = 1\text{mol/L}$。

（8）10%硫酸溶液　取 90mL 蒸馏水，缓缓加入 10mL 浓 H_2SO_4。

（9）甲醛标准储备液　取甲醛 1g 放入盛有 5mL 蒸馏水的 100mL 容量瓶中精密称量后，加水至刻度，从该溶液中吸取 10mL 放入碘量瓶中，加 0.1mol/L 碘溶液 50mL，1mol/L KOH 溶液 20mL，在室温放置 15min 后，加 10% H_2SO_4 溶液 15mL，用 0.1000mol/L $Na_2S_2O_3$ 标准滴定溶液滴定，滴定至溶液为淡黄色时，加入 1mL 淀粉溶液，继续滴定至无色，同时取 10mL 蒸馏水进行空白试验。

计算：

$$X = (V_0 - V_1) \times C \times 15 \times 1000 / （10 \times 1000）$$

式中　X——甲醛标准储备液的浓度，mg/mL；

　　　V_0——滴定空白溶液消耗硫代硫酸钠标准滴定溶液的体积，mL；

　　　V_1——滴定样品溶液消耗硫代硫酸钠标准滴定溶液的体积，mL；

　　　C——标准硫代硫酸钠溶液的摩尔浓度；

　　　15——甲醛（1/2 HCHO）的摩尔质量，g/mol；

　　　10——滴定时吸取甲醛标准储备液的体积，mL。

（10）甲醛标准使用液　将标定后的甲醛标准储备液用蒸馏水稀释至 5μg/mL。

三、实验仪器

分光光度计、水蒸气蒸馏装置。

四、实验步骤

1．样品处理

准确称取 5～10g 样品（根据样品中甲醛次硫酸氢钠的含量而定）置于 500mL 蒸馏瓶中，加入蒸馏水 20mL（与样品混匀），硅油 2～3 滴和磷酸溶液 10mL。立即连通水蒸气蒸馏装置，进行蒸馏，冷凝管下口应插入盛有约 20mL 蒸馏水并且置于冰水浴中的 250mL 容量瓶中。待蒸馏液约 250mL 时取出，放至室温后，加水至刻度，混匀，另作空白蒸馏。

2．测定

根据样品中甲醛次硫酸氢钠的含量，准确吸取样品蒸馏液 2～10mL 于 25mL 带刻度的具塞比色管中，补充蒸馏水至 10mL。另取甲醛标准使用液 0mL、0.5mL、1mL、3mL、5mL、7mL、10mL（相当于 0μg、2.5μg、5μg、15μg、25μg、35μg、50μg 甲醛）分别置于 25mL 带刻度具有塞比色管中，补充蒸馏水至 10mL。

在样品及标准系列管中分别加入乙酰丙酮溶液 1mL，摇匀，置沸水浴中 3min，用 1cm 比色杯以零管溶液调节零点，于波长 435nm 处测吸光度，绘制标准曲线，并记录样品吸光度值，扣除空白液吸光度值，查标准曲线计算结果。

五、实验结果计算

$$X = (A \times 1000 \times V_2)/(m \times V_1 \times 1000 \times 1000)$$

式中　X——样品中游离甲醛的含量，g/kg；

　　　A——测定用样品液中甲醛的质量，μg；

　　　m——样品质量，g；

　　　V_1——测定用样品溶液体积，mL；

　　　V_2——蒸馏液总体积，mL。

六、说明

① 水蒸气蒸馏过程中，回收瓶底部要稍稍加热，促使样品酸化过程中反应完全。

② 方法最小检出量为 2mg/kg（以游离甲醛计）。

③ 该试验结果以游离甲醛计，若以甲醛次硫酸氢钠计，可乘以系数值 5.133。

④ 部分产品原材料中可能含有醛糖类物质，经酸化处理后测出含有甲醛，但浓度很低（＜20mg/kg），所以，当测试值＞20mg/kg 时，才考虑样品中是否加入吊白块。

七、思考与讨论

分析本次实验误差产生的原因及可能的预防措施。

实验七 挥发性盐基氮的测定

方法一 半微量定氮法

1．实验目的

掌握以半微量定氮法测定挥发性盐基氮（TVBN）的方法。

2．实验原理

肉的蛋白质在腐败分解时可以产生很多碱性含氮物，如伯胺、仲胺、叔胺，也可以产生一些低分子有机碱类，它们蓄积在肌肉中，并具有挥发性，故称为挥发性盐基氮（TVBN）。肉品中所含的 TVBN 的量，随着腐败的加深而增加，与腐败程度有一定的对应关系。此项定量检验是利用弱碱剂氧化镁使碱性含氮物质游离而被蒸馏出来。用 2%硼酸吸收，用标准溶液滴定，计算求得含量。

3．试剂与仪器

（1）试剂 无氨蒸馏水、1.0%氧化镁混悬液、2%硼酸溶液、0.01mol/L 盐酸标准溶液。

甲基红-次甲基蓝混合指示剂：0.1%次甲基蓝溶液与 0.2%甲基红乙醇溶液等量混合。

（2）仪器 半微量凯氏定氮装置；微量滴定管，最小分度为 0.01mL。

4．操作步骤

（1）样品处理 称取除去脂肪和结缔组织的肉样 10.0g，剪细研匀，置于 300mL 锥形瓶中，加入无氨蒸馏水 100mL 浸提 30min，其间不断振摇，然后用干燥滤纸过滤。过滤液即为待测液。

（2）具体操作 在吸收容器（150mL 锥形瓶）中加入 2%硼酸溶液 10mL 和 5~6 滴混合指示剂后，将吸收容器置于冷凝管下端，并使冷凝管没于液面下，然后取上述样品过滤液 5mL，加入反应室内，再加入 1.0%氧化镁溶液 5mL，迅速盖塞，通入蒸汽，由冷凝管出现第一滴凝结水开始计算，蒸馏 5min 即停止。吸收溶液用 0.01mol/L 盐酸标准溶液滴定，终点呈蓝紫色。同时做空白试验。

5．结果与计算

$$X = \frac{V_1 - V_2}{W \times (5/100)} \times M \times 14 \times 100$$

式中　　X——样品中挥发性盐基氮含量，mg/100g；

　　　　V_1——测定用样品溶液消耗盐酸标准溶液体积，mL；

　　　　V_2——空白溶液消耗盐酸标准溶液体积，mL；

　　　　W——样品的质量，g；

　　　　M——盐酸标准溶液的浓度，mol/L；

　　　　14——1.0mol/L 盐酸标准溶液 1mL 相当于氮的毫克数。

6. 说明

① 氧化镁混悬液的作用：一是提供碱性环境，在它的作用下，只有胺类物质才会生成氨被游离出来，从而被蒸汽带出，被硼酸吸收；二是可以起到消泡剂的作用。

② 该法灵敏度为 0.005mg（氮）。标准回收率为 99.6%，加标回收率平均为 96.5%，挥发完全，重现性好。

方法二　微量扩散法

1. 实验目的

掌握以微量扩散法测定 TVBN 的方法。

2. 实验原理

挥发性含氮物质可在碱性溶液中释出，在扩散皿中于 37℃时挥发后吸收与吸收液中，用标准酸滴定，计算含量。

3. 试剂与仪器

（1）饱和碳酸钾溶液　取 50g 碳酸钾，加 50mL 水，微加热助溶，使用时取上清液。

（2）水溶性胶　称取 10g 阿拉伯胶，加 10mL 水，再加 5g 甘油及 5g 无水碳酸钾，研匀。

（3）2%硼酸溶液。

（4）甲基红-亚甲基蓝混合指示剂　0.1%亚甲基蓝溶液与 0.2%甲基红乙醇溶液等量混合。

（5）0.01mol/L 盐酸标准溶液。

（6）微量扩散皿（标准型）　玻璃质，内外室总直径 61mm，内室直径 35mm，外室深度 10mm，内室深度 5mm，外室壁厚 3mm，内室壁厚 2.5mm，加磨砂厚玻璃盖。其他型号亦可用。

（7）微量滴定管　最小分度为 0.01mL。

4. 操作步骤

（1）样品处理　与半微量定氮法相同。

（2）具体操作　将水溶性胶涂于扩散皿的边缘，在皿中央内室加入 1mL 吸收

液及 1 滴混合指示剂。在皿外室一侧加入 1.00mL 样品过滤液，另一侧加入 1mL
饱和碳酸钾溶液，注意勿使两液接触，立即盖好。密封后将皿于桌面上轻轻转动，
使样液于碱液混合，然后于 37℃恒温箱内放置 2h，去盖，用 0.01mol/L 盐酸标准
溶液滴定，终点呈蓝紫色。同时做试剂空白试验。

5．结果与计算

$$X = \frac{V_1 - V_2}{W \times (1/100)} \times M \times 14 \times 100$$

式中　X——样品中挥发性盐基氮含量，mg/100g；

　　　V_1——测定用样品溶液消耗盐酸标准溶液体积，mL；

　　　V_2——空白溶液消耗盐酸标准溶液体积，mL；

　　　W——样品的质量，g；

　　　M——盐酸标准溶液的浓度，mol/L；

　　　14——1mL 1.0mol/L 盐酸标准溶液相当于氮的毫克数。

实验八　面粉中面筋含量的测定

一、实验目的

面筋含量是面粉的重要工艺品质指标之一，通过本实验学会几种面筋含量的
测定方法，间接了解面粉蛋白质含量的高低。

二、实验原理

小麦面粉内所含的营养成分，就其含量来说，主要是淀粉和蛋白质。蛋白质
不溶于水，但吸水性很强，吸水后膨胀形成与胶质类似的弹性物质，称为面筋。
根据面筋不溶于水的特性，将面粉加水后揉成面团，再用水冲去其中的淀粉及麸
皮，即可得到湿面筋。

三、实验材料与设备

1．实验材料

特一粉、特二粉、标准粉、普通粉、碘液等。

2．设备

不锈钢小盆、量筒、玻璃棒、玻璃板、电热烘箱、干燥器、天平、平皿、玻
璃烧杯、100 目比延伸性测定装置等。

四、实验方法

1．湿面筋量的测定

（1）称样　从面粉样品中称取定量试样（w）特一粉 10.00g，特二粉 15.00g、

标准粉 20.00g、普通粉 25.00g。

（2）和面　将试样放入洁净的不锈钢小盆中，加入试样一半的 20～25℃温水，用玻璃棒搅和，再用手和成面团，直到不粘盆、不粘手为止，将黏附在玻璃棒上的面屑刮下，并入面团，然后放入盛有水的烧杯中，在室温下静置 20min。

（3）洗涤　手拿面团，在放有圆孔筛的不锈钢小盆的水中缓慢揉搓，洗去面团内的淀粉、麸皮等物质。洗涤过程中要更换清水数次，并注意不要把筛上的面筋碎块扔掉，反复揉洗至面筋挤出的水遇碘液（0.2g 碘化钾和 0.1g 碘溶于 100mL 蒸馏水中）不显蓝色为止。

（4）排水　将揉洗好的面筋放在干净的玻璃板上，用另一块玻璃板挤压面筋，排出面筋中游离水，每压一次后取下并擦干玻璃板。反复压挤直到稍感面筋有粘手或粘板时为止（约挤压 15 次）。也可采用转速 3000r/min 离心机排水 2min。

（5）称重　排水后将面筋放在预先烘干称重的表面皿上（w_0），称总重量（w_1）。

2．比延伸性的测定

称取已揉洗好的面筋 2.5g，搓成面筋球，在比延伸性测量装置 500mL 的量筒中加入 30℃的清水至将满，把面筋球中心挂于量筒板的钩子上，并将砝码钩了穿于同一孔内，将量筒板盖上后，立即将装置放于 30℃恒温箱中，记录时间和最初的毫米数。

3．弹性的测定

将球形的面筋放在玻璃板上，用手轻轻按下，观察复原情况。

五、实验结果

1．湿面含量

$$X = \frac{w_1 - w_0}{w} \times 100\%$$

一般面筋含量 30%以上者为高面筋含量，26%～30%的为中等面筋含量，小于 20%为低面筋含量。

2．干面筋含量

（1）将称重的湿面筋置于 105℃烘箱中，烘至恒重，称量。

（2）或将湿面筋重量除以 3，即得干面筋重量。

进行平行试验，求其平均值，即为测定结果，测定结果取小数点后一位。

3．湿面筋延伸速度

湿面筋延伸速度=延伸长度/延伸时间（mm/min）

一般生产饼干的面粉的面筋延伸速度为 10～15mm/min，生产面包的面粉的延伸速度为 5～8mm/min。

第七章

食品添加剂测定

实验一 苯甲酸及山梨酸

一、实验目的与要求

① 学习山梨酸、苯甲酸的测定方法和原理。

② 初步掌握气相色谱仪的原理和操作方法。

二、实验原理

样品酸化后，用乙醚提取山梨酸、苯甲酸，经浓缩后，经带氢火焰离子化检测器的气相色谱仪进行分离测定，用外标法与标准系列比较定量。

三、实验仪器、试剂及原料

1. 仪器

气相色谱仪，带有氢火焰离子化检测器；具塞量筒；10mL 具塞刻度试管或 10mL 容量瓶；常用玻璃仪器。

2. 试剂

（1）乙醚，不含过氧化物；石油醚，沸程 30～60℃；盐酸溶液（浓盐酸，体积分数为 50%）；无水硫酸钠（A.R.）。

（2）石油醚-乙醚（体积比为 3：1）混合液。

（3）氯化钠酸性溶液（40g/L） 于氯化钠溶液（40g/L）中加少量盐酸溶液（浓盐酸，体积分数为 50%）酸化。

（4）苯甲酸、山梨酸标准储备液 精密称取苯甲酸、山梨酸各 0.2000g，置于 100mL 容量瓶中，用石油醚-乙醚（体积比为 3：1）混合溶剂溶解后定容，此溶液每毫升含 2mg 苯甲酸或山梨酸。

3. 实验材料

2～3 种市售饮料。

四、实验步骤

1．样品的提取

吸取 10.00mL 均匀饮料（如样品中含有二氧化碳，先加热除去），放入 150mL 分液漏斗中，加盐酸溶液（浓盐酸，体积分数为 50%）2mL，先后用 15mL、10mL 乙醚提取两次，每次振摇 1min，将上层醚提取液吸入另一个 25mL 具塞量筒中，合并乙醚提取液。用 3mL 氯化钠酸性溶液（40g/L）洗涤两次，静止 15min，用滴管将乙醚层通过无水硫酸钠滤入 25mL 容量瓶中，加乙醚定容。准确吸取 5.0mL 乙醚提取液于 10mL 具塞离心管中，置 40℃的水浴上蒸干，加入 2mL 石油醚-乙醚（体积比为 3∶1）混合溶剂溶解残渣，密塞保存备用。

2．色谱条件

（1）色谱柱　玻璃柱，3mm×2m，内装涂以质量分数为 5% DEGS(聚丁二酸乙二醇酯) + 1% H_3PO_4 固定液的 60～80 目 Chromosorb WAX。

（2）气体流速　载气为氮气，50mL/min（氮气和空气、氢气之比按各仪器型号不同选择各自的最佳比例条件）。

（3）温度　进样口（气化温度）230℃；柱温 170℃；监测器 230℃。

3．测定

（1）取 6 支 10mL 容量瓶，编号并按表 7-1 操作记录。

表 7-1　试剂配加记录表

编号　　试剂	1	2	3	4	5	6
苯甲酸或山梨酸标准溶液/mL	0.25	0.50	0.75	1.00	1.25	
相当于苯甲酸或山梨酸量/μg	50	100	150	200	250	
取样品乙醚提取液体积/mL						2
用石油醚定容/mL	10	10	10	10	10	10
进样量/μL	2	2	2	2	2	2
测定峰高值/mV						

（2）以苯甲酸或山梨酸量（μg）为横坐标，与其对应的峰高值为纵坐标，绘制标准曲线。

（3）用样品测得峰高值与标准曲线比较定量。

五、实验现象与结果

样品中苯甲酸或山梨酸的含量用下式计算。

$$X = \frac{A \times 1000}{m \times \dfrac{5}{25} \times \dfrac{V_2}{V_1} \times 100}$$

式中　X——样品中苯甲酸或山梨酸的含量，g/kg；

　　　A——测定用样品液中苯甲酸或山梨酸的含量，μg；

　　　V_1——样品提取液残留物定容的体积，mL；

　　　V_2——进样体积，μL；

　　　m——样品质量或体积，g 或 mL；

　5/25——测定时吸取乙醚提取液的体积（mL）与样品乙醚提取液的总体积（mL）之比。

六、注意事项

① 由测得的苯甲酸的量乘以 1.18，即为样品中苯甲酸钠的含量。

② 样品处理时酸化可使山梨酸钾、苯甲酸钠转变为山梨酸、苯甲酸。

③ 乙醚提取液应用无水硫酸钠充分脱水，进样溶液中含水会影响测定结果。

④ 气相色谱仪的操作按仪器操作说明进行。

⑤ 注意点火前严禁打开氮气调节阀，以免氢气逸出引起爆炸；点火后，不允许再转动放大调零旋钮。

七、思考与讨论

① 样品处理时，酸化的目的是什么？

② 气相色谱定性的依据是什么？用已知物对照法定性时应注意什么？

③ 气相色谱法测定中用外标法定量有何优缺点？

实验二　酱菜汁中的山梨酸钾的测定

一、目的和要求

① 掌握硫代巴比妥酸测定食品中的山梨酸钾的原理与方法。

② 掌握工作曲线的绘制及定量计算。

二、原理

山梨酸及其盐类在有硫酸的条件下与重铬酸钾发生氧化反应生成丙二醛，丙二醛在一定条件下与硫代巴比妥酸（TBA）反应生成红色络合物，在波长 530nm 处有最大吸收，且在一定范围内其溶液颜色深浅与丙二醛的含量呈线性关系。

三、仪器、试剂及原料

1. 仪器

紫外可见分光光度计、水浴锅、比色管、分析天平等。

2．试剂

（1）硫代巴比妥酸溶液　准确称取 0.5g 硫代巴比妥酸（TBA）于 100mL 烧杯中，加 20mL 蒸馏水，再加入 10mL 氢氧化钠溶液（1mol/L），充分摇匀。使之完全溶解后再加入 11mL 盐酸（1mol/L），再将溶液全部转移至 100mL 容量瓶中，加水至刻度线。

（2）重铬酸钾-硫酸混合液　以 1/60mol/L 重铬酸钾和 0.15mol/L 硫酸以 1∶1 的比例混匀配制备用。

（3）山梨酸钾标准溶液　准确称取 250mg 山梨酸钾于 100mL 烧杯中，加蒸馏水溶解后全部转移至 250mL 容量瓶中，加水至刻度线，使之成为 1mg/mL 的山梨酸钾标准溶液。

四、操作方法

（1）样品的处理　称取酱菜汁液 1g 至 100mL 容量瓶中，加水稀释定容，摇匀后过滤，滤液备用。

（2）山梨酸钾标准曲线的绘制　分别吸取 0mL、0.25mL、0.50mL、0.75mL、1.00mL、1.50mL 山梨酸钾标准溶液于 6 个 100mL 容量瓶中，以蒸馏水定容。再分别吸取 2.0mL 于相应的 10mL 比色管中，加 2.0mL 重铬酸钾-硫酸溶液，混匀，于 100℃水浴中加热 7min，冷水冷却；立即加入 2.0mL 硫代巴比妥酸溶液，混匀，继续沸水浴加热 10min，立即取出迅速用冷水冷却，加水至刻度，混匀，在分光光度计上以 530nm 测定吸光度，并绘制标准曲线。

（3）样品的测定　吸取样品处理液 2mL 于 10mL 比色管中，按标准曲线绘制的操作程序，自"加 2.0mL 重铬酸钾-硫酸溶液"开始依次操作，在分光光度计 530nm 处测定吸光度，从标准曲线中查出样品相应浓度 c。

五、计算

试样中山梨酸钾及山梨酸含量计算式如下：

$$X_1 = \frac{c \times 100 \times 1000}{m \times 1000 \times 1000}$$

$$X_2 = \frac{X_1}{1.34}$$

式中　X_1——试样中山梨酸钾的含量，g/kg；

　　　X_2——试样中山梨酸的含量，g/kg；

　　　c——样品处理液中山梨酸钾的浓度，μg/mL；

　　　m——试样的质量，g。

六、说明

硫代巴比妥酸溶液要在使用时新配制，最好在配制后不超过 6h 内使用。

七、思考与讨论

配制较高浓度的重铬酸钾溶液，对结果会有什么影响，为什么？

实验三 糖精

一、实验目的与要求

本实验采用高效液相色谱法测定食品中的糖精钠（简称糖精）含量，使学生掌握高效液相色谱法测定的基本条件、操作步骤及注意事项。

二、实验原理

样品加温除去二氧化碳和乙醇，调 pH 至近中性，过滤后进高效液相色谱仪，经反相色谱分离后，以其标准溶液峰的保留时间为依据进行定性，以其峰面积求出样液中被测物质的含量。

三、实验仪器、试剂及原料

1. 仪器

高效液相色谱仪，紫外检测器，移液器，微孔滤膜。

2. 试剂

（1）甲醇 经滤膜（0.5μm）过滤。

（2）氨水（1+1） 氨水加等体积水混合。

（3）乙酸铵溶液（0.02mol/L） 称取 1.54g 乙酸铵，加水至 1000mL 溶解，经滤膜（0.45μm）过滤。

（4）糖精钠标准储备溶液 准确称取 0.0851g 经 120℃烘干 4h 后的糖精钠，加水溶解定容至 100.0mL。糖精钠含量 1.0mg/mL，作为储备溶液。

（5）糖精钠标准使用溶液 吸取糖精钠标准储备液 10.0mL 放入 100mL 容量瓶中，加水至刻度。经滤膜（0.45μm）过滤。该溶液每毫升相当于 0.10mg 的糖精钠。

3. 实验材料

2～3 种市售饮料。

四、实验步骤

1. 样品处理

（1）汽水 称取 5.00～10.00g，放入小烧杯中，微温搅拌除去二氧化碳，用氨水（1+1）调 pH 约 7。加水定容至适当的体积，经滤膜（0.45μm）过滤。

（2）果汁类　称取 5.00～10.00g，用氨水（1+1）调 pH 约 7，加水定容至适当的体积，离心沉淀，上清液经滤膜（0.45μm）过滤。

（3）配制酒类　称取 10.0g，放小烧杯中，水浴加热除去乙醇，用氨水（1+1）调 pH 约 7，加水定容至 20mL，经滤膜（0.45μm）过滤。

2. 高效液相色谱参考条件

（1）色谱柱　YWG-C184.6mm×250mm，10μm 不锈钢柱。

（2）流动相　甲醇：乙酸铵溶液(0.02mol/L)(5+95)。

（3）流速　1mL/min。

（4）检测器　紫外检测器，波长 230nm，灵敏度 0.2AUFS。

五、实验现象与结果

取样品处理液和标准使用液各 10μL（或相同体积）注入高效液相色谱仪进行分离，以其标准溶液峰的保留时间为依据进行定性，以其峰面积求出样液中被测物质的含量，供计算。

$$X = \frac{m_1 \times 1000}{m_2 \times \dfrac{V_2}{V_1} \times 1000}$$

式中　X——样品中糖精钠含量，g/kg；

　　　m_1——进样体积中糖精钠的质量，mg；

　　　V_2——进样体积，mL；

　　　V_1——样品稀释液总体积，mL；

　　　m_2——样品质量，g。

结果的表述：报告算术平均值的三位小数。

六、注意事项

① 相对相差≤10%。

② 按照仪器操作说明使用设备。

七、思考与讨论

① 如果柱压偏低需要采取什么措施？

② 为什么要把待测样 pH 值调整到 7？

实验四　二氧化硫

一、实验目的与要求

掌握直接碘量法测定果酒中 SO_2 的原理和方法。

二、实验原理

在碱性条件下，样品中结合态 SO_2 被解离出来，利用碘可以与 SO_2 发生氧化还原反应的特性，用碘标准溶液作为滴定溶液，以淀粉为指示液，可以测定样品中 SO_2 的含量。

三、仪器、试剂及原料

1．仪器

滴定管、碘量瓶等。

2．试剂

（1）NaOH 溶液　100g/L。

（2）H_2SO_4 溶液　1 倍体积 H_2SO_4 + 3 倍体积水。

（3）淀粉指示液（10g/L）　将 1g 可溶性淀粉与 5mL 水制成糊状，搅拌下将糊状物加入 100mL 水中，煮沸几分钟后冷却，可使用两周。

（4）碘标准溶液（0.1mmol/L）　称取 13g 碘及 35g 碘化钾，于玻璃研钵中，加少量水研磨溶解，用水稀释至 1000mL，保存于带塞的棕色瓶中。

（5）碘标准滴定溶液（0.02mmol/L）　将碘标准溶液用水稀释 5 倍。

3．原料

2～3 种市售果酒。

四、实验步骤

取 25.00mL NaOH 溶液于 250mL 碘量瓶中，再准确吸取 25.00mL 20℃葡萄酒样品，并以吸管尖插入 NaOH 溶液的方式，加入碘量瓶中，摇匀，盖塞，静置 15min 后，再加入少量冰块、1mL 淀粉指示液、10mL H_2SO_4 溶液，轻轻摇匀，用碘标准溶液迅速滴定至淡蓝色，30s 内不变即为终点，记下消耗碘标准溶液的体积。

以水代替样品，做空白试验，操作同上。

五、实验计算与结果

根据下列公式计算样品中 SO_2 的含量：

$$X = \frac{c(V - V_0) \times 32}{25} \times 1000$$

式中　X——样品中游离 SO_2 的含量，mg/L；

　　　c——碘标准溶液的浓度，mol/L；

　　　V——样品消耗碘标准滴定溶液的体积，mL；

　　　V_0——空白试验消耗碘标准滴定溶液的体积，mL；

32——与 1.00mL 碘标准滴定溶液 $\left[c(1/2I_2)=1.00mol/L\right]$ 相当的以 mg 表示的 SO_2 质量；

25——取样体积，mL。

六、注意事项

实验过程中，加入 H_2SO_4 溶液后应立即滴定，且不可用力摇动，否则将影响实验结果。

七、思考与讨论

① 用化学反应方程式表示实验原理的化学反应过程。

② 为什么配置碘标准溶液时要加入 KI？

③ 测定的果酒中 SO_2 的含量是否超出了国家标准？

实验五　亚硝酸盐

一、实验目的与要求

① 学习肉制品中食品添加剂亚硝酸盐的检测方法。

② 掌握盐酸萘乙二胺法的基本操作技术。

二、实验原理

样品经沉淀蛋白质，除去脂肪后，在弱酸条件下，亚硝酸盐与对氨基苯磺酸重氮化，再与盐酸萘乙二胺偶合形成紫红色染料，其最大吸收波长为 538nm，可测得吸光度并与标准比较定量。反应式如下：

三、仪器、试剂及原料

1．仪器

小型绞肉机、组织捣碎机、分光光度计、50mL 比色管或容量瓶。

2．试剂

（1）亚铁氰化钾溶液　称取 106g 亚铁氰化钾[$K_4Fe(CN)_6 \cdot 3H_2O$]溶于水，并定容至 1000mL。

（2）乙酸锌溶液　称取 220g 乙酸锌[$Zn(CH_3COO)_2 \cdot 2H_2O$]加 30mL 冰乙酸，溶于水并定容至 1000mL。

（3）硼砂饱和溶液　称取 5g 硼酸钠（$Na_2B_4O_7 \cdot 10H_2O$）溶于 100mL 热水中，冷却备用。

（4）0.4%对氨基苯磺酸溶液　称取 0.4g 对氨基苯磺酸溶于 100mL20%盐酸中，避光保存。

（5）0.2%盐酸萘乙二胺溶液　称取 0.2g 盐酸萘乙二胺，以水定容 100mL，避光保存。

（6）氢氧化铝乳液　溶解 125g 硫酸铝[$Al_2(SO_4)_3 \cdot 18H_2O$]于 1000mL 重蒸馏水中，使氢氧化铝全部沉淀（溶液呈微碱性），用蒸馏水反复洗涤，真空抽滤，直至洗液分别用氯化钡、硝酸银检验不发生浑浊为止。取下沉淀物，加适量重蒸馏水使呈稀浆糊状，捣匀备用。

（7）果蔬提取剂　50g 氯化镉与 50g 氯化钡溶于 1000mL 重蒸馏水中，用浓盐酸（2mL 左右）调整到 pH 为 1。

（8）亚硝酸钠标准溶液　精密称取 0.1000g 于硅胶干燥器中干燥 24h 的亚硝酸钠（G.R.），加水溶解移入 500mL 容量瓶中，并稀释至刻度。此溶液每毫升相当于 200μg 亚硝酸钠。

（9）亚硝酸钠标准使用液　吸取标准液 5mL 于 200mL 容量瓶中，用重蒸馏水定容。此溶液含 5μg/mL 亚硝酸钠，临用时配制。

3．原料

各实验室随机选取蔬菜或者畜禽肉产品。

四、实验步骤

1．样品中硝酸盐和亚硝酸盐的提取

（1）肉类制品（红烧类除外）　称取经搅碎混合均匀的试样 5g 于 50mL 烧杯中，加入硼砂饱和溶液 12.5mL，用玻璃棒搅动，然后用 70℃蒸馏水约 300mL 将其洗入 500mL 的容量瓶中，置沸水浴中加热 15min，取出，一边转动，一边加入 5mL 亚铁氰化钾溶液，摇匀，再加入 5mL 乙酸锌溶液以沉淀蛋白质。定容，混匀，静置半小时，除去上层脂肪，过滤，弃去初滤液 30mL，收集滤液备用。

（2）红烧肉类制品　前面部分同肉制品。取其滤液 60mL 于 100mL 容量瓶中，加氢氧化铝乳液至刻度，过滤，滤液应无色透明。

（3）果蔬类　称取适量样品用组织捣碎机捣碎，取适量匀浆于 500mL 容量瓶中，加水 200mL，加入果蔬提取剂 100mL（如滤液有白色悬浮物，可适当减少加入量），振摇 1h。加 2.5mol/L 氢氧化钠溶液 40mL，用重蒸馏水定容后立即过滤。然后取 60mL 滤液于 100mL 容量瓶中，加氢氧化铝乳液至刻度。用滤纸过滤，滤液应无色透明。

2．标准曲线绘制

吸取 0.00mL、0.20mL、0.40mL、0.60mL、0.80mL、1.0mL、1.5mL、2.0mL、2.5mL 亚硝酸钠标准使用液（相当于 0μg、1μg、2μg、3μg、4μg、5μg、7.5μg、10μg、12.5μg 亚硝酸钠），分别置 50mL 比色管中。各加入 0.4%对氨基苯磺酸 2mL。混匀，静置 3～5min 后加入 1.0mL 0.2%盐酸萘乙二胺溶液，加水至刻度、混匀，静置 15min，用 2cm 比色杯，以零管调零，于 538nm 处测定吸光度，绘制标准曲线。

3．样品测定

吸取 40mL 样品提取液于 50mL 比色管中，按绘制标准曲线同样方法操作，于 538nm 处测吸光度，从标准曲线上查出测定用样液中亚硝酸钠的含量（μg/mL）。

五、实验现象与结果

$$X_1 = \frac{c \times 1000}{m \times \dfrac{40}{500} \times \dfrac{1}{50} \times 1000 \times 1000}$$

$$X_2 = \frac{c \times 1000}{m \times \dfrac{60}{500} \times \dfrac{40}{100} \times \dfrac{1}{50} \times 1000 \times 1000}$$

式中　X_1——肉制品中亚硝酸盐含量，g/kg；

　　　X_2——红烧类和果蔬类中亚硝酸盐含量，g/kg；

　　　c——测定用样液中亚硝酸盐含量，μg/mL；

　　　m——样品质量，g。

六、注意事项

① 亚铁氰化钾和乙酸锌溶液作为蛋白质沉淀剂，使产生的亚铁氰化钾沉淀与蛋白质产生共沉淀。

② 蛋白质沉淀剂也可采用硫酸锌（30%）溶液。

③ 硼砂饱和溶液作用有二：一是亚硝酸盐提取剂，二是蛋白质沉淀剂。

④ 本实验用水应为重蒸馏水，以减少误差。

七、思考与讨论

① 若从标准曲线上查不到滤液所相当的亚硝酸钠量（>4μg），如何改进实验？

② 为什么要用试剂空白作参比溶液？

实验六　合成色素

一、实验目的与要求

① 了解食用合成色素的检测方法。

② 掌握高效液相色谱法的操作技术。

二、实验原理

食品中人工合成着色剂用聚酰胺吸附法或液-液分配法提取，制成水溶液，注入高效液相色谱仪，经反相色谱分离，根据保留时间定性与峰面积比较进行定量。

三、仪器、试剂及原料

1．仪器

高效液相色谱仪，带紫外检测器。

2．试剂

（1）正己烷　分析纯。

（2）盐酸　分析纯。

（3）乙酸。

（4）甲醇　经滤膜（0.45μm）过滤。

（5）聚酰胺粉　过200目筛。

（6）乙酸铵溶液（0.02mol/L）　称取1.54g乙酸铵，加水至1000mL，溶解，经滤膜（0.45μm）过滤。

（7）氨水　量取氨水2mL，加水至100mL，混匀。

（8）甲醇-甲酸（6+4）溶液　量取甲醇60mL，甲酸40mL，混匀。

（9）柠檬酸溶液　称取20g柠檬酸（$C_6H_8O_7 \cdot H_2O$），加水至100mL，溶解混匀。

（10）无水乙醇-氨水-水（7+2+1）溶液　量取无水乙醇70mL、氨水20mL、水10mL，混匀。

（11）三正辛胺正丁醇溶液（5%）　量取三正辛胺5mL，加正丁醇至100mL，混匀。

（12）饱和硫酸钠溶液。

（13）pH6 的水　水加柠檬酸溶液调 pH 到 6。

（14）合成着色剂标准溶液　准确称取按其纯度折算为 100%质量的柠檬黄、日落黄、苋菜红、胭脂红、新红、赤藓红、亮蓝、靛蓝各 0.1000g，置 100mL 容量瓶中，加 pH6 的水到刻度。

（15）合成着色剂标准使用液　临用时合成着色剂标准溶液加水稀释 20 倍，经滤膜（0.45μm）过滤。配成每毫升相当 50.0μg 的合成着色剂。

3．原料

2～3 种市售饮料或蜜饯。

四、实验步骤

1．样品处理

（1）橘子汁、果味水、果子露、汽水等　称取 20.0～40.0g，放入 100mL 烧杯中。含二氧化碳样品需要加热以驱除二氧化碳。

（2）配制酒类　称取 20.0～40.0g，放 100mL 烧杯中，加小碎瓷片数片，加热驱除乙醇。

（3）硬糖、蜜饯类、淀粉软糖等　称取 5.00～10.00 粉碎样品，放入 100mL 小烧杯中，加水 30mL，温热溶解，若样品溶液 pH 较高，用柠檬酸溶液调 pH 到 6 左右。

（4）巧克力豆及着色糖衣制品　称取 5.00～10.00g 放入 100mL 小烧杯中，用水反复洗涤色素，到巧克力豆无色素为止，合并色素漂洗液为样品溶液。

2．色素提取

（1）聚酰胺吸附法　样品溶液加柠檬酸溶液调 pH 至 6，加热至 60℃，将 1g 聚酰胺粉加少许水调成糊状，倒入样品溶液中，搅拌片刻，以 G3 垂熔漏斗抽滤，用 60℃pH6 的水洗涤 3～5 次，然后用甲醇-甲酸混合溶液洗涤 3～5 次（含赤藓红的样品用液-液分配法处理），再用水洗至中性，用无水乙醇-氨水-水混合溶液解吸 3～5 次，每次 5mL，收集解吸液，加乙酸中和，蒸发至近干，加水溶解，定容至 5mL 经滤膜（0.45μm）过滤，取 10μL。进行 HPLC 分析。

（2）液-液分配法（适用于含赤藓红的样品）　将制备好的样品溶液放入分液漏斗中，加 2mL 盐酸、三正辛胺正丁醇溶液（5%）10～20mL，充分振摇提取，静置分取有机相，重复提取 2～3 次，每次 10mL，直至有机相无色，合并有机相，用饱和硫酸钠溶液洗 2 次，每次 10mL，分取有机相，放于蒸发皿中，水浴加热浓缩至 10mL，转移至分液漏斗中，加 60mL 正己烷，混匀，加氨水提取 2～3 次，每次 5mL，合并氨水溶液层（含水溶性酸性色素），用正己烷洗 2～3 次，分取氨水层加乙酸调成中性，水浴加热蒸发至近干，加水定容至 5mL。经滤膜（0.45μm）过滤，取 10μL 进高效液相色谱仪。如图 7-1 所示。

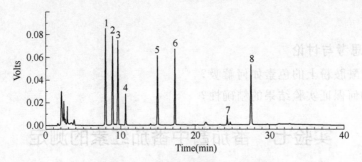

图 7-1　八种着色剂色谱分离图

1—新红；2—柠檬黄；3—苋菜红；4—靛蓝；5—胭脂红；6—日落黄；7—亮蓝；8—赤藓红

3．高效液相色谱分析参考条件

（1）色谱柱　YWG-Cl8，10μm 不锈钢柱，4.6mm×250mm。

（2）流动相　甲醇-乙酸铵溶液（0.02mol/L）（pH4）。

（3）梯度洗脱　用浓度为 20%～35%的甲醇洗脱 5min；用浓度为 35%～98%的甲醇洗脱 5min；用浓度为 98%的甲醇继续洗脱 6min。

（4）流速　1mL/min。

（5）紫外检测器　波长 254nm。

4．测定

取相同体积样液和合成着色剂标准使用液分别注入高效液相色谱仪，根据保留时间定性，外标峰面积法定量。

五、实验现象与结果

样品中着色剂含量由下式计算，结果保留两位有效数字。

$$X = \frac{m_1 \times V_1}{m_2 \times V_2 \times 1000}$$

式中　X——样品中着色剂的含量，mg/g；

　　　m_1——样液中着色剂的质量，μg；

　　　V_2——样品进样体积，mL；

　　　V_1——样品稀释总体积，mL；

　　　m_2——样品质量，g。

结果的表述：保留算术平均值的二位有效数，允许相对误差≤10%。

六、注意事项

① 测定一个样品后，将流动相中甲醇溶液恢复至 20%，流动相平衡 20min 后，再测定下一个样品。

② 相同条件下每个样品独立测定 3 次，计算的绝对值不得超算数平均值

的 10%。

七、思考与讨论

① 聚酰胺粉上的色素如何解吸？

② 如何保证实验结果的精确性？

实验七 番茄酱中番茄红素的测定

一、目的与要求

① 了解番茄红素的提取及其测定方法。

② 熟练使用分光光度计。

二、原理

用甲醇提取出黄色素，再用苯（或甲苯）提取出番茄红素，其在 487nm 处有最大吸收值，可以测定。因番茄红素不稳定，故可以用苏丹 1 号色素代替制作标准曲线。

三、仪器、试剂及原料

1．仪器

紫外可见分光光度计、分析天平等。

2．试剂

苏丹 1 号色素、无水乙醇、无水甲醇、甲苯等。

3．原料

番茄酱。

四、操作方法

1．标准曲线制作（用苏丹 1 号色素代替番茄红素）

准确称取苏丹 1 号色素 25mg，用无水乙醇溶解并定容至 50mL，摇匀。吸取 50μL、100μL、200μL、400μL、500μL 分别注入 50mL 容量瓶中，用无水乙醇稀释至刻度，摇匀后，即得相当于 0.5μg/mL、1.0μg/mL、1.5μg/mL、2.0μg/mL、2.5μg/mL 番茄红素的苏丹 1 号色素标准溶液。在 487nm 下测定消光值，绘出标准曲线。

2．样品测定

准确称取番茄酱 0.5g，加入少量无水甲醇，迅速调匀（防止结块），抽提黄色素，过滤。反复用无水甲醇抽提，直至滤液无色为止（滤液弃去）。换一干燥的 25mL 容量瓶承接，用甲苯洗涤残渣，直至残渣无色为止。滤液移至 50mL 容量瓶中，加甲苯至刻度，摇匀。吸取 5mL 注入具塞刻度试管中，加甲苯至 20mL，混匀。用甲苯作空白，在最大吸收波长 487nm 下测定消光值，从标准曲线上查得相应的 C 值。

五、计算

样品中番茄红素含量计算式如下：

$$X = \frac{C \times 50}{m \times 1000} \times 100$$

式中　X——样品中番茄红素含量，mg/100g；

　　　C——从标准曲线上查得番茄红素的量，μg/mL；

　　　m——样品的质量，g；

　　　100——单位换算系数。

六、说明

合成色素虽较稳定，但存放时间长的合成色素仍会有轻微褪色，应与标准番茄红素作对照，以确定其相应浓度。

七、思考与讨论

① 为什么选用苏丹 1 号色素为标准品？

② 无水甲醇的作用？

实验八　小麦粉中过氧化苯甲酰的测定

过氧化苯甲酰又称过氧化二苯甲酰，是面粉企业用于小麦粉生产的添加剂。过氧化苯甲酰具有强氧化性，在空气和酶的催化作用下，与面粉中的水分作用，释放出初生态的氧，反应式为：

$$(C_6H_5CO)_2O_2 + H_2O \longrightarrow 2C_6H_5COOH + [O]$$

初生态的氧可以氧化面粉中的不饱和脂溶性色素和其他有色成分而使面粉变白。所以过氧化苯甲酰作为小麦粉改良剂，它的主要作用是增加面粉白度。其还原产物苯甲酸可抑制小麦粉中一些酶的作用及微生物的生长，促进小麦粉熟化。因为过氧化苯甲酰添加到面粉中水解后生成苯甲酸残留在面粉中，对人体造成积累中毒。因此，从 2011 年 5 月 1 日起国家已禁止在面粉中使用面粉增白剂过氧化苯甲酰。

方法一　气相色谱法

检测依据：GB/T 18415《小麦粉中过氧化苯甲酰的测定方法》。

1. 实验原理

小麦粉中的过氧化苯甲酰被还原铁粉和盐酸反应产生的原子态氢还原，生成苯甲酸，经提取净化后，用气相色谱仪测定，与标准系列比较定量。

2．实验仪器

气相色谱仪。

3．实验试剂

还原铁粉、乙醚、盐酸、5%氯化钠水溶液、苯甲酸标准使用液。

4．分析步骤

（1）样品处理　准确称取试样 5.00g 于具塞三角瓶中，加入 0.01g 还原铁粉、约 20 粒玻璃珠和 20mL 乙醚，混匀。逐滴加入 0.5mL 盐酸，回旋摇动，用少量乙醚冲洗三角瓶内壁，放置至少 12h。振摇三角瓶，摇匀后，静置片刻，将上层清液经快速滤纸过滤入分液漏斗中。用乙醚洗涤三角瓶内的残渣，每次 15mL（工作曲线溶液每次用 10mL），共洗三次。上清液一并滤入分液漏斗中，最后用少量乙醚冲洗过滤漏斗和滤纸，滤液合并于分液漏斗中。向分液漏斗中加入 5%氯化钠溶液 30mL，回旋摇动 30s，并注意适时放气，防止气体顶出活塞。静置分层后，弃去下层水相溶液。重复用氯化钠溶液洗涤一次，弃去下层水相。加入 1%碳酸氢钠的 5%氯化钠水溶液 15mL，回旋摇动 2min（切勿剧烈振荡，以免乳化，并注意适时放气）。待静置分层后，将下层碱液放入已预置 3～4 勺固体氯化钠的 50mL 比色管中，分液漏斗中的醚层用碱性溶液重复提取一次，合并下层碱液放入比色管中。加入 0.8mL 盐酸，适当摇动比色管以充分驱除残存的乙醚和反应产生的二氧化碳（室温较低时可将试管置于 50℃水浴中加热，以便于驱除乙醚），至确认管内无乙醚的气味为止。加入 5.00mL 石油醚+乙醚混合溶液，充分振摇 1min，静置分层。上层醚液即为进行气相色谱分析的测定液。

（2）绘制工作曲线　准确吸取苯甲酸标准使用液（100μg/mL）0mL、1.0mL、2.0mL、3.0mL、4.0mL 和 5.0mL，分别置于 150mL 具塞三角瓶中，除不加还原铁粉外，其他操作同样品前处理。其测定液的最终浓度分别为 0μg/mL、20μg/mL、40μg/mL、60μg/mL、80μg/mL 和 100μg/mL。以微量注射器分别取不同浓度的苯甲酸溶液 2.00μL 注入气相色谱仪。以苯甲酸峰面积为纵坐标、苯甲酸浓度为横坐标，绘制工作曲线。

（3）测定

① 色谱条件内径 3mm、长 2m 的玻璃柱，填装涂布 5%（质量分数）DEGS+1%磷酸固定液的（60～80 目）Chromosorb W/AW DMCS。调节载气（氮气）流速，使苯甲酸于 5～10min 出峰。柱温为 180℃，检测器和进样温度为 250℃。不同型号仪器调整为最佳工作条件。

② 进样　用 10μL 微量注射器取 2.0μL 测定液，注入气相色谱仪，取试样的苯甲酸峰面积与工作曲线比较定量。

5. 结果分析计算

试样中的过氧化苯甲酰含量按下式计算：

$$X_1 = \frac{c_1 \times 5 \times 1000}{m_1 \times 1000} \times 0.992$$

式中 X_1——试样中的过氧化苯甲酰含量，mg/kg；

　　c_1——由工作曲线上查出的试样测定液中相当于苯甲酸溶液的浓度，μg/mL；

　　5——试样提取液的体积，mL；

　　m_1——试样的质量，g；

　0.992——由苯甲酸换算成过氧化苯甲酰的换算系数。

6. 说明

取双试验测定算术平均值的两位有效数字，双试验测定值的相对偏差不得大于 15%。

方法二　高效液相色谱法

检测依据：GB/T 22325—2008《小麦粉中过氧化苯甲酰的测定》。

1. 实验原理

由甲醇提取的过氧化苯甲酰，用碘化钾作为还原剂将其还原为苯甲酸，高效液相色谱分离，在 230nm 下检测。

2. 实验仪器

高效液相色谱仪。

3. 实验试剂

甲醇、50%碘化钾水溶液、苯甲酸标准使用液。

4. 实验步骤

（1）样品制备　称取样品 5g（精确至 0.1mg）置于 50mL 具塞比色管中，加 10.0mL 甲醇，在旋涡混匀器上混匀 1min，静置 5min。加 50%碘化钾水溶液 5.0mL，在旋涡混匀器上混匀 1min，放置 10min 加水至 50.0mL，混匀，静置，取上清液通过 0.22μm 滤膜，滤液置于样品瓶中备用。

（2）标准曲线的制备　准确吸取苯甲酸标准使用液（100μ/mL）0mL、0.625mL、1.25mL、2.50mL、5.00mL、10.00mL、12.50mL、25.00mL 分别置于 8 个 25mL 容量瓶中，分别加甲醇至 25.0mL，配成浓度分别为 0μg/mL、2.50μg/mL、5.00μg/mL、10.00μg/mL、20.00μg/mL、40.00μg/mL、50.00μg/mL、100.00μg/mL 的苯甲酸标准系列溶液。

分别取 8 份 5g（精确至 0.1mg）不含苯甲酸和过氧化苯甲酰的小麦粉试样于 8 支 50mL 具塞比色管中，分别准确加入苯甲酸标准系列溶液 10.00mL，在旋涡混匀器上混匀 1min，静置 5min 后加 50%碘化钾水溶液 5.0mL，在旋涡混匀器上混匀 1min，放置 10min。加水至 50mL，混匀，静置，取上清液通过 0.22μm 滤膜，滤液置于样品瓶中备用。

标准液的最终浓度分别为 0μg/mL、5.0μg/mL、10.0μg/mL、20.0μg/mL、40.0μg/mL、80.0μg/mL、100.0μg/mL、200.0μg/mL。依次取不同浓度的苯甲酸标准液 10.0μL，注入液相色谱仪，以苯甲酸峰面积为纵坐标，苯甲酸浓度为横坐标，绘制工作曲线。

（3）测定

① 色谱条件色谱柱：4.6mm×250mm，C18 反相柱（5μm）。检测波长 230nm。流动相：甲醇：水（含 0.02mol/L 乙酸铵）为 10：90（体积比）。流速 1.0mL/min，进样量 10.0μL。

② 取 10.0μL 试液注入液相色谱仪，根据苯甲酸的峰面积从工作曲线上查取对应的苯甲酸浓度，并计算样品中过氧化苯甲酰的含量。

5．实验结果分析

样品中过氧化苯甲酰的含量按下式计算：

$$D = \frac{c \times V \times 1000}{m \times 1000 \times 1000} \times 0.992$$

式中　　D——样品中过氧化苯甲酰的含量，g/kg；

　　　　c——由工作曲线上查出的试样测定液相当于苯甲酸的浓度，μg/mL；

　　　　V——试样提取液的体积，mL；

　　　　m——样品质量，g；

　　0.992——由苯甲酸换算成过氧化苯甲酰的换算系数。

结果保留两位有效数字。

实验九　亚硫酸盐的测定

我国允许使用的漂白剂，主要包括亚硫酸钠、亚硫酸氢钠、低亚硫酸钠（又名保险粉）、焦亚硫酸钠和硫黄燃烧生成的二氧化硫。目前在我国食品行业中，采用二氧化硫及亚硫酸盐进行漂白和护色的产品比较多，两者对人体健康有一定影响，因此需严格控制其使用范围和使用量。

方法一　亚硫酸盐测定的盐酸副玫瑰苯胺法

本方法适用于各类食品中游离型和结合型亚硫酸盐残留量的测定。方法操作简单、快速，灵敏度高，再现性良好。

1．实验原理

亚硫酸盐与四氯汞钠反应生成稳定的络合物，再与甲醛及盐酸副玫瑰苯胺作用生成紫红色物质，与标准系列比较定量。

2．实验试剂

（1）氢氧化钠溶液　$c(NaOH) = 0.5mol/L$。

（2）硫酸溶液　$c(1/2\ H_2SO_4) = 0.5mol/L$。

（3）四氯汞钠吸收液　称取 13.6g 氯化高汞及 6g 氯化钠，溶于水中并稀释至 1000mL，放置过夜，过滤后备用。

（4）氨基磺酸铵溶液　12g/L。

（5）甲醛溶液　吸取 0.55mL 无聚合沉淀的 36%甲醛，加水 99.45mL 稀释，混匀。

（6）淀粉指示液　称取 1g 可溶性淀粉，用少量水调成糊状，缓缓倾入 100mL 沸水中，边加边搅拌，煮沸，放冷备用，此溶液临用时现配。

（7）亚铁氰化钾溶液　称取 10.6g 亚铁氰化钾[$K_4Fe(CN)_6 \cdot 3H_2O$]，加水溶解并稀释至 100mL。

（8）乙酸锌溶液　称取 22g 乙酸锌[$Zn(CH_3COO)_2 \cdot 2H_2O$]，溶于少量水中，加入 3mL 冰乙酸，加水稀释至 100mL。

（9）盐酸副玫瑰苯胺溶液　称取 0.1g 盐酸副玫瑰苯胺（$C_{19}H_{18}N_3Cl \cdot 4H_2O$）于研钵中，加少量水研磨使溶解并稀释至 100mL。取出 20mL，置 100mL 容量瓶中，加 6mol/L 盐酸溶液，充分摇匀后使溶液由红变黄，如不变黄再滴加少量盐酸至出现黄色。加水稀释至刻度，混匀备用（如无盐酸副玫瑰苯胺可用盐酸品红代替）。

盐酸副玫瑰苯胺的精制方法：称取 20g 盐酸副玫瑰苯胺于 400mL 水中，用 50mL 2mol/L 盐酸溶液酸化，徐徐搅拌。加 4～5g 活性炭，加热煮沸 2min。将混合物倒入大漏斗中，过滤（用保温漏斗趁热过滤）。滤液放置过夜，出现结晶，然后再用布氏漏斗抽滤，将结晶再悬浮于 1000mL 乙醚/乙醇（10/1）的混合液中，振摇 3min，以布氏漏斗抽滤，再用乙醚反复洗涤至醚层不带色为止。于硫酸干燥器中干燥，研细后储存于棕色瓶中保存。

（10）碘溶液　$c(1/2\ I_2) = 0.1mol/L$。

（11）硫代硫酸钠标准滴定溶液　$c(Na_2S_2O_3 \cdot 5H_2O) = 0.1000mol/L$。

（12）二氧化硫标准储备溶液　称取 0.5g 亚硫酸氢钠，溶于 200mL 四氯汞钠吸收液中，放置过夜。上清液用定量滤纸过滤备用。

吸取 10mL 亚硫酸氢钠-四氯汞钠溶液于 250mL 碘量瓶中，加 100mL 水，准确加入 20mL 0.1mol/L 碘溶液和 5mL 冰乙酸，摇匀，放置暗处 2min 后，迅速以 0.1000mol/L 硫代硫酸钠标准滴定溶液滴定至淡黄色。加 0.5mL 淀粉指示液，继续滴至无色。另取 100mL 水，准确加入 20mL 0.1mol/L 碘溶液和 5mL 冰乙酸，按同一方法做空白试验。

计算： $X = (V_2 - V_1) \times c \times 32.03/10$

式中　X——二氧化硫标准溶液浓度，mg/mL；

　　　c——硫代硫酸钠标准滴定溶液的浓度，mol/L；

　　　V_1——测定用二氧化硫标准溶液消耗硫代硫酸钠标准滴定溶液体积，mL；

　　　V_2——试剂空白消耗硫代硫酸钠标准滴定溶液体积，mL；

　　32.03——与 1mL 硫代硫酸钠标准滴定溶液 $[c(Na_2S_2O_3) = 1.000mol/L]$ 相当的
　　　　　　二氧化硫的质量，mg。

（13）二氧化硫标准使用溶液　临用前将二氧化硫标准储备溶液以四氯汞钠吸收液稀释成每毫升含 2μg 二氧化硫。

3. 实验仪器

分光光度计。

4. 实验步骤

（1）样品处理

① 水溶性固体样品如白糖等　可称取 10g 均匀样品（样品量可视含量高低而定），以少量水溶解，置 100mL 容量瓶中。加入 4mL 0.5mol/L 氢氧化钠溶液，5min后加入 4mL 0.5mol/L 硫酸溶液，然后加入 20mL 四氯汞钠吸收液，以水稀释至刻度。

② 其他固体样品如饼干、粉丝等　称取 5～10g 研磨均匀的样品，以少量水湿润并移入 100mL 容量瓶中，然后加入 20mL 四氯汞钠吸收液，浸泡 4h 以上。若上层溶液不澄清，可加入亚铁氰化钾及乙酸锌溶液各 2.5mL，最后用水稀释至刻度，过滤后备用。

③ 液体样品如葡萄酒等　直接吸取 5～10mL 样品，置于 100mL 容量瓶中，以少量水稀释，加 20mL 四氯汞钠吸收液，最后加水到刻度，摇匀，必要时过滤备用。

（2）测定　吸取 0.5～5mL 上述样品处理液于 25mL 具塞比色管中。另取 0mL、0.2mL、0.4mL、0.6mL、0.8mL、1.0mL、1.5mL、2.0mL 二氧化硫标准使用溶液（相当于 0μg、0.4μg、0.8μg、1.2μg、1.6μg、2.0μg、3.0μg、4.0μg 二氧化硫），分别置于 25mL 具塞比色管中。于样品及标准管中各加入四氯汞钠吸收液至 10mL，然后各加入 1mL 12g/L 氨基磺酸铵溶液、1mL 甲醛溶液及 1mL 盐酸副玫瑰苯胺溶液，摇匀，放置 20min。用 1cm 比色杯以零管调节零点，于波长 550nm 处测吸光度，绘制标准曲线。

5. 结果分析计算

$$X = (A \times 1000)/[m \times (V/100) \times 1000 \times 1000]$$

式中　X——样品中二氧化硫的含量，g/kg；

A——测定用样液中二氧化硫的质量，μg；

m——样品质量，g；

V——测定用样品体积，mL。

6. 说明

① 盐酸副玫瑰苯胺中盐酸使用量对显色有影响，加入盐酸量多，显色浅，量少显色深。

② 二氧化硫标准溶液的浓度随放置时间逐渐降低，必须临用前用新标定的二氧化硫标准储备溶液稀释。

③ 亚硫酸易与食品中的醛（乙醛等）、酮（酮戊二酸、丙酮酸）和糖（葡萄糖、果糖、甘露糖）相结合，以结合形式的亚硫酸存在于食品中。加碱是将食品中的二氧化硫释放出来，加硫酸是为了中和碱，这是因为总的显色反应是在微酸性条件下进行的。

④ 亚硝酸对本法有干扰，故加入氨基磺酸铵，使亚硝酸分解。

⑤ 直接比色法，显色时间和温度对显色有影响，所以在显色时要严格控制显色时间和温度一致。显色时间 10～30min 内稳定；温度 10～25℃显色稳定，高于30℃测定值偏低。

⑥ 颜色较深样品需用活性炭脱色。

⑦ 样品中加入四氯汞钠吸收液后，溶液中的二氧化硫含量在 24h 内稳定，测定需在 24h 内进行。

⑧ 盐酸副玫瑰苯胺加入盐酸调节成黄色，必须放置过夜后使用，以空白管不显色为宜，否则需重新用盐酸调节。

⑨ 本方法为国家标准分析法 GB/T 5009.34 中的第一法，适用于食品中亚硫酸盐残留量的测定，最小检出量 1μg，回收率（对虾）（97.2±2）%。

方法二 二氧化硫的快速定性方法

本方法适用于水果、蔬菜及其制品中游离和结合型二氧化硫的定性。

1. 实验原理

样品酸化（结合二氧化硫预先加氢氧化钠处理）后，用预经痕量碘蒸气致蓝色的淀粉指示纸检测，样品产生的二氧化硫使其褪色。

2. 实验试剂

（1）5g/L 淀粉溶液　配制时煮沸 10min。

（2）淀粉试纸　将组织致密的白滤纸浸入 5g/L 淀粉溶液三次，每次浸透后在30℃烘箱中干燥。切成 2cm×5cm 的条。

（3）碘化钾溶液（无碘酸盐）　1g/L。

（4）碘溶液　12g/L。

（5）磷酸溶液 1:1。

（6）氢氧化钠溶液 1mol/L。

3．实验仪器

（1）烧瓶 容量 150mL 透明玻璃磨口烧瓶。

（2）磨砂玻璃塞 适合于磨口烧瓶用。

4．实验步骤

（1）淀粉指示纸的制备 在临用前，用 2 滴碘化钾溶液浸湿 1 条淀粉试纸，贴于玻璃塞底部，例如用胶带贴。将数毫升 12g/L 碘溶液置于烧瓶中，将玻璃塞插入（淀粉纸条必须悬在碘上的空气空间）。放置 5～10s。在淀粉指示纸上呈现清晰可见的浅蓝色，立即使用之。

（2）检测 将 20mL 待分析的液体样品置于烧瓶中，或者将 20g 细粉状样品悬浮于 20mL 水中放在烧瓶中。

① 游离二氧化硫检验 用数滴磷酸溶液（1:1）酸化样品，立刻将带有刚制好淀粉指示纸的塞子盖上烧瓶。在痕量二氧化硫存在下，指示纸将在 5min 内褪色。

② 结合二氧化硫检验 样品溶液先加 1mol/L 氢氧化钠溶液呈碱性，稍过量。静置 5min，用足够的磷酸溶液（1:1）酸化。立刻将带有刚制备好淀粉指示纸的塞子盖上烧瓶，在痕量二氧化硫存在下，指示纸将在 5min 内褪色。

5．结果分析计算

① 含有大蒜、洋葱的制品释放一种物质，当用氢氧化钠处理后，也能使淀粉指示纸褪色。这样，有可能被误判为含有结合型二氧化硫。然而，检验游离型二氧化硫对于这些样品不会有误差。

② 本方法适用于每千克（或每升）中含 2mg 以上二氧化硫的样品。

方法三　碘量法

本方法适用于食品中游离型和结合型二氧化硫含量的测定。

1．原理

样品中的二氧化硫包括游离型和结合型，加入氢氧化钾可破坏其结合状态，并使之固定。加入硫酸又使二氧化硫游离，然后，用碘标准溶液滴定。到达终点时，过量的碘即与淀粉指示剂作用，生成蓝色碘-淀粉复合物。根据碘标准溶液的消耗量计算出二氧化硫的含量。反应式如下：

$$SO_2 + 2KOH \longrightarrow K_2SO_3 + H_2O$$

$$K_2SO_3 + H_2SO_4 \longrightarrow K_2SO_4 + H_2O + SO_2$$

$$SO_2 + 2H_2O + I_2 \longrightarrow H_2SO_4 + 2HI$$

2．试剂

（1）氢氧化钾溶液 1mol/L。

（2）硫酸溶液　1∶3。

（3）碘标准溶液　$c(1/2\ I_2) = 0.0100mol/L$。

（4）淀粉溶液　10g/L。

3．仪器

250mL 碘量瓶。

4．操作方法

称取样品 20g（固体样品研细），置小烧杯中，用蒸馏水洗入 250mL 容量瓶中，加蒸馏水至总容量的 1/2。加塞振荡，再加水至刻度，摇匀。待瓶内液体澄清后，用移液管吸取澄清液 50mL 注入 250mL 碘量瓶中，加入 25mL 氢氧化钾溶液。将瓶内混合液用力振摇后放置 10min，然后边摇边加入 10mL 硫酸溶液和 1mL 淀粉溶液，以碘标准溶液滴至呈现蓝色且 30s 不褪色为止。同时以蒸馏水代替样品按上法做空白试验。

5．计算

$$X = [(V_1-V_2)\times c\times0.032\times1000]/[m\times(V_4/V_3)]$$

式中　X——样品中二氧化硫的含量，g/kg；

　　　c——碘标准滴定溶液的浓度，mol/L；

　　　V_1——滴定样品溶液消耗碘标准溶液的体积，mL；

　　　V_2——滴定空白溶液消耗碘标准溶液的体积，mL；

　　　m——样品质量，g；

　　　V_3——样品处理液总体积，mL；

　　　V_4——测定用样品处理液体积，mL；

　0.032——与 1mL 碘标准溶液 $[c(1/2\ I_2) = 1.000mol/L]$ 相当的二氧化硫的质量，g。

6．说明

本方法操作简单，不需特殊装置，在短时间内即可定量，但重现性较差。样品中若含有甲醛类也会与碘作用，使测定值偏高。萝卜、蒜、辣椒中含有硫化物成分对测定有干扰，本法不适用。

7．思考与讨论

二氧化硫测定过程中误差产生的原因及可能的预防措施。

实验十　松花蛋中挥发性盐基氮的测定

一、目的和要求

① 了解挥发性盐基氮测定的意义。

② 掌握挥发性盐基氮测定的原理和方法。

二、原理

挥发性盐基氮在测定时遇弱碱氧化镁即被游离而蒸馏出来，馏出的氨被硼酸吸收后生成硼酸铵，使吸收液变为碱性，混合指示剂由紫色变为绿色。然后用盐酸标准溶液滴定，溶液再由绿色返至紫色即为终点。根据标准溶液的消耗量即可计算出样品中挥发性盐基氮的含量。

三、仪器、试剂及原料

1．仪器

微量凯氏定氮蒸馏装置、微量滴定管等。

2．试剂

（1）1%氧化镁混悬液　称 1.0g 氧化镁，加 100mL 水，振摇成混悬液。

（2）2%硼酸吸收液　2g 硼酸溶解于 100mL 热水中，摇匀备用。

（3）混合指示剂　临用前将 0.2%甲基红乙醇溶液和 0.1%次甲基蓝水溶液等量混合。

（4）0.01mol/L 盐酸标准溶液。

3．原料

松花蛋。

四、操作方法

（1）将松花蛋的蛋清粉碎，准确称取 10g 置于锥形瓶中，加 100mL 水，不时振摇，浸渍 30min。过滤，滤液置于冰箱中待用。

（2）将盛有 10mL 硼酸吸收液并加有 5 滴混合指示剂的锥形瓶置于冷凝管下端，并使其下端插入吸收液的液面下，吸取 5.0mL 上述样品滤液于蒸馏器的反应室内，加氧化镁混悬液 5mL，迅速盖塞，并加水以防漏气。通入蒸汽进行蒸馏，由冷凝管出现冷凝水时开始计时，蒸馏 5min。

（3）取下吸收瓶，用少量水冲洗冷凝管下端，吸收液用 0.01mol/L 盐酸标准溶液滴定，同时做试剂空白试验。

五、计算

样品中挥发性盐基氮含量计算式如下：

$$X = \frac{(V_1 - V_0) \times c \times 14}{m \times (5/100)} \times 100$$

式中　X——样品中挥发性盐基氮的含量，mg/100g；

V_1——测定样品溶液消耗盐酸标准溶液的体积，mL；

V_0——试剂空白消耗盐酸标准溶液的体积，mL；

c——盐酸标准溶液的浓度，mol/L；

m——样品质量，g。

六、说明

① 定氮蒸馏装置参照蛋白质的测定。

② 滴定终点的观察，应注意空白试验与样品测定色调一致。

③ 每个样品测定之间要用蒸馏水洗涤仪器 2～3 次。

七、思考与讨论

① 松花蛋样品中为何会有挥发性盐基氮？

② 测定松花蛋中挥发性盐基氮时，为何只选择蛋清作为原料？

第八章

有毒有害、污染物测定

实验一　食品中甲醛的测定

方法一　变色酸比色法

1. 目的和要求

① 了解用比色法测定甲醛含量的原理。

② 掌握食品中甲醛含量的测定方法。

2. 原理

甲醛与变色酸在硫酸溶液中反应后出现紫色，在波长 575nm 处有吸收峰，定量分析可以得出试样中甲醛的含量。

3. 仪器和试剂

（1）仪器　分光光度计、水蒸气蒸馏装置。

（2）试剂

① 甲醛。

② 变色酸试剂　先将变色酸配制成 5%水溶液，然后取 2mL 5%变色酸水溶液边搅拌边缓缓加入 98mL 硫酸中。临用时配制。试剂如有明显颜色即应重新配制。

③ 20%磷酸水溶液　量取 20mL 磷酸溶于水中，稀释至 100mL；

④ 碘标准溶液（0.1mol/L）。

⑤ 硫代硫酸钠标准溶液（0.1mol/L）。

⑥ 氢氧化钠溶液（1mol/L）。

⑦ 硫酸溶液（0.5mol/L）。

⑧ 0.5%淀粉指示剂。

4．操作方法

（1）甲醛标准溶液的配制

① 浓甲醛溶液的配制　取二级纯甲醛（含甲醛 36%～38%）7mL，加入硫酸溶液 0.5mL，用蒸馏水稀释至 250mL。

② 浓甲醛溶液的标定　吸取浓甲醛溶液 10mL，置于 100mL 容量瓶中，加入蒸馏水并稀释至刻度。吸取此液 10mL，放入 250mL 锥形瓶中，加水 90mL，加入碘标准溶液 20mL 和氢氧化钠溶液 15mL，混匀。放置 15min 后加入硫酸 20mL，再放置 15min，用硫代硫酸钠标准溶液滴定至浅黄色，加 3mL 0.5%淀粉指示剂，继续滴定至溶液由蓝色转变为无色透明为止。同时用蒸馏水作空白试验。

$$X = \frac{(V_1 - V_2) \times N \times 15}{\frac{10}{100} \times 10}$$

式中　　X——浓甲醛溶液质量浓度，mg/mL；

V_1——标定稀释甲醛溶液，硫代硫酸钠标准溶液的用量，mL；

V_2——空白溶液滴定时，硫代硫酸钠标准溶液的用量，mL；

N——硫代硫酸钠标准溶液浓度，mol/L；

15——与 1.00mL 碘标准溶液（1.000mol/L）相当的甲醛的质量，mg。

③ 甲醛标准溶液的配制　取浓甲醛溶液，按以上标定的甲醛含量用水配成 1mg/L 的标准溶液。

（2）标准曲线的绘制　在 25mL 比色管中，依次加入甲醛标准溶液 0.00mL、0.20mL、0.40mL、0.60mL、0.80mL、1.00mL、1.50mL、2.00mL、2.50mL、3.00mL，加水至 10mL，再加入变色酸试剂 10mL。加塞，静置冷却后用分光光度计在波长 575nm 处测定吸光度值。以"0"管作空白对照。以吸光度为纵坐标，甲醛浓度（μg/10mL）为横坐标绘制标准曲线。

（3）酒样的测定

① 酒样蒸馏　量取酒样 50mL 于蒸馏瓶中，加入 20%磷酸溶液 1mL，进行水蒸气蒸馏，用 50mL 容量瓶收集馏液，接近 50mL 时停止蒸馏，用水补足至刻度，摇匀，备用。

② 比色　吸取馏液 10mL，置于 25mL 比色管中，加入 10mL 变色酸试剂，加塞，冷却后，同标准曲线绘制操作，读取吸光度值。

5．计算

$$X = \frac{C}{10}$$

式中　X——试样中甲醛的含量，μg/mL；

C——从标准曲线上查得甲醛的量，μg。

方法二 乙酰丙酮比色法

1. 原理

甲醛在过量铵盐的存在下，与乙酰丙酮和氨离子生成黄色的 3,5-二乙酰基-1,4-二氢吡啶化合物，在波长 415nm 处有最大吸收，颜色的深浅与甲醛的含量成正比。

2. 仪器和试剂

（1）仪器 分光光度计、水蒸气蒸馏装置。

（2）试剂

① 乙酰丙酮溶液 称取 0.4g 新蒸馏乙酰丙酮和 25g 乙酸铵、3mL 乙酸溶于水中，定容至 200mL 备用（用时配制）。

② 硫代硫酸钠标准溶液（0.1mol/L）。

③ 碘标准溶液（0.1mol/L）。

④ 5g/L 淀粉指示剂。

⑤ 硫酸溶液（1mol/L）。

⑥ 氢氧化钠溶液（1mol/L）。

⑦ 磷酸溶液（200g/L）。

⑧ 甲醛（36%～38%）。

⑨ 甲醛标准溶液的配制和标定 吸取 36%～38%甲醛溶液 7.0mL，加入 0.5mL 1mol/L 硫酸，用水稀释至 250mL；吸取此溶液 10.0mL 于 100mL 容量瓶中，加水稀释定容；再吸取 10.0mL 稀释定容后的溶液于 250mL 碘量瓶中，加 90mL 水、20mL 0.1mol/L 碘标准溶液和 15mL 1mol/L 氢氧化钠溶液，摇匀，放置 15min；再加入 20mL 1mol/L 硫酸溶液酸化，用 0.1mol/L 硫代硫酸钠标准溶液滴定至淡黄色，然后加入约 1mL 淀粉指示剂，继续滴定至蓝色褪去即为终点。同时做试剂空白试验。

甲醛标准溶液的浓度计算如下：

$$X = \frac{(V_1 - V_2) \times C_1 \times 15}{V}$$

式中 X——甲醛标准溶液的浓度，mg/mL；

V_1——滴定甲醛溶液所消耗的硫代硫酸钠标准溶液的体积，mL；

V_2——空白试验所消耗的硫代硫酸钠标准溶液的体积，mL；

C_1——硫代硫酸钠标准溶液的浓度，mol/L；

V——取样体积，1mL；

15——与 1.00mL 碘标准溶液（1.000mol/L）相当的甲醛的质量，mg/mmol。

用上述已标定甲醛浓度的溶液，用水配制成 1μg/mL 的甲醛标准使用液。

3．操作方法

（1）试样处理

吸取已除去二氧化碳的啤酒 25mL 移入 500mL 蒸馏瓶中，加 20mL 200g/L 磷酸溶液于蒸馏瓶中，接水蒸气蒸馏装置蒸馏，收集馏出液于 100mL 容量瓶中（约100mL），冷却后加水稀释至刻度。

（2）测定 精密吸取 0.00mL、0.50mL、1.00mL、2.00mL、3.00mL、4.00mL、8.00mL 的 1μg/mL 的甲醛标准使用液于 25mL 比色管中，加水至 10mL。

吸取样品馏出液 10mL 移入 25mL 比色管中。在标准系列和样品的比色管中，各加入 2mL 乙酰丙酮溶液，摇匀后在沸水浴中加热 10min，取出冷却，在分光光度计上于波长 415nm 处测定吸光度，绘制标准曲线或计算回归方程。从标准曲线上查出或用回归方程计算出试样中甲醛的含量。

4．计算

$$X = \frac{A}{V}$$

式中 X——试样中甲醛的含量，mg/L；

A——从标准曲线上查出或用回归方程计算出的甲醛的质量，μg；

V——测定样液中相当的试样体积，mL。

5．说明

① 36%～38%甲醛溶液保存时间过长易聚合沉淀，故甲醛溶液应现用现配。

② 采用水蒸气蒸馏装置蒸馏甲醛，为保证馏出完全，尽可能多收集馏出液。

③ 样液中含有少量醛类（如乙醛、丙醛等）不受干扰。

6．思考题

① 简述食品中甲醛的主要来源及其危害。

② 影响测定甲醛含量的因素有哪些？

③ 比色法测定食品中甲醛含量的原理是什么？

实验二 食品中甲醇的测定

一、目的和要求

① 了解气相色谱仪的基本构造及工作原理。

② 掌握气相色谱法测定白酒中甲醇的方法。

③ 熟悉气相色谱法定性分析及定量结果计算。

二、原理

甲醇在氢火焰中进行化学电离。在相同操作条件下，分别对等量的甲醇标准

样与试样进行色谱分析，根据保留时间判断试样中是否存在甲醇，根据标准样与
试样中甲醇峰的峰高比较，能够计算出试样中甲醇的含量。

三、仪器和试剂

1．仪器

气相色谱仪，配备氢火焰离子化检测器。

2．试剂

（1）无水乙醇。

（2）体积分数60%乙醇溶液　甲醇含量低于1mg/L；

（3）甲醇标准溶液：准确称取色谱级甲醇600mg，以少量蒸馏水洗入100mL
容量瓶中并稀释至刻度。吸取10.0mL上述溶液于100mL容量瓶中，加入60%乙
醇定容至刻度，置于冰箱备用。

四、操作方法

1．参考色谱条件

色谱柱：HP-5石英毛细管柱（30m×0.25mm×0.25m）。

载气（N_2）流速：40mL/min；氢气（H_2）流速：40mL/min；空气流速：450mL/min。

柱温：100℃；检测器及气化室温度：150℃。

2．检测

在上述条件下，基线稳定后进样甲醇标准液0.5μL，得到色谱图，记录甲醇
保留时间，量取峰高。在相同条件下进样品液0.5μL，得到色谱图，记录甲醇保
留时间，量取峰高，用于与标准液结果进行比较。

五、计算

$$X = \frac{h_1 \times A}{h_2}$$

式中　X——样品中甲醇的含量，g/L；

　　　A——进样标准液中甲醇的含量，g/L；

　　　h_1——样品中甲醇的峰高；

　　　h_2——标准液中甲醇的峰高。

六、说明

① 气相色谱条件可在参考条件的基础上通过预试验进行优化。

② 实验前先通入载气再开电源，结束时先关电源再关载气。

③ 微量注射器移取溶液时需先排气泡。

七、思考题

① 为什么要保证乙醇溶液中甲醇含量低于 1mg/L？如何检测？

② 基线是否平稳对试验结果会产生什么影响？如何保证基线平稳？

③ 气相色谱仪的工作原理是什么？

实验三　食品中汞的测定

一、目的和要求

① 学习压力消解法处理样品的方法。

② 掌握冷原子吸收光谱法测汞含量的基本原理和操作要点。

二、原理

样品经过消解后，使样品中的汞转为离子状态，在强酸性条件下以氯化亚锡为还原剂，将离子态的汞定量地还原为汞原子，在常温下易蒸发为汞原子蒸气，以氮气或干燥空气作为载体，将汞吹出。而汞原子对波长 253.7nm 的共振线具有强烈的吸收作用，在一定浓度范围其吸收值与汞含量成正比，与标准系列比较定量。

三、仪器和试剂

1. 仪器

测汞仪、压力消解仪、沙浴、玻璃仪器。

2. 试剂

优级纯硫酸、硝酸、五氧化二钒、盐酸羟胺、氯化亚锡、高锰酸钾、汞标准物质。

四、操作方法

1. 样品处理

（1）硫酸-硝酸消解法　粮食或水分少的样品可称取 5.00～10.00g 样品，对含水量高的样品称取 10～20g 置于锥形瓶中，加玻璃珠数粒，依次加 20mL 硝酸、5mL 硫酸，转动锥形瓶防止局部炭化；油脂类样品先加硫酸混匀，再加硝酸，然后在锥形瓶上装上冷凝管后，小火加热，待开始发泡后停止加热，发泡停止后，加热回流 2h。如加热过程中溶液变棕色，再加 5mL 硝酸，继续回流 2h，放冷后从冷凝管上端小心加 20mL 水，加热回流 10min，放冷，用适量水冲洗冷凝管，洗液并入消化液中，将消化液经玻璃棉过滤于 100mL 容量瓶内，用少量水洗锥形瓶、滤器，洗液并入容量瓶内，加水至刻度，混匀。同时做试剂空白试验。

（2）五氧化二钒消化法　取 2.5g 水产品或 10.00g 蔬菜、水果，粉碎混匀后置于 50～100mL 锥形瓶中，加 50mg 五氧化二钒粉末，再加 8mL 硝酸振摇，放置 4h，加 5mL 硫酸，混匀，然后移至 140℃沙浴上加热，开始作用较猛烈，以后渐渐缓慢，待瓶口基本上无棕色气体逸出时，用少量水冲洗瓶口，再加热 5min，放冷，加 5mL 5%高锰酸钾溶液，放置 4h（或过夜），滴加 20%盐酸羟胺溶液使紫色褪去，振摇，放置数分钟，移入 50mL 容量瓶中并定容至刻度。同时做试剂空白试验。

（3）压力消解法　称取干样、含脂肪高的样品 1.00g，鲜样 3.00g 经粉碎混匀后过 40 目筛孔于聚四氟乙烯塑料罐内，加硝酸 2～4mL 浸泡过夜。次日加过氧化氢 2～3mL。盖好内盖，旋紧不锈钢外套，放入恒温干燥箱，120～140℃保持 3～4h 至消解完成，取出后冷却至室温，用滴管将消化液洗入 10.0mL 容量瓶中，用少量水淋洗内罐，洗液合并于容量瓶中并定容至刻度，混匀备用；同时作试剂空白试验。

2．测定

① 回流消化法制备的样品消化液　分别吸取浓度为 0.0μg/mL、0.01μg/mL、0.02μg/mL、0.03μg/mL、0.04μg/mL、0.05μg/mL 的汞标准液 10mL，置于试管中，各加 10mL 硝酸-硫酸水混合酸（1:1:8），置于汞蒸气发生器内，连接抽气装置，沿壁迅速加入 3mL 还原剂 30%氯化亚锡，立即通过流速为 1.0L/min 的氮气或经活性炭处理的空气，使汞蒸气经过氯化钙干燥管进入测汞仪中，读取测汞仪上最大读数，然后，打开吸收瓶上的三通阀将产生的汞蒸气吸收于 5%高锰酸钾溶液中，待测汞仪上的读数达到零点时进行下一次测定。根据汞含量和其所对应的吸光值绘制标准曲线计算线性方程。吸取 10.0mL 空白及样品消化液，按同样方法测定样品中汞的吸光值，计算样品中汞的含量。

② 用五氧化二钒消化法制备的样品消化液　分别吸取 10.0mL（相当 0μg、0.02μg、0.04μg、0.06μg、0.08μg、0.10μg 汞）标准使用液，置于 6 个 50mL 容量瓶中，各加 1mL 硫酸-水（1:1）、1mL 5%高锰酸钾溶液，20mL 水，混匀，滴加 20%盐酸羟胺溶液使紫色褪去，加水至刻度混匀。同时做样品及空白。吸取汞标准和样品消化液各 5.0mL 置于测汞仪的汞蒸气发生器的还原瓶中，分别加入 1.0mL 还原剂 10%氯化亚锡，迅速盖紧瓶塞，随后有气泡产生，从仪器读数显示的最高点测得其吸收值，根据汞的量与其相对应的吸光值绘制标准曲线计算线性回归方程。根据样品的吸光值计算样品中的汞含量。

五、计算

$$X = \frac{(A_1 - A_2) \times 1000}{M \times \frac{V_2}{V_1} \times 1000}$$

式中 X——样品中汞的含量，mg/kg 或 mg/L；

　　　A_1——测定用样品消化液中汞的质量，μg；

　　　A_2——试剂空白液中汞的质量，μg；

　　　M——样品的质量或体积，g 或 mL；

　　　V_1——样品消化液总体积，mL；

　　　V_2——测定用样品消化液体积，mL。

六、说明

① 仪器的光路、气路管道要保持干燥、无水汽凝结，汞原子蒸汽必须先经过干燥管脱水后进入仪器。五氧化二钒能缩短消解时间，但本身属于有毒试剂，用时需小心。

② 压力消解法、微波消解法较其他消解方法迅速、简便、安全、污染小、回收率高。

七、思考题

① 为什么用冷原子吸收光谱法测食品中汞含量时，要做空白实验？

② 按本方法测定食品样品中汞含量时，哪些因素可能影响结果准确性？

③ 测定食品中总汞含量的方法还有哪些？各有什么优缺点？

实验四 食品中砷的测定

一、目的和要求

① 掌握银盐法测定砷含量的原理。

② 熟悉银盐法中酸消化法和灰化法的基本操作方法。

③ 掌握分光光度计的基本操作。

二、原理

试样经消化后，其中的含砷化合物转化为高价砷，经碘化钾、氯化亚锡还原为三价砷，随后，锌粒和酸产生的新生态氢与三价砷反应生成砷化氢，通过用乙酸铅溶液浸泡的棉花去除硫化氢的干扰，然后与溶于三乙醇胺-三氯甲烷的二乙基二硫代氨基甲酸银（Ag-DDC）作用，经银盐溶液吸收后，生成棕红色胶态银，与标准系列比色定量。

三、仪器和试剂

1. 仪器

分光光度计、恒温水浴箱、测砷装置。

2．试剂

本实验所用试剂均为分析纯，水为蒸馏水或去离子水。

（1）硫酸（1+1）。

（2）硫酸（6+94）。

（3）盐酸（1+1）。

（4）氢氧化钠溶液（200g/L）。

（5）氧化镁。

（6）无砷锌粒。

（7）硝酸-高氯酸混合液（4+1）　量取 80mL 硝酸，加 20mL 高氯酸，混匀。

（8）碘化钾溶液（150g/L）。

（9）硝酸镁溶液（150g/L）。

（10）酸性氯化亚锡溶液　称取 40g 氯化亚锡（$SnCl_2 \cdot 2H_2O$），加盐酸溶解并稀释至 100mL，加入数颗金属锡粒。

（11）乙酸铅溶液（100g/L）。

（12）乙酸铅棉花　乙酸铅溶液浸透脱脂棉后，压除多余溶液，重新使其疏松，在 100℃以下干燥后，储存于玻璃瓶中。

（13）砷标准储备液　准确称取 0.132g 在硫酸干燥器中干燥过的或在 100℃干燥 2h 的三氧化二砷，加 5mL 氢氧化钠溶液（200g/L），溶解后加 25mL 硫酸（6+94），转入 1000mL 容量瓶，加新煮沸冷却的水稀释至刻度，储存于棕色玻璃塞瓶中。此溶液 1mL 相当于 0.10mg 砷。

（14）砷标准使用液　取 1.0mL 砷标准储备液，置于 100mL 容量瓶中，加 1mL 硫酸（6+94），加水稀释至刻度，此溶液 1mL 相当于 1.0μg 砷。

（15）二乙基二硫代氨基甲酸银-三乙醇胺-三氯甲烷溶液　称取 0.25g 二乙基二硫代氨基甲酸银置于乳钵中，加入少量三氯甲烷研磨，转入 100mL 量筒中，加入 1.8mL 三乙醇胺，再用三氯甲烷分次洗涤乳钵，洗涤液一并转入量筒中，再用三氯甲烷稀释至 100mL，放置过夜。滤入棕色瓶中储存。

四、操作方法

1．样品制备和试样处理

（1）样品制备　将适量样品加入研钵或小型粉碎机破碎均匀。

（2）试样称取和消化

① 酸消化法　准确称取 5.00g 均匀试样，置于 250mL 凯氏定氮瓶中，先加少许水使湿润，加数粒玻璃珠、10mL 硝酸-高氯酸混合液，放置片刻，小火缓缓加热，待作用缓和后放冷。沿瓶壁加入 5mL 硫酸，再加热，至瓶中液体开始变成棕色时，间歇沿瓶壁滴加硝酸-高氯酸混合液至有机质分解完全，此后加大火力，

至产生白烟，待瓶口白烟冒净后，观察瓶内液体，若溶液继续产生白烟且变为澄明无色或微带黄色时，表明为消化完全（在上述操作过程中应注意防止爆沸或爆炸）。自然放冷后，加 20mL 水煮沸，除去残留的硝酸至产生白烟为止，如此操作两次，放冷。将冷后的溶液移入 50mL 容量瓶，用水洗涤定氮瓶，洗液并入容量瓶中，放冷，加水至刻度，混匀待用。

空白试验：除不加试样外，其他均按试样酸消化步骤进行。

② 灰化法　称取 5.00g 均匀试样，置于洁净坩埚中，加 1g 氧化镁及 10mL 硝酸镁溶液，混匀，浸泡 4h。置于水浴锅上蒸干，用小火炭化至无烟后移入 200℃ 预热的马弗炉中，升温至 550℃，灼烧 3~4h，冷却后取出。加 5mL 水湿润后，用细玻璃棒搅拌，再用少量水洗下玻璃棒上附着的灰分至坩埚内。再次置水浴锅上蒸干后，移入马弗炉 550℃ 灰化 2h，冷却后取出。加 5mL 水湿润灰分，慢慢加入 10mL 盐酸（1+1），然后将溶液移入 50mL 容量瓶中，坩埚用盐酸（1+1）洗涤 3 次，每次 5mL，再用水洗涤 3 次，每次 5mL，洗液均并入容量瓶中，再加水至刻度，混匀。

空白试验：除不加试样外，其他均按试验灰化步骤进行。

2．测定

（1）酸消化法制取试样的测定

① 标准曲线的绘制　准确吸取 0mL、2.0mL、4.0mL、6.0mL、8.0mL、10.0mL 砷标准使用液（相当 0μg、2.0μg、4.0μg、6.0μg、8.0μg、10.0μg 砷），分别置于 150mL 锥形瓶中，加水至 10mL，各自依次加 40mL 水、5mL 硫酸（1+1）、3mL 碘化钾溶液、0.5mL 酸性氯化亚锡溶液，混匀，静置 15min。各加入 3g 锌粒，立即分别将装有乙酸铅棉花的导气管塞子严密地塞紧在锥形瓶上，并使导气管的尖端插入盛有 4mL 吸收液（银盐溶液）的试管液面之下，在常温下反应 45min 后，取下试管。向各试管中加入三氯甲烷补足到 4mL。以零管调节零点，用 1cm 比色杯于 520nm 处测定其吸光度，并绘制标准曲线。

② 试样测定　准确量取试样消化液、空白消化液各 10mL，分别置于 150mL 锥形瓶中，之后按步骤①操作进行。根据试样和空白吸光度值，在标准曲线中查出 10mL 试样消化液和空白消化液中砷含量（μg）。

（2）灰化法制取试样的测定

① 标准曲线的绘制　准确吸取 0mL、2.0mL、4.0mL、6.0mL、8.0mL、10.0mL 砷标准使用液（相当 0μg、2.0μg、4.0μg、6.0μg、8.0μg、10.0μg 砷），分别置于 150mL 锥形瓶中，加水至 43.5mL，再依次各加 6.5mL 盐酸、3mL 碘化钾溶液、0.5mL 酸性氯化亚锡溶液，混匀，静置 15min。之后按酸消化法标准曲线的绘制操作方法进行。根据该系列试样的砷含量和相应的吸光度，绘制标准曲线。

② 试样测定　准确量取试样消化液、空白消化液各 10mL，分别置于 150mL

锥形瓶中。之后按灰化法标准曲线的绘制操作方法进行。根据试样和空白吸光度值，在标准曲线中查找 10mL 试样消化液和空白消化液中砷含量（μg）。

五、计算

试样中砷的含量按下式进行计算：

$$X = \frac{(m_1 - m_0) \times V_1}{m \times V_2 \times 1000} \times 1000$$

式中　X——样品中砷的含量，mg/kg 或 mg/L；

　　　m_1——测定用试样消化液中砷的质量，μg；

　　　m_0——试剂空白消化液中砷的质量，μg；

　　　m——试样质量或体积，g 或 mL；

　　　V_1——试样消化液的总体积，mL；

　　　V_2——测定用试样消化液的体积，mL。

六、说明

① 乙酸铅棉花的作用是为了吸收可能产生的硫化氢气体，使其生成硫化铅而滞留在棉花上，以免对砷与 Ag-DDC 的反应产生干扰。

② 二乙基二硫代氨基甲酸银（简称 Ag-DDC），为黄色粉末，不溶于水而溶于三氯甲烷，不稳定，遇光或热易生成银的氧化物。

③ 硝酸的存在影响反应与显色，导致结果偏低。因此样品消化液中的残余硝酸须驱尽，必要时可增加测定用硫酸的加入量。

④ 砷化氢发生及吸收应防止在阳光直射下进行，同时应控制温度在 25℃左右，防止反应过激或过缓。

⑤ 氯化亚锡除起还原作用，可将 As^{5+} 还原为 As^{3+}，并还原反应中生成的碘外，还可在锌粒表面沉积锡层，抑制氢气的生成速度，以及抑制某些元素的干扰，如锑的干扰。

七、思考题

当要进行某种样品砷含量测定时，选择采用酸消化法或灰化法消化的依据有哪些？

实验五　食品中铅含量的测定（原子吸收法）

一、目的和要求

① 掌握原子吸收法测定食品中铅的原理。

② 掌握原子吸收法测定食品中铅含量的方法。

二、原理

试样经灰化或酸消解后，注入原子吸收分光光度计石墨炉中，电热原子化后吸收 283.3nm 共振线，在一定浓度范围，其吸收值与铅含量成正比，与标准系列比较定量。

三、仪器和试剂

1．仪器

原子吸收分光度计（附石墨炉及铅空心阴极灯）、马弗炉、恒温干燥箱、瓷坩埚、压力消解器（压力消解罐）、可调式电热板或可调式电炉、天平。

2．试剂

（1）过硫酸铵。

（2）过氧化氢（30%）。

（3）硝酸（1:1） 取 50mL 硝酸慢慢加入 50mL 水中。

（4）硝酸（0.5mol/L） 取 3.2mL 硝酸加入 50mL 水中，稀释至 100mL。

（5）硝酸（1mol/L） 取 6.4mL 硝酸加入 50mL 水中，稀释至 100mL。

（6）磷酸铵溶液（20g/L） 取 2.0g 磷酸铵加水溶解稀释至 100mL。

（7）混合酸 硝酸+高氯酸（4:1），取 4 份硝酸与 1 份高氯酸混合。

（8）铅标准储备液 准确称取 1.0g 金属铅（99.99%），分次加少量硝酸（1:1），加热溶解，总量不超过 37mL，移入 1000mL 容量瓶中，加水至刻度，混匀。此溶液每毫升含 1.0mg 铅。

（9）铅标准使用液 分别吸取铅标准储备液 1.0mL 于 100mL 容量瓶中，加硝酸（0.5mol/L）至刻度，获得 10μg/mL 的标准溶液；吸取上述 10μg/mL 的铅标准溶液 10.0mL 于 100mL 容量瓶中，加硝酸（0.5mol/L）至刻度，获得 1μg/mL 的铅标准溶液，分别移取 1μg/mL 的铅标准溶液 1.0mL、2.0mL、4.0mL、6.0mL、8.0mL 于 5 个 100mL 容量瓶中，加硝酸（0.5mol/L）至刻度，稀释成每毫升含 10.0ng、20.0ng、40.0ng、60.0ng、80.0ng 铅的标准使用液。

四、操作方法

1．试样预处理

粮食、豆类去杂物后，磨碎，储于塑料瓶中备用；蔬菜、水果、鱼类、肉类及蛋类等水分含量高的鲜样，打成匀浆，储于塑料瓶中备用。

2．试样消解（可根据实验室条件选用以下任何一种方法）

（1）压力消解罐消解法 称取 1.00～2.00g 试样（干样、含脂肪高的试样小于 1.00g，鲜样小于 2.00g 或按压力消解罐使用说明书称取试样）于聚四氟乙烯内罐，加硝酸 2～4mL 浸泡过夜。再加过氧化氢（30%）2～3mL（总量不能超过罐容积的三分之一）。盖好内盖，旋紧不锈钢外套，放入恒温干燥箱 120～140℃保持 3～4h，在箱内自然冷却至室温，用滴管消化液洗入或滤入（视消化后试样的盐分而定）10～25mL 容量瓶中，用少量水多次洗涤消解罐，洗液合并于容量瓶中并定容至刻度，混匀备用。同时做试剂空白。

（2）过硫酸铵灰化法　称取 1.00～5.00g（根据铅含量而定）试样于瓷坩埚中，先小火在可调式电热板上炭化至无烟，移入马弗炉中 500℃炭化 6～8h 时，冷却，若个别试样灰化不彻底，则加 1mL 混合酸在可调式电炉上小火加热，反复多次直到灰化完全，放冷，用硝酸（0.5mol/L）将灰分溶解，用滴管将试样消化液洗入或滤入（视消化后试样的盐分而定）10～25mL 容量瓶中，用少量水多次洗涤瓷坩埚，洗液合并于容量瓶中并定容至刻度，混匀备用，同时做试剂空白。

（3）湿式消解法　称取试样 1.00～5.00g 于锥形瓶中，放入数粒玻璃珠，加 10mL 混合酸，加盖浸泡过夜，于锥形瓶上加一小漏斗，电炉上消解，若样品变棕黑，再加混合酸，直至冒白烟，消化液呈无色透明或略带黄色，放冷用滴管将试样消化液洗入或滤入（视消化后试样的盐分而定）10～25mL 容量瓶中，用水少量多次洗涤锥形瓶，洗液合并于容量瓶中并定容至刻度，混匀备用，同时做试剂空白。

3．测定

（1）仪器条件　根据各自仪器性能调至最佳状态。参考条件为波长 283.3nm（空心阴极灯提供），狭缝 0.2～1.0nm，灯电流 5～7mA，干燥温度 120℃，20s；灰化温度 450℃，持续 15～20s；原子化温度 1700～2300℃，持续 4～5s，背景校正为氘灯或赛曼效应。

（2）标准曲线绘制　吸取上面配置的铅标准使用液 10.0ng/mL、20.0ng/mL、40.0ng/mL、60.0ng/mL、80.0ng/mL 各 10μL，注入石墨炉，测得其吸光值，以吸光值作纵坐标、铅标准使用液浓度为横坐标作标准曲线和回归方程。

（3）试样测定　分别吸取样液和试剂空白液各 10μL，注入石墨炉，测得其吸光值代入标准曲线回归方程求得样液中的铅含量。

五、计算

试样中铅含量按下式计算：

$$X = \frac{(C_1 - C_0) \times V \times 1000}{m \times 1000}$$

式中　X——试样中的铅含量，μg/kg 或 μg/L；

C_1——测定样液中的铅含量，μg/mL；

C_0——空白液中的铅含量，μg/mL；

V——试样消化液定量总体积，mL；

m——试样质量或体积，g 或 mL。

计算结果保留两位有效数字。

六、说明

对于干扰试样，则注入适量的基体改进剂磷酸二氢铵溶液（20g/L）5μL 或与试样同量，清除干扰。在铅标准溶液中也要加入与试样测定时等量的基体改进剂磷酸二氢铵溶液。

七、思考题

① 简述原子吸收法测定食品中铅含量的工作原理。

② 试样消解可以使用哪种方法？

实验六　食品及饲料中黄曲霉毒素的测定

方法一　荧光量子点免疫层析法

1. 目的和要求

① 掌握黄曲霉毒素的检测方法及其原理。

② 熟悉黄曲霉毒素测定的过程，掌握样品前处理、测定步骤等内容。

③ 熟练称量、溶液转移、离心等基本操作技能。

2. 原理

免疫竞争膜层析法是将荧光量子点探针 QDs-B1Ab 或 QDs-M1Ab 喷涂预置在检测卡试纸芯条的样品结合垫中，见图 8-1，黄曲霉毒素 B_1 偶联抗原（AFB1-BSA）或牛血清白蛋白偶联黄曲霉毒素 M_1（AFM1-BSA）抗原包被固定在硝酸纤维素膜的检测线（T 线）位置，抗鼠 IgG 抗体包被固定在硝酸纤维素膜的质控线（C 线）位置。待测样品加入样品结合垫，在毛细管作用的驱动下带动量子点探针一起沿试纸条向吸水纸方向流动，其中的目标抗原与量子点探针特异性结合而消耗了部分探针。液体流经检测线时，未与待测样品中目标抗原结合的量子点探针在检测线处与包被抗原结合形成复合物而滞留形成 T 线；剩余探针继续随液体流动，至质控线时与该处 Anti-鼠 IgG 抗体结合形成复合物并滞留形成 C 线。层析一定时间后，T 线和 C 线在紫外线激发光的照射下会发出荧光，T 线荧光强度与 C 线荧光强度的比值（T/C）反映了待测样品中 AFB1 或 AFM1 的含量，两者呈反比关系。运用快速免疫荧光分析仪读取荧光强度，通过仪器内置标准曲线可直接显示待测样品中 AFB1 或 AFM1 的精确浓度。

3. 仪器检测卡和试剂

（1）仪器　数显荧光扫描分析仪、旋涡振荡混合器、台式离心机（最大转速

8000r/min）、微量移液器（100μL、200μL、1000μL）、粉碎机、不锈钢筛网（10
目、20目）、天平（精确至0.01g）、吹风机/氮吹仪、可温控水浴锅。

（2）检测卡　AFB1荧光定量快速检测卡。用于测定样品中AFB1的精确含
量，检测限为0.5ng/g（0.5ppb）。

AFM1荧光定量快速检测卡包括普通型定量快检卡和高精度型定量快检卡两
种规格。普通型定量快检卡用于测定样品中AFM1的精确含量，检测限为0.05ng/g
（0.05ppb）。高精度型定量快检卡用于更低值测定样品中AFM1的精确含量，检测
限为0.01ng/g（0.01ppb）。

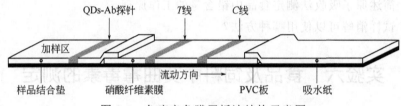

图8-1　免疫竞争膜层析法结构示意图

（3）试剂　除另有说明外，所有试剂均为分析纯，实验室用水应符合
GB/T 6682中三级水要求。

① PBS溶液（pH 7.4，0.02mol/L）　磷酸氢二钠2.30g，一水磷酸二氢钠0.52g，
氯化钠8.77g，加去离子水溶解定容至1L，调节pH至7.4。

② 样品稀释液　吐温80（Tween 80）5mL，PBS溶液995mL，混匀调节pH
至7.4。

③ 70%甲醇溶液　甲醇700mL，加去离子水至1000mL。

④ 氯化钙。

⑤ 乙酸乙酯。

4．操作方法

（1）AFB1含量测定的样品前处理　玉米、大米、麦类、薯干、豆类、花生
等固态样品测定前处理为取待检样品50～100g粉碎过20目筛。准确称取1g样品
（植物油等液态样品前处理为取1mL样品）置于15mL离心管中，加入5mL 70%
甲醇溶液，旋涡振荡器振荡5min后以6000r/min离心5min或者室温静置至少
30min。取50μL上清液加入装有样品稀释液的EP管中，振荡混匀，6000 r/min
离心1min，上清为样品待测液，待检。

（2）AFM1含量测定的样品前处理　"AFM1普通型定量快检卡"适用于鲜
奶、纯牛奶等液态牛乳的直接稀释滴加检测。"AFM1高精度型定量快检卡"，适
用于所有牛乳及其乳制品中AFM1的提取测定。

① 普通法测定AFM1含量的样品前处理：如果待测样本为未经处理的全脂
原奶，可将其在4℃下以6000r/min离心5min，吸取下层脱脂牛奶加入装有同等

体积样品稀释液的 EP 管中，振荡混匀后用于检测。如果是经巴氏灭菌等方法处理的纯牛奶，则无需离心，用样品稀释液 1∶1 稀释后直接滴加检测。

② 高精度法测定 AFM1 含量的样品前处理 若样品为液态取样为 1mL，若样品为奶粉、乳粉等粉末状，取 1.00g 样品（精确至 0.01g）置 15mL 离心管中，加入已预热至 50℃ 的双蒸水至 8.0mL 振荡使奶粉充分溶解后，冷却至室温。若样品为固态，将样品粉碎后通过 10 目筛，取 1g 样品于 50mL 离心管中，加入双蒸水至终体积 8.0mL，振荡混匀后成样品溶（悬）液。

鲜奶、纯牛奶、酸奶等液态乳制品、普通乳粉及婴幼儿配方奶粉：取 1mL 处理后的溶液加入称有 0.2g 氯化钙的 5mL 离心管中，混匀溶解后加入 2mL 乙酸乙酯，旋涡振荡 5min 充分混匀，以 6000r/min 离心 5min。取上清 400μL 加入 1.5mL 离心管中；吹风机/氮吹仪吹干；吹干后加入 100μL 样品稀释液，旋涡振荡混合器振荡 1min 充分溶解离心管壁上 AFM1，即为样品待测液。固体乳制品的测定不加氯化钙，其他步骤与上述操作相同。

（3）黄曲霉毒素含量的快速精确测定

① 先将经样品前处理获得的样品待测液和各种测定用液体室温放置 20min。

② 取出装有快速检测卡的铝箔袋，确保包装完好，若有破损或漏气则不得使用。

③ 将检测卡取出，检查卡条是否完好，若有残缺或变形弯曲则不得使用。

④ 将卡条加样孔朝外平放在实验台面上，检测卡从铝箔袋中取出后需在 30min 内加样检测。

（4）样品检测

① 打开数显荧光量子点判读仪选择快速检验模式，预热 10min。

② 测定 AFB1 含量时，使用微量移液器取样品待测液 75μL，加入 AFB1 荧光定量快速检测卡加样孔中；测定 AFM1 含量时则使用微量移液器取样品待测液 80μL，加入 AFM1 荧光定量快速检测卡加样孔中。

③ 加样 15min 后，将检测卡插入数显荧光量子点判读仪，开始检测，15～20min 内测试结果有效。超过 20min 判读结果无效。

5. 结果读取

样品中 AFB1 或 AFM1 含量由读数仪自动计算并数字显示。AFB1 单位为 ng/mL，AFM1 单位为 ng/mL。

6. 说明

① 数显荧光扫描分析仪内置计算公式如下：

$$y = (A-D)/[1+(x/C)\times B]+D$$

式中 y——T/C 比值；

x——样品中黄曲霉毒素含量，ng/mL 或 ng/g；

A、B、C、D——为四个变量参数（可随不同批次而变化）。

② AFM1 检测结果换算公式（将单位 ng/mL 换算为 ng/g）：

$$X=\rho \times V \times n/m$$

式中 X——AFM1 含量的质量分数；

ρ——荧光量子点判读仪读数值，ng/mL；

V——牛奶、奶粉水溶液或样品水溶（悬）液的体积，mL；

n——稀释倍数。测定普通奶粉、乳酪、婴幼儿奶粉和配方奶粉等固体或半固体乳制品时，由于样品溶液由原制品溶解、稀释 8 倍而来，则 $n=8$。检测鲜奶、纯牛奶、酸奶等液态乳制品时，因未作样品稀释或溶解，则 $n=1$。

m——同体积牛奶、奶粉水溶液或样品水溶（悬）液的质量，g。

方法二 高效液相色谱法

1．原理

样品经有机溶剂提取、净化和衍生化反应后，浓缩液注入 HPLC 仪，经色谱质分离，分离出的组分依次进入荧光检测器（发射波长 360nm、激发波长 245nm），产生相应的电信号，由记录仪记录响应信号，经微处理机自动计算出样品中黄曲霉毒素（AFT）含量（ng）。

2．仪器与试剂

（1）仪器 HPLC 仪。

（2）试剂

① 氯仿。

② 正己烷或甲醇。

③ 三氟乙酸。

④ 硅镁型吸附剂 100～200 目，340℃烘 2h，冷后装入密闭容器中，用前加水 15%减活，平衡 48h，可连续使用 7 天。

⑤ 流动相 甲醇+0.01mol/L KH$_2$PO$_4$（1+1）溶液配置后，经 0.45μm 滤膜抽滤并脱气。

⑥ 层析柱 底层和上层为 2cm 厚的无水 Na$_2$SO$_4$，中层为 0.4g 硅镁吸附剂，均以氯仿湿润。

⑦ 仪器工作条件

荧光检测器：激发波长 245nm、发射波长 360nm。

柱：C$_{18}$10μm（Radial pak cartidges）。

流动相：甲醇+0.01mol/L KH$_2$PO$_4$（1+1）。

流速：1.3mL/min。

进样量：10μL。

3．操作方法

（1）样品的提取与净化　准确称取样品 10g 于具塞锥形瓶中，加 50mL 氯仿，振荡 30min，经过滤于层析柱中，用氯仿+正己烷（1+1）8mL、氯仿+甲醇（9+1）10mL 淋洗除杂质，最后用 20mL 丙酮+水（99+1）洗脱黄曲霉毒素，收集与烧杯中，在 50℃水浴中使溶剂挥发，再用氯仿分次将残渣洗入 2mL 具塞试管中，并于 50℃水浴中通 N_2 吹干。

（2）衍生化　向具塞试管中加入 200μL 正己烷、50μL 三氯乙酸，将盖盖紧，充分混匀 1min，静置 30min 后用 N_2 吹干，加 100μL 流动相，充分混匀，待检。

标准液的处理：取适量标准应用液，按样品处理方法萃取、净化和衍生化反应，定容，使 $AFTB_1$、$AFTM_1$ 最后浓度均为 0.1ng/μL。

（3）进样　进行黄曲霉毒素的检测。

4．说明

① 本法应在 1 天内完成检测，否则结果偏低。

② 层析柱中硅镁型吸附剂应先用氯仿调为糊状加入。

方法三　免疫亲和–荧光光度快速检测法

1．原理

利用免疫化学原理，用大剂量单克隆抗体，选择性吸附提取液中的抗原物质 AFT。

2．仪器与试剂

（1）仪器　荧光光度计、免疫亲和柱（美国 VICAM 公司）。

（2）试剂

① 甲醇。

② 0.002%NaCl。

③ 0.01%溴液。

④ 荧光光度计校准液　称取二水硫酸奎宁 3.40g，用 0.05mol/L H_2SO_4 定容至 100mL。

3．检测步骤

（1）样品前处理　准确称取样品（25g）于具塞锥形瓶中，加 NaCl 5g、甲醇+水（7+3）125mL，涡旋振荡 2min，过滤于锥形瓶中，取滤液 20mL 于锥形瓶中，加水 20mL 混匀，用玻纤维纸过滤 2 次。免疫亲和柱连于 10cm 玻璃针筒下，加滤液 10mL 注入玻璃针筒中，以 6mL/min 流速过柱，流尽后，用 10mL×2 水淋洗柱，收集流出液，加甲醇 10mL 洗脱，流速 2mL/min，收集于比色管中待检（同时做空白对照）。

（2）荧光光度计比色　将待检测液比色管中加 0.01%溴液 1mL，混匀，静置 1min，用荧光光度计比色测定，自动报数。

4．说明

① 本法采用免疫亲和柱，解决了样品净化问题。

② 本法采用二水硫酸奎宁作为校准液，避免了工作人员对 AFT 标准品的接触，对工作人员安全健康有了可靠保证。

5．思考题

① 高效液相色谱法测定食品中黄曲霉毒素的基本原理。

② 荧光量子点免疫层析法测定食品中黄曲霉毒素样品前处理的方法有哪些？

实验七　食品中铝的测定

世界卫生组织于 1989 年正式将铝确定为食品污染物，提出铝的暂定每周允许摄入量为 7mg/kg 体重，即每天 1mg/kg 体重。我国规定面制食品中铝的允许量为 1kg 干重不超过 100mg。目前我国的油炸食品、膨化食品中铝含量超标的现象比较严重，主要是由于在食品加工中使用了含铝的膨化剂。因此，在食品加工中应严格控制铝的使用量。

一、实验原理

样品经处理后，三价铝离子在乙酸-乙酸钠缓冲介质中，与铬天青 S（CAS）及十六烷基三甲溴化铵（CTMAB）形成蓝绿色三元络合物，于 640nm 波长处测定吸光度并与标准比较定量。

二、实验试剂

（1）硝酸、硫酸、盐酸　优级纯。

（2）高氯酸　分析纯。

（3）乙酸-乙酸钠缓冲液　称取 34g 乙酸钠（NaAc·3H$_2$O），溶于 450mL 水中，加 2.6mL 冰乙酸，调 pH 至 5.5，用水稀释至 500mL。

（4）0.5g/L 铬天青 S 溶液　称取 50mg CAS，用水溶解并稀释至 100mL。

（5）0.2g/L CTMAB 溶液　称取 20mg CTMAB，用水溶解并稀释至 100mL，必要时加热助溶。

（6）10g/L 抗坏血酸溶液　称取 1g 抗坏血酸，用水溶解并定容至 100mL，临用时现配。

（7）铝标准储备液　精密称取 1.0000g 金属铝（纯度 99.99%），加 50mL 6mol/L 盐酸溶液，加热溶解，冷却后，移入 1000mL 容量瓶中，用水稀释至刻度，该溶液每毫升相当于 1mg 铝。

（8）铝标准使用液　吸取 1mL 铝标准储备液，置于 100mL 容量瓶中，用水稀释至刻度。再从中吸取 5mL 于 50mL 容量瓶中，用水稀释至刻度，该溶液每毫升相当于 1μg 铝。

三、实验仪器

分光光度计。

四、实验步骤

1．样品处理

将样品（不包括夹心、夹馅部分）粉碎均匀，取约 30g，置于 85℃烘箱中干燥 4h。称取 1~2g 干燥样品，置于 150mL 锥形瓶中，加 10~15mL 硝酸-高氯酸（5+1）混合液，加玻璃珠，盖好玻片盖，放置片刻，置电热板上缓缓加热，至消化液无色透明，并出现大量高氯酸烟雾时，取下冷却。加入 0.5mL 硫酸，再置电热板上加大热度以除去高氯酸。高氯酸除尽时取下，放冷后加 10~15mL 水，加热至沸。冷后用水定容至 50mL 容量瓶中。同时做空白试验。

2．测定

吸取 0mL、0.5mL、1.0mL、2.0mL、4.0mL、6.0mL 铝标准使用液（分别相当于 0μg、0.5μg、1.0μg、2.0μg、4.0μg、6.0μg 铝），置于 25mL 比色管中，依次向各管中加入 1mL 硫酸溶液（1+99）。吸取 1mL 样品消化液和空白液，各置于 25mL 比色管中。向标准管、样品管、试剂空白管中各加入 8mL 乙酸-乙酸钠缓冲液，1mL 10g/L 抗坏血酸溶液，混匀。然后各加入 2mL 0.2g/L CTMAB 溶液和 2mL 0.5g/L CAS 溶液，轻轻混匀后，用水稀释至刻度。室温（20℃左右）放置 20min 后，用 1cm 比色杯于 640nm 测其吸光度，以零管调零点。绘制标准曲线比较。

五、结果分析计算

$$X = [(A_1 - A_2) \times 1000]/[m \times (V_2/V_1) \times 1000]$$

式中　X——样品中铝的含量，mg/kg；

A_1——测定用样品消化液中铝质量，μg；

A_2——试剂空白液中铝质量，μg；

m——样品质量，g；

V_1——样品消化液总体积，mL；

V_2——测定用样品消化液体积，mL。

六、说明

① 本方法参考 GB5009.182—2017，适用于面制食品及其他食品中铝的测定。

② 采用 CTMAB 为表面活性剂，显色较稳定，反应快速，有效地提高了方法

的灵敏度。

③ 本方法最低检出限为 0.5μg，回收率为 88.3%～97.8%，相对标准偏差为 2.9%～9.4%。

④ 样品消化时要赶净高氯酸，因为残留高氯酸对显色有影响。

⑤ 络合物的稳定性与温度有关，温度越高，反应速度越快，显色越完全，故放置时间的长短要因温度而定。

七、思考与讨论

分析本次实验过程中误差产生的原因及可能的预防措施。

第九章

食品样品前处理新技术

食品分析过程中，有效地样品前处理技术可以提高分析的精度和准确度。食品成分多数是一个复杂的体系，体系中存在多种成分，如果要对食品中的某一类成分比如蛋白、多糖、黄酮、酚类等进行分析，必须要对该成分进行提取或富集，从而减少测定过程中其他成分对结果的干扰。传统的提取富集方法包括水提、盐提、碱溶酸沉、分步沉淀、有机溶剂提取等，这些经典方法经过长期的使用和优化，提取效果较好，能够满足大多数实验的要求。比如黄酮提取使用的甲醇、乙醇提取法。蛋白样品制备的碱溶酸沉法、酶提取过程的分步沉淀法，油脂提取的索氏抽提法等。同时，随着科技水平的提升和实验经费投入的增多，很多新的提取技术也在食品分析过程中发展起来，这些新的方法具有提取效率高、提取时间短、提取过程易于控制等优点，逐渐开始取代传统的提取方法。

实验一　超声波辅助提取银杏叶中的黄酮

一、实验目的与要求

① 掌握超声波辅助提取的原理。
② 熟悉超声波辅助工艺过程及操作要点。

二、原理

超声波是一种纵向弹性机械振动波，当超声波在介质中传播时，会产生机械效应、空化效应和热效应，其中空化效应会产生局部 6000K 的高温和 500 大气压的高压，从而对反应体系的微环境产生影响，进一步起到强化传热、传质、破碎细胞等效果，可以加速食品中有效成分的溶出。

三、实验仪器与材料

超声波清洗器、粉碎机、天平、试管、干燥银杏叶、烘箱、乙醇、漏斗等。

四、实验步骤

① 取一定量的银杏叶 70℃烘箱烘干 10h，粉碎至过 60 目筛，置于棕色试剂瓶中备用。

② 分别称取 5g 银杏叶粉于 100mL 烧杯中，加入 60%的乙醇 40mL，用记号笔在液面处做好标记。放入超声波清洗器，超声功率 300W，频率 28kHz，超声清洗器内水加至 2/3 容积处，超声提取 20min。

③ 提取液补加 60%乙醇至标记处，滤纸过滤后待测。

④ 参照本教材第五章实验五黄酮含量测定方法计算提取液中的黄酮含量和提取率。

五、思考题

① 影响超声波辅助萃取技术的因素有哪些？

② 超声提取过程应该注意哪些问题？

实验二　微拟球藻超声波细胞破碎实验

一、实验目的和要求

① 熟悉超声波破碎细胞的原理。

② 熟悉细胞破碎的工艺过程和操作要点。

二、原理

微拟球藻生长迅速，细胞颗粒小，富含二十碳五烯酸（EPA）等不饱和脂肪酸，营养比较全面，但较厚细胞壁影响了内容物溶出，因此加工、检测微拟球藻成分前需要破碎其细胞壁。超声波在液体中形成空化效应，使得细胞壁组织被破坏，破碎微拟球藻的细胞壁。

三、材料与试剂

聚能式超声波破碎仪、显微镜、烧杯、细胞破碎缓冲液（10mmol/L、pH7.4 Tris-HCl 缓冲液中含 5mmol/L 的 $MgCl_2$）、微拟球藻粉。

四、操作步骤

① 细胞破碎　用 100mL 烧杯将微拟球藻粉 0.5～1g 悬浮于 50mL 细胞破碎缓冲液中。用酒精擦拭超声波工具头，晾干后置于藻粉悬液中，工具头浸入液面 0.5～1cm，20kHz 频率，1000W 的功率，烧杯置于冰浴中进行超声波破碎，每破碎 60s，间隔 60s，反复破碎三次。

② 在显微镜下观察破碎前后的细胞形态，计算细胞破碎率。

五、思考题

① 超声波细胞破碎有哪些优点？

② 超声波细胞破碎有哪些注意事项？

③ 那些因素会影响到超声波细胞破碎的破碎率？

实验三　小麦胚芽油的超临界流体萃取

一、实验目的与要求

① 熟悉超临界流体萃取装置的结构和流路。

② 掌握超临界流体萃取装置的工艺操作要点。

二、实验原理

物质在临界压力和温度之上，其物性发生变化，形成密度接近于液体（有很强的溶解能力）、黏度接近于气体（便于和物料分离）的超临界态。食品加工过程中常用的超临界流体是二氧化碳，对弱极性组分有很好的溶解作用，溶解后调整参数使溶剂脱离超临界态成为气态，实现组分和溶剂的完全分离，具有提取温度低、无溶剂残留等优点。

三、仪器与材料

一萃一分超临界流体萃取装置（萃取釜工作压力上限 40MPa，分离釜工作压力上限 30MPa）。小麦胚芽、粉碎机。

四、实验步骤

1. 超临界流体萃取设备的主要构成

见图 9-1。

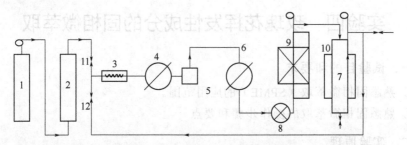

图 9-1　CO_2-SFE 工艺流程示意图

1—CO_2 气瓶；2—过滤器；3—冷凝器；4—高压阀；5—缓冲罐；6—萃取釜；
7—分离釜；8—放空阀；9—减压阀；10～12—阀门

2. 开机前的准备工作

① 首先检查电源，三相电是否有缺相，确保无缺相才可进行下一步。

② 检查冷冻机机储罐的冷却水源是否畅通，冷箱内为 30%乙二醇+70%去离子水。

③ 食品级 CO_2 气瓶压力在 5～6MPa。

④ 检查所有的管线接头、各连接部位是否有效稳固连接。

⑤ 保证所有阀门处于关闭状态。

3．实验操作顺序

① 接通电源，打开制冷系统和循环水。

② 打开各循环水浴设定萃取温度 38℃，分离温度 45℃。

③ 打开萃取釜取粉碎至 60 目的小麦胚芽粉加入样品布袋，布袋放入萃取釜内，依次打开钢瓶、萃取釜间的阀门，让钢瓶里的 CO_2 通过过滤器、冷箱、泵等缓慢进入萃取釜，打开高压泵对二氧化碳进行缓慢升压，调节阀门使萃取釜压力稳定在 25MPa。缓慢打开减压阀 9 和阀门 10、12，关闭阀门 11，形成萃取回路，控制分离釜压力在 4MPa，开始进行萃取。萃取中如发现萃取压力下降，可根据情况打开阀门 11 适当补气，维持萃取釜和分离釜压力。萃取完成后，关泵、关闭所有阀门，打开分离釜下端阀门放出提取得到的小麦胚芽油，然后关闭放料阀。打开放空阀 8，放空萃取釜中气体，使压力降至常压，打开萃取釜，取出萃余物，完成萃取。

④ 萃取物称重，萃取物质量占原料质量的百分比计算萃取率。

五、思考题

① 超临界流体萃取方式的优缺点。

② 超临界流体萃取在食品加工中有哪些可能的应用？

③ 超临界流体萃取操作过程有哪些注意事项？

实验四　玫瑰花挥发性成分的固相微萃取

一、试验目的和要求

① 熟悉固相微萃取（SPME）的应用范围。

② 熟悉固相微萃取的操作步骤和要点。

二、实验原理

以熔融石英光导纤维或其他材料为基体支持物，采取"相似相溶"的特点，在其表面涂渍不同性质的高分子固定相薄层，通过直接或顶空方式，对待测物进行提取、富集、进样和解析。然后将富集了待测物的纤维直接转移到仪器（GC 或 HPLC）中，通过一定的方式解吸附（一般是热解吸，或溶剂解吸），然后进行分离分析。固相微萃取法的原理与固相萃取不同，固相微萃取不是将待测物全部萃取出来，其原理是建立在待测物在固定相和水相之间达成的平衡分配基础上。

三、仪器与材料

SPME 固相萃取手柄、DVB/CAR/PDMS 固相微萃取头、水浴锅、气相色谱仪。

四、操作步骤

① 固相萃取头的老化　固相微萃取头插入气相色谱进样口中，推手柄杆使纤维头伸出（小心操作，防止损坏纤维头）250℃老化 40min，收回纤维头。将 SPME 针管穿透样品瓶隔垫，插入瓶中，见图 9-2。

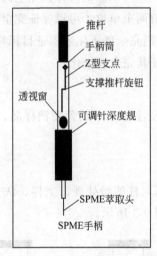
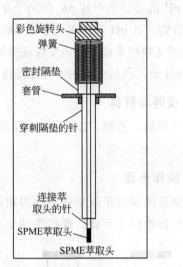

图 9-2　固相萃取示意图

② 2g 剪碎的玫瑰花瓣置于 20mL 顶空瓶中，顶空瓶封口。老化好的固相萃取头插入顶空瓶中，推出纤维头置于样品上部空间（顶空方式），水浴温度 70℃，萃取时间大约 30min。

③ 缩回纤维头，然后将针管退出样品瓶。

④ 将 SPME 针管插入 GC 仪进样口。推手柄杆，伸出纤维头，热脱附样品进色谱柱。缩回纤维头，移去针管。开始进行气相色谱分析。

实验五　固相萃取葡萄酒中的多酚物质

一、试验目的和要求

① 了解常见固相萃取住填料类型。
② 熟悉固相萃取的操作要点。

二、基本原理

固相萃取主要通过目标物与吸附剂之间的以下作用力来保留/吸附的。

① 疏水作用力　如 C18 柱、C8 柱、Silica 柱、苯基柱等。

② 离子交换作用　SAX 离子交换柱、SCX 离子交换柱、—COOH、—NH₂ 等。

③ 物理吸附　佛罗里硅土（Florisil）、矾土（Alumina）等。

pH 可以改变目标物/吸附剂的离子化或质子化程度。对于强阳/阴离子交换柱来讲，因为吸附剂本身是完全离子化的状态，目标物必须完全离子化才可以保证其被吸附剂完全吸附保留。而目标物的离子化程度则与 pH 值有关。对于弱碱性化合物来讲，其 pH 值必须小于其 pK_a 值两个单位才可以保证目标物完全离子化，而对于弱酸性化合物，其 pH 值必须大于其 pK_a 值两个单位才可以保证完全离子化。对于弱阳/阴离子交换柱来讲，必须要保证吸附剂完全离子化才保证目标物的完全吸附，而溶液的 pH 必须满足一定的条件才能保证其完全离子化。

三、仪器与材料

色谱纯甲醇、乙醚、Chem Elut 硅藻土小柱、干红葡萄酒样品、固相萃取仪、真空泵。

四、操作步骤

一个完整的固相萃取步骤包括固相萃取柱的预处理、上样、洗去干扰杂质洗脱及收集分析物四个步骤。操作步骤如图 9-3 所示。

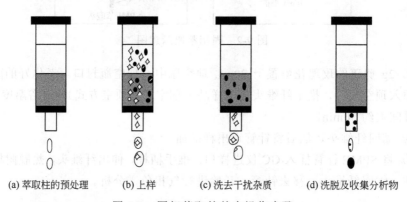

(a) 萃取柱的预处理　　(b) 上样　　(c) 洗去干扰杂质　　(d) 洗脱及收集分析物

图 9-3　固相萃取的基本操作步骤

空心—基本杂质；实心—分析物

1. 固相萃取柱的预处理

在萃取样品之前，吸附剂必须经过适当的预处理，一是为了润湿和活化固相萃取填料，以使目标萃取物与固相表面紧密接触，易于发生分子间相互作用；二是为了除去填料中可能存在的杂质，减少污染。

反相类型的固相萃取硅胶和非极性吸附剂介质，通常用水溶性有机溶剂如甲醇预处理，甲醇润湿吸附剂表面和渗透键合烷基相，便于水更有效地润湿硅胶表面。然后用水或缓冲溶液替换滞留在柱中的甲醇，以使样品水溶液与吸附剂表面有良好的接触，提高萃取效率。正相类型的固相萃取硅胶和极性吸附剂介质，通常用样品所在的有机溶剂来预处理。离子交换填料一般用 3～5mL 去离子水或低浓度的离子缓冲溶液来预处理。

固相萃取填料从预处理到样品加入都应保持湿润，如果在样品加入之前，萃取柱中的填料干了，需要重复预处理过程。并且在重新引入有机溶剂之前，先要用水冲洗萃取柱内缓冲溶液中的盐分。

本试验采用的是 Chem Elut 硅藻过滤小柱，活化方法是先用 5mL 甲醇冲洗，再用 5mL 水冲洗。

2．上样

将 5mL 样品倒入活化后的 Chem Elut 小柱，将小柱在固相萃取仪上安装好，连接好固相萃取仪的真空管路，打开真空泵使样品进入吸附剂（如图 9-3 所示），并以适当流速通过固相萃取柱，此时，样品中的目标萃取物被吸附在固相萃取柱填料上。

3．洗去干扰杂质

洗涤的目的是为除去吸附在固相萃取柱上的少量基体干扰组分。一般选择中等强度的混合溶剂，尽可能除去基体中的干扰组分，又不会导致目标萃取物流失。如反相萃取体系常选用一定比例组成的有机溶剂水混合液，有机溶剂比例应大于样品溶液而小于洗脱剂溶液。本试验中使用两倍上样体积的蒸馏水冲洗，提取透过液。

4．洗脱及收集分析物

选择适当的洗脱溶剂洗脱被分析物，收集洗脱液，挥干溶剂以备后用或直接进行在线分析。为了尽可能将分析物洗脱，使比分析物吸附更强的杂质留在 SPE 柱上，需要选择强度合适的洗脱溶剂。

本试验采用 15mL 乙醚洗脱多酚类物质，洗脱液经旋转蒸发干燥（<40℃）后，用色谱纯甲醇定容到 5mL 待测。

五、思考题

固相萃取的萃取率和萃取效果受哪些因素影响？

实验六　微波萃取仪提取茶多酚的实验方法

一、试验目的和要求

① 了解微波辅助提取的原理。

② 熟悉微波辅助提取的操作流程和要点。

二、实验原理

茶多酚为淡黄至褐色略带茶香的灰白色粉状固体或结晶,味涩,易溶于水、乙醇、乙酸乙酯,对热、酸较稳定。

微波萃取的机制包括两个方面。

① 高频电磁波穿透萃取介质,细胞内部温度迅速上升,细胞破裂,细胞内有效成分被释放并被萃取介质溶解。

② 微波所产生的电磁波加速了被萃取组分向萃取溶剂界面的扩散速率。

三、实验器材与试剂

(1)器材　微波炉、电子台秤、水喷射式真空泵、布氏漏斗、抽滤瓶、研钵、烧杯和量筒等。

(2)试剂　茶叶、纯净水等。

微波萃取仪:实时检测控制并显示所有反应罐内的温度和曲线,反应罐内的温度范围为 10~300℃。

四、操作步骤

① 称取 0.5g 粉碎后的茶叶末置于烧杯中,加入 50mL 去离子水,放入微波炉。

② 打开微波萃取仪电源开关,设置萃取火力 60,萃取时间 3min。按启动键,即开始微波萃取。

③ 按启动键,即开始微波萃取。

④ 萃取结束后一定要先按确定键,冷却设备,冷却结束后,再按关闭键。拿出烧杯。

⑤ 将萃取后的固液混合物倒入放有滤纸的布氏漏斗里,开真空泵抽滤,收集滤液,弃去固体残渣。也可以放入离心管中离心。

⑥ 用量筒量滤液体积,并用本教材第五章实验四分析方法测定茶多酚含量。按下面的公式计算茶多酚的提取收率:

$$茶多酚提取收率 = p \times V / m \times 100\%$$

式中,p 为茶多酚含量(mg/mL);V 为滤液的体积(mL);m 为萃取时所用的茶叶总质量(mg)。

附　录

附录一　观测锤度温度改正表（20℃）

温度 /℃	观测锤度														
	11	12	13	14	15	16	17	18	19	20	21	22	23	24	25
温度低于 20℃时应减之数															
10	0.44	0.45	0.46	0.47	0.48	0.49	0.50	0.50	0.51	0.52	0.53	0.54	0.55	0.56	0.57
11	0.41	0.42	0.42	0.43	0.44	0.45	0.46	0.48	0.47	0.48	0.49	0.49	0.50	0.50	0.51
12	0.37	0.38	0.38	0.39	0.40	0.41	0.41	0.42	0.42	0.43	0.44	0.44	0.45	0.45	0.46
13	0.33	0.33	0.34	0.34	0.35	0.36	0.36	0.37	0.37	0.38	0.39	0.39	0.40	0.40	0.41
14	0.29	0.30	0.30	0.31	0.31	0.32	0.32	0.33	0.33	0.34	0.34	0.35	0.35	0.36	0.36
15	0.24	0.25	0.25	0.26	0.26	0.26	0.27	0.27	0.28	0.28	0.28	0.29	0.29	0.30	0.30
16	0.20	0.21	0.21	0.22	0.22	0.22	0.22	0.23	0.23	0.23	0.23	0.24	0.24	0.25	0.25
17	0.15	0.16	0.16	0.16	0.16	0.16	0.16	0.17	0.17	0.18	0.18	0.18	0.19	0.19	0.19
18	0.10	0.10	0.11	0.11	0.11	0.11	0.11	0.12	0.12	0.12	0.12	0.12	0.13	0.13	0.13
19	0.05	0.05	0.06	0.06	0.06	0.06	0.06	0.06	0.06	0.06	0.06	0.06	0.06	0.06	0.06
温度高于 20℃时应减之数															
21	0.05	0.05	0.06	0.06	0.06	0.06	0.06	0.06	0.06	0.06	0.06	0.06	0.07	0.07	0.07
22	0.11	0.11	0.12	0.12	0.12	0.12	0.12	0.12	0.12	0.12	0.12	0.12	0.13	0.13	0.13
23	0.17	0.17	0.17	0.17	0.17	0.17	0.18	0.18	0.19	0.19	0.19	0.19	0.20	0.20	0.20
24	0.23	0.23	0.24	0.24	0.24	0.24	0.25	0.25	0.26	0.26	0.26	0.26	0.27	0.27	0.27
25	0.30	0.30	0.31	0.31	0.31	0.31	0.31	0.32	0.32	0.32	0.32	0.33	0.33	0.34	0.34
26	0.36	0.36	0.37	0.37	0.37	0.38	0.38	0.39	0.39	0.40	0.40	0.40	0.40	0.40	0.40
27	0.42	0.43	0.43	0.44	0.44	0.44	0.45	0.45	0.46	0.46	0.46	0.47	0.47	0.48	0.27
28	0.49	0.50	0.50	0.51	0.51	0.52	0.52	0.53	0.53	0.54	0.54	0.55	0.55	0.56	0.56
29	0.57	0.57	0.58	0.58	0.59	0.59	0.60	0.60	0.61	0.61	0.61	0.62	0.62	0.63	0.63
30	0.64	0.64	0.65	0.65	0.66	0.66	0.67	0.67	0.68	0.68	0.68	0.69	0.69	0.70	0.70

附录二　可溶性固形物对温度校正表（20℃）

温度 /℃	可溶性固形物含量/%														
	0	5	10	15	20	25	30	35	40	45	50	55	60	65	70
温度低于 20℃时应减之数															
10	0.50	0.54	0.58	0.61	0.64	0.66	0.68	0.7	0.72	0.73	0.74	0.75	0.76	0.78	0.79
11	0.46	0.49	0.53	0.55	0.58	0.60	0.62	0.64	0.65	0.66	0.67	0.68	0.69	0.70	0.71
12	0.42	0.45	0.48	0.50	0.52	0.54	0.56	0.57	0.58	0.59	0.60	0.61	0.61	0.63	0.63
13	0.37	0.40	0.42	0.44	0.46	0.48	0.49	0.50	0.51	0.52	0.53	0.54	0.54	0.55	0.55
14	0.33	0.35	0.37	0.39	0.40	0.41	0.42	0.43	0.44	0.45	0.45	0.46	0.46	0.47	0.48
15	0.27	0.29	0.31	0.33	0.34	0.34	0.35	0.36	0.37	0.37	0.38	0.39	0.39	0.40	0.40
16	0.22	0.24	0.25	0.26	0.27	0.28	0.28	0.29	0.30	0.30	0.30	0.31	0.31	0.32	0.32
17	0.17	0.18	0.19	0.20	0.21	0.21	0.21	0.22	0.22	0.23	0.23	0.23	0.23	0.24	0.24
18	0.12	0.13	0.13	0.14	0.14	0.14	0.14	0.15	0.15	0.15	0.15	0.16	0.16	0.16	0.16
19	0.06	0.06	0.06	0.07	0.07	0.07	0.07	0.08	0.08	0.08	0.08	0.08	0.08	0.08	0.08
温度高于 20℃时应减之数															
21	0.06	0.07	0.07	0.07	0.07	0.08	0.08	0.08	0.08	0.08	0.08	0.08	0.08	0.08	0.08
22	0.13	0.13	0.14	0.14	0.15	0.15	0.15	0.15	0.15	0.16	0.16	0.16	0.16	0.16	0.16
23	0.19	0.20	0.21	0.22	0.22	0.23	0.23	0.23	0.23	0.24	0.24	0.24	0.24	0.24	0.24
24	0.26	0.27	0.28	0.26	0.30	0.30	0.31	0.31	0.31	0.31	0.31	0.32	0.32	0.32	0.32
25	0.33	0.35	0.36	0.37	0.38	0.38	0.39	0.40	0.40	0.40	0.40	0.40	0.40	0.40	0.40
26	0.40	0.42	0.43	0.44	0.45	0.46	0.47	0.48	0.48	0.48	0.48	0.48	0.48	0.48	0.48
27	0.48	0.50	0.52	0.53	0.54	0.55	0.55	0.56	0.56	0.56	0.56	0.56	0.56	0.56	0.56
28	0.55	0.57	0.60	0.61	0.62	0.63	0.63	0.63	0.64	0.64	0.64	0.64	0.64	0.64	0.64
29	0.64	0.66	0.68	0.69	0.71	0.72	0.72	0.73	0.73	0.73	0.73	0.73	0.73	0.73	0.73
30	0.72	0.74	0.77	0.78	0.79	0.80	0.80	0.81	0.81	0.81	0.81	0.81	0.81	0.81	0.81

附录三　折射率与可溶性固形物换算表（20℃）

折射率	可溶性固形物/%	折射率	可溶性固形物/%	折射率	可溶性固形物/%	折射率	可溶性固形物/%	折射率	可溶性固形物/%	折射率	可溶性固形物/%
1.3330	0.0	1.3549	14.5	1.3793	29.0	1.4066	43.5	1.4373	58.0	1.4713	72.5
1.3337	0.5	1.3557	15.0	1.3802	29.5	1.4076	44.0	1.4385	58.5	1.4737	73.0
1.3344	1.0	1.3565	15.5	1.3811	30.0	1.4086	44.5	1.4396	59.0	1.4725	73.5
1.3351	1.5	1.3573	16.0	1.3820	30.5	1.4096	45.0	1.4407	59.5	1.4749	74.0
1.3359	2.0	1.3582	16.5	1.3829	31.0	1.4107	45.5	1.4418	60.0	1.4762	74.5
1.3367	2.5	1.3590	17.0	1.3838	31.5	1.4117	46.0	1.4429	60.5	1.4774	75.0
1.3373	3.0	1.3598	17.5	1.3847	32.0	1.4127	46.5	1.4441	61.0	1.4787	75.5
1.3381	3.5	1.3606	18.0	1.3856	32.5	1.4137	47.0	1.4453	61.5	1.4799	76.0
1.3388	4.0	1.3614	18.5	1.3865	33.0	1.4147	47.5	1.4464	62.0	1.4812	76.5
1.3395	4.5	1.3622	19.0	1.3874	33.5	1.4158	48.0	1.4475	62.5	1.4825	77.0
1.3403	5.0	1.3631	19.5	1.3883	34.0	1.4169	48.5	1.4486	63.0	1.4838	77.5
1.3411	5.5	1.3639	20.0	1.3893	34.5	1.4179	49.0	1.4497	63.5	1.4850	78.0
1.3418	6.0	1.3647	20.5	1.3902	35.0	1.4189	49.5	1.4509	64.0	1.4863	78.5
1.3425	6.5	1.3655	21.0	1.3911	35.5	1.4200	50.0	1.4521	64.5	1.4876	79.0
1.3433	7.0	1.3663	21.5	1.3920	36.0	1.4211	50.5	1.4532	65.0	1.4888	79.5
1.3441	7.5	1.3672	22.0	1.3929	36.5	1.4221	51.0	1.4544	65.5	1.4901	80.0
1.3448	8.0	1.3681	22.5	1.3939	37.0	1.4231	51.5	1.4555	66.0	1.4914	80.5
1.3456	8.5	1.3689	23.0	1.3949	37.5	1.4242	52.0	1.4570	66.5	1.4927	81.0
1.3464	9.0	1.3698	23.5	1.3958	38.0	1.4253	52.5	1.4581	67.0	1.4941	81.5
1.3471	9.5	1.3706	24.0	1.3968	38.5	1.4264	53.0	1.4593	67.5	1.4954	82.0
1.3479	10.0	1.3715	24.5	1.3978	39.0	1.4275	53.5	1.4605	68.0	1.4967	82.5
1.3487	10.5	1.3723	25.0	1.3987	39.5	1.4285	54.0	1.4616	68.5	1.4980	83.0
1.3494	11.0	1.3731	25.5	1.3997	40.0	1.4296	54.5	1.4628	69.0	1.4993	83.5
1.3502	11.5	1.3740	26.0	1.4007	40.5	1.4307	55.0	1.4639	69.5	1.5007	84.0
1.3510	12.0	1.3749	26.5	1.4015	41.0	1.4318	55.5	1.4651	70.0	1.5020	84.5
1.3518	12.5	1.3758	27.0	1.4026	41.5	1.4329	56.0	1.4663	70.5	1.5033	85.0
1.3526	13.0	1.3767	27.5	1.4036	42.0	1.4340	56.5	1.4676	71.0		
1.3533	13.5	1.3775	28.0	1.4046	42.5	1.4351	57.0	1.4688	71.5		
1.3541	14.0	1.3781	28.5	1.4056	43.0	1.4362	57.5	1.4700	72.0		

参 考 文 献

[1] 宋振国, 吴小瑜, 严琳等. Folin-Ciocalteu 比色法测定石榴皮多酚含量条件的优化研究[J]. 中国当代医药, 2019, 26(06): 4-7.

[2] 大连轻工业学院等编. 食品分析. 北京: 中国轻工业出版社, 2019.

[3] 李凤玉, 梁文珍主编. 食品分析与检验. 北京: 中国农业大学出版社, 2009.

[4] 李和生主编. 食品分析实验指导. 北京: 科学出版社, 2012.

[5] 康臻主编. 食品分析与检验. 北京: 中国轻工业出版社, 2006.

[6] 金文进主编. 食品理化检验技术. 哈尔滨: 哈尔滨工程大学出版社, 2013.

[7] 曲祖乙, 刘靖主编. 食品分析与检验. 北京: 中国环境科学出版社, 2006.

[8] 林婵著. 食品理化检验技术. 北京: 九州出版社, 2019.

[9] 陆叙元, 张俐勤主编. 食品分析检测. 杭州: 浙江大学出版社, 2012.

[10] 曹建康, 姜微波, 赵玉梅编著. 果蔬采后生理生化实验指导. 北京: 中国轻工业出版社, 2013.

[11] 钱建亚主编. 食品分析. 北京: 中国纺织出版社, 2014.

[12] 高向阳主编. 现代食品分析. 北京: 科学出版社, 2012.

[13] 何晋浙主编. 食品分析综合实验指导. 北京: 科学出版社, 2014.

[14] 黄泽元主编. 食品分析实验. 郑州: 郑州大学出版社, 2013.

[15] 高义霞, 周向军主编. 食品仪器分析实验指导. 成都: 西南交通大学出版社, 2016.

[16] 刘杰主编. 食品分析实验. 北京: 化学工业出版社, 2009.

[17] 丁晓雯主编. 食品分析实验. 北京: 中国林业出版社, 2012.

[18] 刘辉, 张华, 唐仕荣主编. 食品理化分析. 北京: 中国纺织出版社, 2018.

[19] 王磊主编. 食品分析与检验. 北京: 化学工业出版社, 2017.

[20] 杨祖英主编. 食品安全检验手册. 北京: 化学工业出版社, 2009.

[21] 王钦德. 食品试验设计与统计分析基础[M]. 北京: 中国农业大学出版社, 2009.

[22] 王永华, 戚穗坚主编. 食品分析. 第三版. 北京: 中国轻工业出版社, 2017.

[23] 丁晓雯, 李诚, 李巨秀主编. 食品分析. 北京: 中国农业大学出版社, 2016.

[24] 徐思源主编. 食品分析与检验. 北京: 中国劳动社会保障出版社, 2013.

[25] 赵静主编. 现代仪器在食品分析中的应用. 北京: 化学工业出版社, 2013.

[26] 赵晓娟, 黄桂颖主编. 食品分析实验指导. 北京: 中国轻工业出版社, 2016.

[27] 黄晓钰, 刘邻渭主编. 食品化学与分析综合实验. 北京: 中国农业大学出版社, 2009.

[28] 穆华荣, 于淑萍主编. 食品分析. 第三版. 北京: 化学工业出版社, 2015.

[29] 高绍康主编. 工科基础化学实验. 福州: 福建科学技术出版社, 2006.

[30] 钟松主编. 基础化学实验. 北京: 中国环境科学出版社, 2006.

[31] 贾素云主编. 基础化学实验(上、下册). 北京: 兵器工业出版社, 2005.

[32] 王少亭主编. 大学基础化学实验. 北京: 高等教育出版社, 2004.

[33] 崔学桂主编. 基础化学实验(1)无机及分析化学部分. 北京: 化学工业出版社, 2003.

[34] 刘晓, 刘伟, 葛豫炜等. 野生樱桃李果皮多酚含量测定及抗氧化活性研究[J]. 伊犁师范学院学报 (自然科学版), 2019, 13(01): 48-53.